KB174937

한국의
환경교육운동사

이 책의 내용은 (사)환경교육센터가 2010년부터 2012년까지 수행한, ≪아름다운재단≫의 <변화의 시나리오, 아카이브 부문> 지원 사업의 일환으로 기록되었습니다.
이 책에 기술된 연구내용의 일부는 장미정(2011)과 장미정 · 윤순진(2012) 등의 학술논문을 통해 기 발표되었음을 밝힙니다.

한국의 환경교육운동사

초판인쇄 2014년 6월 30일
초판발행 2014년 6월 30일

지은이 (사)환경교육센터
펴낸이 채종준
펴낸곳 한국학술정보㈜
주 소 경기도 파주시 회동길 230(문발동)
전 화 031) 908-3181(대표)
팩 스 031) 908-3189
홈페이지 http://ebook.kstudy.com
전자우편 출판사업부 publish@kstudy.com
등 록 제일산-115호(2000. 6. 19)

ISBN 978-89-268-6209-4 03530

어담 Books 는 한국학술정보(주)의 지식실용서 브랜드입니다.

한국의 환경교육운동사

(사)환경교육센터 지음

이담
Books

글 싣는 순서

5장 연대기별 주요 활동사 I

: 전국 시민사회단체 교육활동사례를 중심으로 / 44

부록 / 129

1부

들어가며

1장 서론

환경교육은 무엇이며, 환경교육운동은 무엇인가? 한국의 환경교육운동은 어떻게 형성되고 전개되어 왔을까? 이 책에서는 시민사회단체의 환경교육, 즉 환경교육운동을 중심으로 한국의 환경교육과 환경교육운동의 성격을 살펴보고, 환경교육운동이 고유의 정체성을 획득해가는 형성과정을 시대별 특징에 따라 구분하고 사례를 살펴보았다. 이를 통해 환경교육운동의 특질과 정체성을 이해하고자 하였다.

환경교육의 출발

세계적으로 환경교육이라는 용어는 1948년에 "세계자연보전연맹(International Union for Conservation of Nature and Natural Resources, 이하 IUCN)" 설립총회가 열리면서 사용되기 시작한 것으로 알려져 있다(한국환경교육학회, 2003). 하지만 환경교육이 현재와 같은 나름의 형태를 갖추기 시작한 것은 1960년대 후반부터 1970년대에 환경문제에 대한 관심이 고조되고 사회적 인식이 높아져 교육의 중요성이 강조되면서부터이다(Fien & Gough, 1996; Gough, 1997). 한국에서 환경교육이 시작된 시점도 1970년대로 볼 수 있다(한국환경교육학회, 2003). 이 시기에 전 지구적 차원에서만이 아니라 한국에서도 산업화와 도시화가 급속도로 진행되면서 환경문제가 표면화되었고, 환경문제를 해결하거나 이에 대응하기 위한 사회적 요구가 발생했다. 그 결과 환경운동과 환경교육이 대두했다. 이처럼 환경운동과 환경교육은 환경문제 해결이라는 당면과제에서 출발하여 그 궤를 같이 해왔다(한국환경교육학회, 2003).

환경교육의 개념

환경의 개념이 그렇듯이 환경교육의 개념 또한 시대의 변화나 그 필요성에 따라 변화해왔다. 국제적으로 중요한 정의들을 살펴보면, 환경교육은 1970년 미국의 환경교육법(Environmental Education Act)에서는 "인간에 있어서 자연환경과 인공환경과의 관계를 다루는 과정"으로, 세계자연보전연맹(IUCN)은 "인간, 인간의 문화, 그리고 인간의 생물·물리학적 환경 간의 상호관계를 이해하고 올바로 평가하는 데 필요한 기능과 태도를 개발시키기 위하여 가치를 인식하고 개념을 명백하게 하는 과정"으로, 소련의 트빌리시회의 최종보고서에서는 "인간과 문명, 그리고 생물 및 물리적 환경 사이의 상호관계를 이해하고 음미하는 데 필요한 과정"으로 정의되고 있다(UNESCO, 1977). 그런데 이들은 공통적으로 '관계'를 중요하게 언급한다. 즉, 시대적 상황과 요구에 따라 인간과 인간이 만들어낸 문화, 인간과 자연과의 '관계'를 어떻게 보느냐는 환경교육의 내용을 결정짓는 데 중요하게 작용하게 된다.

한편 환경교육은 우리 삶의 질이나 사회적 여건과 밀접하게 관련되며, 또 민감하게 반응한다. 한국 환경교육의 변화를 살펴보면, 초기에는 환경오염이나 문제해결을 위해 필연적으로 요구되는 교육적 활동으로 오염원 중심의 환경에 대한 이해나 '공해추방'이나 '자원절약' 등의 캠페인성의 교육활동이 주를 이루었다. 교육 프로그램도 '환경과 공해', '환경과 사회', '환경과 정치' 등의 담론 중심의 전문 강좌가 진행되었다. 이후 대중적 인식확산을 위한 환경교육의 필요성이 제기되었고, 1990년대 중후반을 기점으로 체험형 환경교육이 급속도로 확산되었다. 이 시기 생태적 감수성을 통해 환경의 중요성을 일깨우는 생태체험 중심의 교육활동은 실제로 대중들의 환경인식을 확산시키는 데 큰 역할을 해온 것으로 평가받고 있다. 한편으로는 '건강, 먹을거리, 대안사회, 생태공동체' 등과 같이 환경교육의 주제 범위에 대한 인식이 확장되기도 했다. Sauve(1996)가 언급한 환경에 대한 개념으로 보자면,[1] '자원', '자연', '문제 중심'의 환경에서, '삶의 질', '공동체', '생물권'으로서의 환경의 범주로 환경교육의 개념이나 주제가 확장되었다고 볼 수 있다.

최근에는 전 지구적으로 환경위기에 처해 있다는 인식이 확산되면서 '지속 가능한 미래를 위한 교육'이 환경교육에서 중요한 패러다임으로 그 어느 때보다 강조되고 있다. 이와 함께 행동하는 시민, 참여하는 시민들의 역할이 강조되면서, 지역과 마을, 공동체를 기반으로 하는 참여형, 실천형 학습이 강조되고 있다. 더 나은 삶을 추구하는 인류는 지속 가능성을 더 이상 배제할 수 없게 된 것이다. 우리 세대는 지금까지 우리의 필요를 많이 충족해왔고, 이는 전 지구적 환경위기라는 위협으로 다가오고 있다. 지금의 환경위기는 인간의 무한한 욕망에서 비롯된 불평등한 '인간과 환경과의 관계'에서 비롯되었다

1) Sauve(1996)는 현실 속에서 혼재되어 있는 환경에 대한 현 실태를 이해하는 데 중요한 시사점을 준다. 환경교육에 대한 현상 연구를 통해 보통 사람들이 생각하고 있는 '환경'의 개념을 자연(nature), 자원(resource), 문제(problem), 생물권(biosphere), 삶의 터전(place to live), 공동체(community project) 등의 6가지 범주로 나누어 설명하였다. 대부분의 사람은 위의 범주로 환경의 개념을 이해하고 있으며, 환경에 대해 어떻게 이해하느냐에 따라 환경교육의 방식이 달라질 수 있다는 것이다.

고 볼 수 있다. 이러한 불평등은 비단 인간과 환경뿐만 아니라, 나라와 나라, 지역과 지역에서도 나타나고 있으며 전 지구적인 현상인 동시에 지역적인 현상이기도 하다. 환경문제는 자연에 대한 인간의 가치관과 태도의 문제이다(황만익, 1990). 환경문제의 해결은 인간의 가치관과 태도의 변화를 통한 '인간과 환경과의 관계'를 개선하는 데에서 출발하여야 한다. 따라서 환경위기의 시대에 환경교육의 역할은 점차 강조될 수밖에 없다.

종합해볼 때, "환경교육은 인간과 환경과의 관계를 이해하고, 이의 바람직한 관계를 만들어가기 위한 개인의 인식과 행동, 사회의 변화를 추구하는 교육과정"이라 할 수 있다. 환경교육은 지속 가능한 삶으로의 변화를 추구한다. 이를 위해 환경교육은 개인의 인식과 태도의 변화를 통한 참여와 실천으로 이어질 때 의미를 가질 수 있다.

환경교육운동의 형성과 변천과정

환경교육운동의 시기는 1990년대 이전까지 효시와 모색의 전사(前史)기, 정체성을 획득하는 1990년대의 형성기, 분화·확장하는 2000년대의 전개기로 구분할 수 있다(장미정, 2011). 환경교육운동의 형성과 변천과정은 시대적 경험을 통해 전개되어 왔다는 점에서 환경운동과 유사한 측면이 있으며, 동시에 학교 환경교육의 변천과정과 일정 정도 유사한 맥락으로 진행되었다.[2] 다만 환경운동의 경우 특정한 사건을 중심으로 급격한 변화가 진행되었다면, 환경교육운동은 운동참여과정을 통해 서서히 정체성을 획득해왔다는 점에서 다소 구분된다. 이 책에서는 기존의 자료와 증언들을 토대로 1990년대 전후 전사기로부터 형성기까지 환경교육운동의 시기별 특질을 사례 중심으로 정리하였다. 이 사례들이 각 시대를 대표한다고는 볼 수는 없지만, 이를 통해 일반성이나 대표성보다 특수성과 고유성의 관점에서 시대 흐름을 이해할 수 있다.

2) 한국 환경교육의 변천과정에 대한 기존의 논의들은 주로 학교 환경교육을 중심으로 이뤄졌다. 대표적인 논의들을 살펴보면 환경교육운동의 시대적 흐름과 유사점을 찾을 수 있다. 먼저 남상준(1995)은 태동기(1980년 이전), 성립기(1981~1991년), 정착기(1992년 이후)로 구분하였고, 박태윤 등(2001)은 남상준의 구분에서 태동기를 시발기로, 정착기를 성장기로 변형하였다. 최돈형(2004)은 남상준의 구분에서 정착기(1992~1999년) 이후, 확립기(2000년 이후)를 추가한 바 있다. 이와 비교해볼 때, 학교 환경교육의 태동기(혹은 시발기)와 성립기에 환경교육운동 역시 효시와 모색의 움직임이 나타났으며, 학교 환경교육의 정착기(혹은 성장기)에는 환경교육운동의 고유한 정체성이 드러나게 된 형성기로 볼 수 있다. 한편 이재영(2001)은 패러다임의 변화와 연관 지어 계몽의 시대(1970년 초반~1980년 중반), 지식의 시대(1980년 중반~1990년 중반), 체험의 시대(1990년 중반~현재), 참여의 시대(현재 이후)로 구분한 바 있다. 또한 그는 특정한 시점이나 분기점을 명확히 하기 어려우며 앞과 뒤의 패러다임이 통합되면서 서서히 변화되었다고 분석하였다. 이는 환경교육운동의 변천과정에서도 나타나는 특성이다.

환경교육운동에 관한 이전의 논의들

이제까지 환경교육운동에 대한 논의는 환경교육 영역에서 조금씩 이루어져 왔는데 논의의 주 관심은 환경운동과 구분될 수 있는 방향으로 환경교육이 어떻게 변화되어야 할 것이냐에 있었다. 환경교육이 환경문제를 해결하기 위한 운동적 목적에서 출발했기에 환경교육이 환경운동과 뚜렷이 변별되는 목적과 목표, 내용, 교수학습방법 등을 가지고 있지 못하다는 태생적 취약성을 어떻게 극복할 것이냐를 중심으로 논의가 진행되었다(남상준, 1995). 또 다른 한편으로는 환경운동을 주요 연구대상으로 하여 환경운동의 형성과 변천 과정에 대한 연구들이 이루어져 왔지만(구도완, 1993, 2007), 환경교육운동에 대한 관심은 상대적으로 미흡했다. 환경교육운동이 환경운동 영역의 한 부분으로 존재하는지, 아니면 환경운동과 특성을 공유하면서도 차별적인 어떤 특성을 가지고 있는지, 만약 구별되는 특징이 있다면 그것이 의미하는 바가 무엇인지 등에 대한 논의는 이루어지지 않았다.

연구 목적과 이 책의 구성

이 연구는 환경교육운동이 무엇을 지향하며 어떤 과정을 거쳐 발전해왔는지 그 과정을 통해 어떤 특성을 지니게 되었는지 고찰하는 것을 목적으로 하였다. 즉, 환경교육운동이 환경교육이나 환경운동과 어떤 특성을 공유하면서 어떻게 구분되는지 확인하고자 하였다.

1**부에서는** 이 연구의 배경을 서술하고, 2**부에서는** 교육과 운동의 중층적 구조 속에서 형성된 환경교육운동의 정체성을 찾아가고자 하였다. 이를 위해 첫째, 환경교육운동의 성격에 대한 기존의 논의를 교육과 운동의 맥락에서 정리하고, 둘째, 환경교육운동이 현실적으로 어떤 특성을 갖게 되었는지를 환경교육운동의 전개과정을 시기별로 구분하여 검토하며, 셋째, 환경교육운동에 직접 참여한 환경교육운동가들이 자신들의 생애체험을 통해 환경교육과 환경운동의 관계를 어떻게 인식하고 환경교육운동의 성격을 어떻게 이해하고 있는지 알아보았다. 다음으로 3**부에서는** 환경교육운동이 어떻게 형성되고 전개되어 왔는지를 사례를 통해 살펴보았다. 이를 위해 첫째, 연대별로 주요하게 전개된 시민사회단체의 환경교육운동 사례와 그 의미를 찾아보고, 둘째, 대표적인 환경단체인 환경연합에서 분화된 환경교육센터의 연대별 주요 활동 사례를 통해 보다 심층적으로 환경교육운동의 흐름을 분석해보고자 하였다.

2부

교육과 운동,
그리고 환경교육운동

2장 교육과 운동의 교차점에서의 환경교육운동

1. 환경교육운동의 위치

환경교육은 단일한 형태가 아니라 실시 주체와 내용, 지향 등과 관련해서 구분될 수 있다. 한국에서는 환경교육을 주로 제도권 안에서 이루어지는 '학교 환경교육'과 제도권 밖에서 이루어지는 '사회 환경교육'으로 구분해왔다(박태윤 외, 2001). 그러나 국제적으로는 '제도권'에서 실시하는지 여부와 더불어 '짜임새와 질서(organized and systematic)'를 기준으로 구분하는 것이 일반적이다. 즉, 제도권 안에서 이뤄지면서 짜임새와 질서를 갖춘 '형식교육(formal education)', 제도권 밖에서 이뤄지면서 짜임새와 질서를 갖춘 '비형식교육(nonformal education)', 제도권 밖에서 이뤄지면서 짜임새와 질서가 없는 '무형식교육(informal education)'으로 구분하고 있다(최우석, 2009).[3] 이러한 구분에 따른다면 환경교육운동은 사회 환경교육과 비형식과 무형식 교육의 범주에 속한다(<표 1> 참조).

여기서 학교 환경교육과 사회 환경교육의 구분은 대상 영역의 기능이나 유형과 같은 형식적 기준에 비중을 둔 구분이다. 그런데 학교 환경교육의 교육주체는 학교와 교사지만, 사회 환경교육은 민간단체나 기관, 기업, 정부나 지자체, 군부대, 언론 등 다양하다. 따라서 사회 환경교육은 다양한 형태와 성격을 지니고 있기 때문에 그 성격을 파악하기 위해서는 각각의 주체에 따라 나타나는 이념적 지평이나 독특한 관점 등의 내용적 기준이 제시될 필요가 있다. 즉, 새로운 기준에서 나름의 독특한 특질을 지닌 사회 환경교육을 재개념화할 필요성이 있다.

한편 1980년대 후반에 접어들면서 한국의 시민사회에는 큰 변화가 있었다. 1987년 민주화항쟁을 계기로 민주화운동에 참여했던 많은 사람들이 시민운동 영역으로 진입했고, 1990년대에 들어서면서 시민운동은 양적·질적 성장을 이루었다. 환경운동도 활성화되고 전문화되었는데 이 과정에서 환경교육운동이란 영역이 생겨나고 이를 담당하는 새로운 주체들이 등장했다. 환경교육운동은 대중과 만나는 환경운동의 전략이자 목표로 형성되고 전개되었다. 운동의 맥락에서 보면, 환경운동에서 운동방식의 하나로, 사회운동에서는 교육운동

---

3) 환경교육의 범주에서 informal education과 nonformal education은 우리나라에서 각각 무형식 교육과 비형식 교육으로 번역어가 혼용되고 있다. 본 연구에서는 교육계 전반에서 informal이 무형식으로 해석되고 있는 것을 감안하여 informal을 무형식, nonformal을 비형식 교육으로 번역하였다.

혹은 교육 시민운동의 주제영역 중 하나로 환경교육이 진행되어 왔다(<표 1> 참조).

결국 환경교육운동이란 환경교육을 통해 환경문제를 해결하고자 하는 운동의 한 영역임과 동시에, 제도권 밖에서 다양한 형식으로 일반시민의 환경인식을 높여나가는 환경교육 활동으로 이해할 수 있다.

<표 1> 환경교육운동의 위치

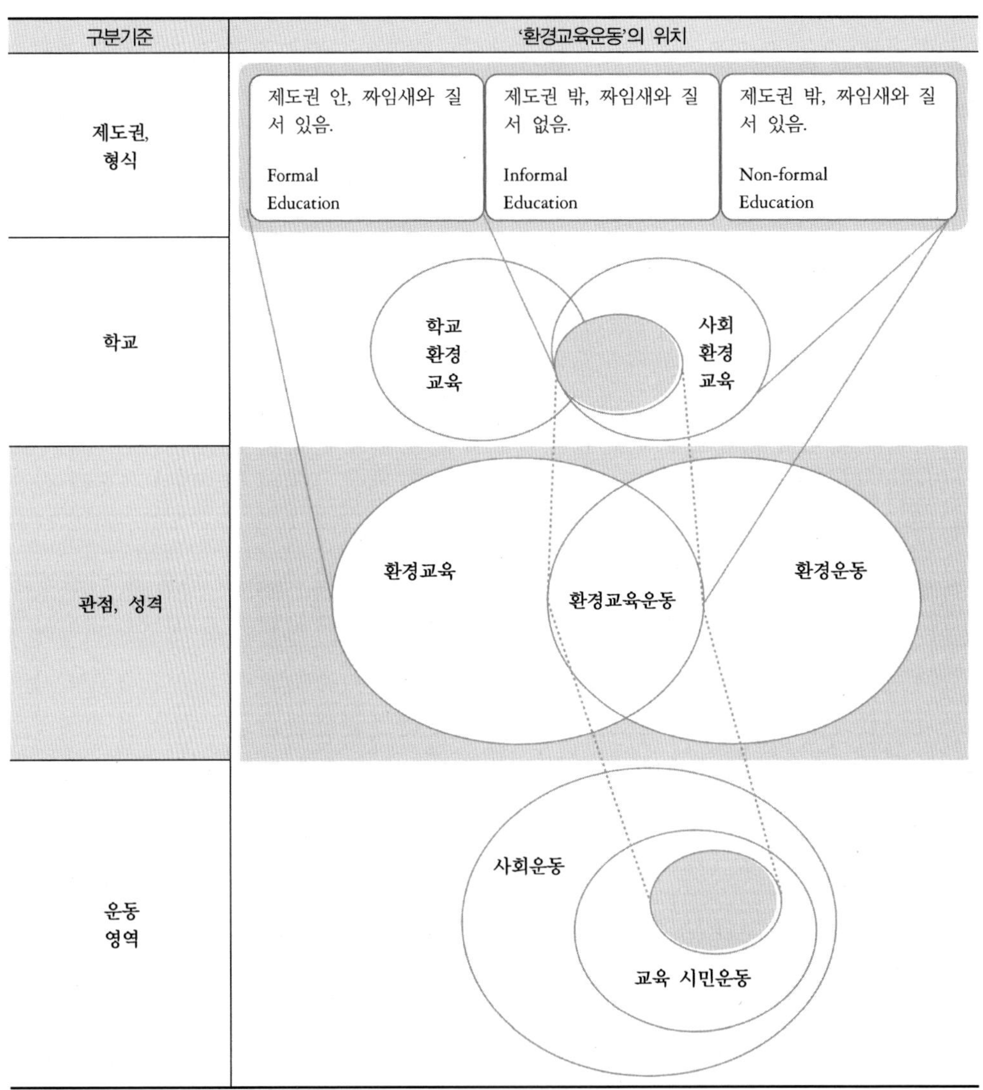

자료: 장미정, 2011

2. 환경교육운동의 성격

환경교육운동은 교육의 맥락과 운동의 맥락에 동시에 연결되어 있다. 앞서 살펴본 것처럼, 환경교육운동은 교육의 맥락에서 사회 환경교육 혹은 무형식 교육의 영역에 속하면서, 운동의 맥락에서 환경교육과 교육 시민운동의 하나의 주제영역에 속한다. 교육의 맥락에서는 '환경교육으로서의 환경교육운동'으로, 운동의 맥락에서는 '환경운동으로서의 환경교육운동'으로 이해할 수 있는데, 이를 도식화해보면 <그림 1>처럼 나타낼 수 있다. 전자의 경우에는 환경 교육적 특성을 좀 더 강조하게 되며, 후자의 경우 환경 운동적 특성을 좀 더 강조하게 된다. 그 때문에 관점에 따라 환경교육운동을 환경교육으로 분류하기도 하고, 환경운동으로 분류하기도 한다. 이 절에서는 환경교육운동이 갖는 고유의 정체성이 무엇인지, 교육과 운동 각각의 맥락에서 살펴보려고 한다.

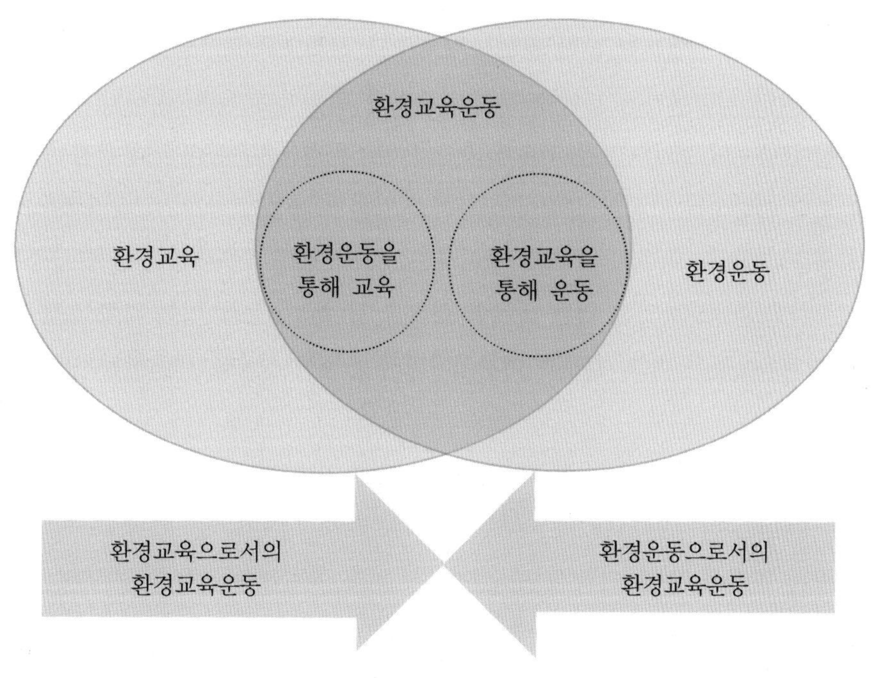

(출처: 장미정, 2011 재구성)

<그림 1> 교육과 운동의 맥락에서 본 환경교육운동의 위치

1) 교육의 맥락: 사회변화를 위한 교육

환경교육운동은 교육의 맥락에서 환경을 '위한' 교육에서 두드러지게 나타나는 사회비판적 성격과 사회교육으로서의 환경교육, 사회변화를 위한 환경교육의 특성을 지닌다.

환경교육운동은 제도권 내 학교교육 영역이 아니라 제도권 밖 사회교육 영역에서 이루어져 왔다. 우리나라에서는 학교 밖에서 이루어지는 환경교육을 사회 환경교육으로 불러왔는데 이는 '학교 밖 교육'을 '사회교육'으로 분류해온 것과 맥락을 같이한다. 애초 사회교육은 기존의 학교교육체제를 보완하거나 대체하는 역할을 지님으로써, 사회와의 관련성, 소외계층과 공동체 중심, 사회변혁 지향 등이 사회교육의 본질적 가치를 이루었다(오혁진, 2010; 한숭희, 2001; Freire, 1970). 그러나 사회 변화와 함께 사회교육에서 다양한 가치를 추구함으로써 '학교교육 이외의 교육'이란 포괄적 의미로 사회교육이란 용어를 사용하게 되었다(정지웅・김지자, 1986). 그럼에도 불구하고 사회교육을 학교교육 이외의 교육, 즉 장소를 중심으로 규정해버리면 사회교육의 고유한 정체성을 반영하기 어렵다. 일반적으로 사회교육자나 사회교육연구자들은 영리를 추구하는 부문이나 기능에 치중하는 분야, 직업훈련 분야 등을 의도적으로 사회교육 범주에서 제외했는데 이는 사회교육이라고 일컬어지는 분야에 무언가 독특한 관점과 교육관, 정신이 내재해 있음을 암시한다(한숭희, 2001). 사회교육과 마찬가지로 환경교육운동이 이루어지는 사회 환경교육 또한 지향하는 가치와 성격이 상당히 다양하기 때문에 학교 밖 환경교육으로 단순하게 범주화해서는 곤란하다. 학교 밖이라는 유사성에도 불구하고 기업체나 정부에서 실시하는 사회 환경교육과는 다른 독특한 성격을 지니고 있는데 이는 바로 운동적 성향이다. 환경교육운동은 학교 밖에서 이루어지면서 운동적 성향을 내포하는 사회 환경교육 활동이다.

교육은 단순히 어떤 정보를 전달하거나 살아가는 방법을 전수하는 차원에서 그치는 것이 아니라 지금의 상태보다 더 나은 상태로의 변화, 즉 '의도된 변화'를 추구한다(오욱환, 2005). 여기서 '어떤 변화'를 추구하느냐, 교육 목적을 무엇으로 설정하느냐가 중요한데 교육 목적은 어떤 관점, 어떤 패러다임에 근거하느냐에 따라 달라진다. 패러다임은 한 시대와 그 시대를 살아가는 개인과 사회의 가치관을 반영하며, 교육 범위를 확대시키기도, 축소시키기도 한다. 어떤 개인의 속성을 변화시키는 수준에서 교육 목적이 설정될 수도 있지만 조직이나 기관, 국가, 사회 등을 변화시키는 것을 목적으로 할 수도 있다(오욱환, 2005). 적극적으로 해석할 경우 궁극적으로는 '사회변화'가 교육의 목적이

될 수 있다. 이와 관련한 환경교육 차원의 논의를 살펴보면, 사회비판적인 환경교육가들은 가치중립성과 균형성이 강조되어 오던 기존의 교육을 벗어나 환경을 '위한' 교육을 대안적 접근으로 취할 것을 주장하였다(Fien, 1993; Huckle, 1983; Strife, 2010 재인용; Mappin & Johnson, 2005).[4] 이들은 환경교육이 사회 구성원 개개인과 공동체가 환경을 보전하는 책임 있는 시민이 되기 위한 역량을 강화시키는 데 이바지해야 한다고 강조하면서 환경문제에 도전할 수 있는 환경교육의 가장 효과적인 방법으로 환경을 '위한' 교육의 중요성을 주장하였다. 이들의 주장은 하나의 패러다임으로 형성되었고, 이는 '사회비판적 교육 패러다임'으로 해석되어 왔다. 환경교육운동은 사회비판적이며 변혁지향성을 강하게 갖는 환경교육을 추구한다.[5] 하지만 환경에 '대한' 교육과 환경 '안에서의' 교육의 속성을 도외시하지는 않는다. 따라서 환경교육운동은 교육의 맥락에서 환경에 대한/안에서의/위한 교육의 통합적 접근을 추구하되, 사회비판적이며 변혁지향성을 강하게 가진다.

한편 환경교육운동이 전개되는 영역인 한국의 사회교육 활동은 해방 이후, 특히 1950년대 이후 1960~1970년대를 거치면서 사회변화를 추구해왔다(노일경, 2000; 한숭희, 2001). 한국에서 사회교육은 인본주의에 기초한 민중교육운동의 일환이었으며, 주로 민중교육, 노동교육, 문해교육 등 '민중의 생활세계에 대한 지식인의 개입'으로 표현되어 왔다. 이러한 인본주의적이며 민중 지향적인 성인교육 활동을 한국에서는 사회교육이라고 불러왔다. 즉, 사회교육은 '사회에서 일어나는 교육'이라기보다는 '사회를 변혁하는 교육'이다(한숭희, 2001). 한국의 사회교육과 교육 시민운동은 프레이리(Freire, 1973)의 교육철학에 영향을 받은 민중교육운동을 통해 전개되어 왔다. 이러한 맥락에서도 사회교육의 형태를 취한 환경교육운동은 사회 변혁적 지향, 실천적 교육의 성격을 지니고 있음을 알 수 있다.

4) 루카스(Lucas, 1972)는 환경교육을 환경에 '대한(about)' 교육, '환경 안에서/으로부터(in/from)'의 교육, '환경을 위한(for)' 교육으로 나누었다. 환경에 '대한' 교육이란 환경 이해를 위한 지식과 기능의 함양과 개발을 지향하는 교육을 의미하고, 환경 '안에서/으로부터의' 교육이란 환경 속에서 다양한 학습활동을 통해 관찰하고 기록하며 해석하고 토의하는 것을 내용으로 하는 교육을 의미하며, 환경을 '위한' 교육이란 환경개선이나 보전을 위한 행동과 실천을 강조하는 교육을 의미한다. 이 논의는 환경교육의 목적과 접근방식에 대해 널리 받아들여지고 있다.

5) 예컨대, Bertrand와 Valois는 풀뿌리단체들의 환경교육이 창의적 패러다임으로서의 사회비판적 환경운동을 대표한다고 보았다(Bertrand & Valois, 1992; Sauve, 1996 재인용).

2) 운동의 맥락: 사회운동으로서의 교육

환경교육운동은 환경교육운동의 한 속성인 환경교육이 지구적 환경문제가 점차 심각해지면서 환경문제를 해결할 목적으로 등장하였기 때문에 출발에서부터 환경 운동적 성향을 지녔을 뿐 아니라(남상준, 1995; 최돈형 외, 2007; Fien & Gough, 1996; Gough, 1997), 환경교육운동이 사회운동단체들에서부터 시작되었다는 점에서 본질적으로 변화를 지향하는 운동적 속성을 내포하고 있다.

한국은 1980년대를 정점으로 민주화 과정이 진행되면서 사회운동의 변화를 경험했다. 이 변화는 구조적 변화에 의한 도전과 응전의 상호작용으로 현실화되었고, '거대한 운동으로의 수렴'으로부터 '차이의 운동들로의 분화' 과정을 겪었다(김동춘 외, 2010). 여기서의 분화는 생성(emergence), 분기(divergence), 변형(transformation)을 포함한다. 환경교육운동은 환경운동으로부터 분화된 것으로, 환경교육전문기관과 같은 독자적 운동조직으로의 '분기', 또는 대안 형태의 환경교육단체나 기관을 설립하는 등 환경변화에 대응하여 새로운 자기 의제의 수용이라는 측면에서 '변형'의 형태를 띠었다.

환경운동 또한 여타 사회운동과 마찬가지로 사회적 변화를 따라 분화되고 재구성되었는데, 그 과정에서 환경교육운동이 형성되고 전개되어 나왔다. 조희연(2010)이 제시한 사회운동 분화 유형을 적용해보자면,[6] 초기의 환경교육운동은 '체제 개혁적 운동'으로서의 환경운동에서 하나의 전략 혹은 방편으로 이루어졌다. 1980년대 '공해'와 '민중' 담론이 지배하던 시기의 환경교육운동은 공해의 피해자인 민중을 대상으로 공해의 개념과 피해, 영향을 전파하는 데 초점을 둔 계몽운동과 의식화 운동의 한 방식이었다. 즉, 나름의 독자적 정체성을 갖추었다고 보기 힘들다. 이후 사회운동이 '생활세계 개혁적 운동'과 '대안 생활 세계 운동'으로 분화되는 과정에서 환경교육운동은 사회문화적 측면이 강화된 체험형 환경교육과 영성이나 생태적 가치를 중심으로 한 대안적 삶의 운동으로 분화되었다. 한편 이 시기에는 전문환경운동단체 주도의 환경교육운동뿐만 아니라 자발적 소모임, 풀뿌리 조직, 교사운동, 지역조직들의 확산과 함께 환경교육운동의 지형도 다양화되기 시작했다. 이는 1990년대 중반을 넘어서면서 사회운동이 '차이의 운동'으로 분화되고, 환경운

---

6) 조희연(2010)은 하버마스의 '체제(system)'와 '생활세계(life world)' 구분을 원용하여, 체제 개혁 운동, 체제 도전적 운동과 생활세계 개혁적 운동, 대안 생활 세계 운동/체제 이탈적 운동으로 유형화하고, 이들 사회운동이 어떻게 분화되고 재구성되는지 설명하였다. 그는 수동 혁명적 민주화는 자율화와 제도화의 진전으로 나타났는데, 1차 분화과정에서 독재에 대항하는 '반체제적 운동'이 '체제 개혁적 운동'으로 분화되었고 새롭게 소수자운동과 '생활 세계 개혁적 운동'이 출현했다고 보았다. 또한 2차 분화과정에서 제도화를 둘러싸고 생활세계 개혁적 운동 내부에서 '대안 생활 세계 운동/체제 이탈적 운동'으로 나타났다고 보았다.

동의 담론지형 또한 복잡한 분화 양상을 띠기 시작한 것과 유사한 맥락이다.

이러한 분화과정은 몇 가지로 해석할 수 있다. 첫째, 1990년대 '환경' 담론의 유연화 과정 내지는 적대적 성격의 약화로 해석할 수 있다. 이러한 과정에서 회원들과의 소통과 참여, 기업과 정부 등과의 협력 관계를 구체화하는 데 환경교육운동이 기여하였다. 둘째, 사회운동의 목적이 사회의 구조적 변화에서 생활세계의 변화, 즉 인간 개개인의 변화로 전환된 것으로 해석할 수 있다. 이는 운동과 교육의 접점에서 인간의 변화를 찾아가는 '운동의 교육화'로 해석될 수 있다(이은정, 2010). 이러한 맥락에서 사회운동으로서의 환경교육운동은 적대적 성격이 약화된 운동적 성향과 인간변화를 중심으로 사회변화를 추구하는 성격을 보인다.

3장 생애경험을 통해 본 환경교육운동

환경교육운동의 정체성은 운동 참여자들의 '환경교육과 환경운동의 관계 인식'에서 잘 드러난다. 이들의 생애경험을 통한 구술에서 다음의 세 가지 '이념형'의 유형을 발견할 수 있었다.

첫째, 환경운동과 환경교육의 통합을 추구하는 '일치형'이다. 이런 인식 유형을 보이는 당사자들은 '교육이 곧 운동이다' 혹은 '환경운동의 모든 과정이 환경교육이다'는 신념을 가진다. 환경운동 자체가 사람들을 설득하고 인식을 변화시켜 사회를 변화시켜 간다는 차원에서 보면 환경교육이기도 하다는 것이다. 이러한 유형에서 환경교육은 환경운동의 필수요소이며, 수단과 동시에 목표가 된다. 한편 이러한 유형은 통합을 지향하지만 현실에서는 환경교육과 환경운동이 분리되는 양상으로 나타나기도 한다. 운동 방식의 차이는 존중하지만, 운동의 지향은 같기 때문에 운동을 교육적으로 이해하고 교육을 운동적으로 이해하는 것이 강조된다. 따라서 교육적 접근과 정책적 접근의 운동방식을 병행하는 경향이 있다.

정리하자면 '일치형'의 이념형을 갖는 경우, 환경운동과 환경교육은 동일한 것을 추구하기 때문에 환경교육운동은 환경운동이자 환경교육이라 할 수 있다.[7)]

둘째, 환경교육운동을 환경운동의 여러 영역 중 하나로 인식하는 '집중형'이다. 이런 인식 유형을 보이는 당사자들은 '교육은 운동의 중요한 전략이자 방편' 또는 '내가 잘할 수 있는 운동방식'으로 인식한다. 운동의 가치나 철학은 교육을 통해 구현될 수 있으며, 구현될 수 있어야 한다고 믿기 때문이다. 이 경우 당사자들은 다양한 운동영역을 지지하고 존중하지만 운동의 구현에 있어서는 교육운동의 방식을 전략적으로 선택하고 전문성을 키워나간다. 즉, 선택과 집중 차원에서 환경교육운동이란 방식을 택한다. 결국 이런 유형의 운동은 교육 중심 환경운동 혹은 전문 환경교육운동의 형태로 구현된다.

---

7) "교육과 조직은 사회를 진전시키는 필수요소지 선택적 요소가 아니라는 거예요. …… 어떤 목표에 도달하기 위해서 반드시 수행되어야 할 필수적인 요소라는 거예요. …… 사회를 더 좋게 하고 진전시키고 하는 데 있어서 가장 기본은, 교육이 안 되면 전달이 안 되잖아요. 공감하기도 어렵고……." (여진구 구술, 장미정 면담; 2010/7/22)
"현장에서 부딪히다 보면 환경교육을 통해서 다 풀어낼 수 있지. 음…… 핵심전략이다 이런 생각이 주를 이루고 있는데 아직 그걸 구현해보지는 않았잖아요. …… 내 생각은 그런 방향을 추구하지만 현실 속에서는 선택과 구분으로 나타나는 모양이죠. …… 운동적 활동과 교육적 활동이 분리되어 있는 양상으로 나타나고 있고, 조직적으로도 환경교육과 환경운동의 정책운동은 분리적인 양상과 주체로 나타나고 있는 것이 현실인거고. 근데 나는 어쨌든 그걸 통합하는 방향에서 가자라고 계속 생각을 하고……." (차수철 구술, 장미정 면담; 2009/11/5)

정리하자면 '집중형'의 이념형을 갖는 경우, 환경교육운동은 효과적인 환경운동을 위해 전략적으로 선택하고 집중하는 하나의 운동방식이다.[8)]

셋째, 환경교육운동을 환경운동의 영역에서 보기보다는 교육운동의 주제 영역으로 인식하는 '확장형'이다. 이 경우 무게중심을 환경운동에서 교육운동으로 이동시켜 인식하며, '교육은 가장 본질적인 접근의 운동'이며 '교육은 삶 자체'라고 생각하는 유형이다. 때문에 환경운동의 영역을 넘어서는 넓은 범주의 가치지향을 갖는다. 이렇게 인식할 경우 스스로 근본적인 접근으로 생각하는 교육운동 방식을 취하면서, 공동체나 지역에 기반을 둔 대안적 삶의 구현에 초점을 둔다. 또한 사회구조적인 거대한 변화보다는 개개인의 삶의 변화를 중심으로 가정과 이웃, 공동체와 지역에 보다 무게를 둔다. 따라서 운동의 내용은 환경의 범주를 초월한 생명, 평화, 다문화, 여성 등의 범주로 확장된다. 이들은 운동과 개인 생애에 대한 성찰의 기회가 주어졌을 때, 운동의 구심점을 '교육'으로 재편하기 때문에 환경운동 내에 머무르지 않고 교육운동 영역까지 확장해가게 된다.

정리하자면 '확장형'의 이념형을 갖는 경우, 환경교육운동은 삶 자체를 변화시키는 교육운동으로 생명, 평화 같은 포괄적 차원의 환경 가치를 추구한다.[9)]

지금까지 환경교육운동가들이 생애경험을 통해 인식하는 환경교육과 환경운동의 관계 유형을 통해 환경교육운동의 특질을 살펴보았다. 연구에 참여한 구술자들은 이러한 관계 인식이 생애경험 과정에서 성찰과 반성을 통해 변화해갈 수 있는 '현재진행형'임을 강조했다. 즉, 운동참여 과정에서의 성찰과 반성, 생애경험에 따라 환경교육과 환경운동의 관계에 대한 인식이 변하며 이에 따라 환경교육운동의 성격도 변하게 되는 것이다. 때문에 구술자들의 관계 인식 유형은 하나의 유형에 머무르거나 단일한 형태로 나타나는 것이 아니라 복합적으로 나타나거나 생애시기에 따라 순차적으로 변화하기도 했다. 이 또한 환경교육운동이 갖는 독특한 정체성으로 이해된다.

---

8) "두 가지[운동방식에서 교육적 접근과 정책적 접근]는 동전의 양면 같은 거고, 다 중요한 거라고 보기 때문에, 이게 더 중요하고 이게 덜 중요하고는 없는데…… 내가 더 잘할 수 있는 거를 택했던……." (문용포 구술, 장미정 면담; 2010/6/14).
"환경이라는 방편을 사용해서, 교육이라는 실천방식을 선택한 것입니다. (중략) 우리는 일관되게 환경문제가 생태적, 생태적인 패러다임으로 되어야지만 무궁무진한 새로운 창조가 이루어질 수 있다고 생각합니다. 그래서 대안을 만들고, 통합적인 시각이 만들어지도록 하기 위해 교육이라는 방법을 선택한 것입니다." (유정길 구술, 장미정 면담; 2010/7/30)

9) "운동해온 걸 좀 돌이켜보니까, 물론 아주 필요하고 또 열심히 해볼 만한 일이었는데, 뭔가 빠져 있는 부분이 있다. …… 그게 구체적으로 생활현장에 내려가서 사람들을 만나고, 또 그 사람의 어떤 의식변화나 또 생활의 변화를 통해서 이렇게 또 뭔가를 실현하는…… 뭐 쉽게 이야기해서 생활과 밀착된 그런 주민운동, 이게 빠져 있는 운동을 내가 했구나. …… 교육이라는 [것은] 완결 구조는 없지만, 이거는 우리가 다른 어떤 목적을 위한 분야는 아닌 것 같아요. 교육은 넓게 좀 해석을 하면, 삶 자체가 교육이니까……." (문창식 구술, 장미정 면담; 2010/7/9)

3부

한국의 환경교육운동사

4장 한국 환경교육운동의 약사(略史)
: 시기구분과 시기별 특징을 중심으로

환경교육운동의 시기는 1990년대 이전까지 효시와 모색의 전사(前史)기, 정체성을 획득하는 1990년대의 형성기, 분화·확장하는 2000년대의 전개기로 구분할 수 있다(장미정, 2011). 환경교육운동의 형성과 변천과정은 시대적 경험을 통해 전개되어 왔다는 점에서 환경운동과 유사한 측면이 있으며, 동시에 학교 환경교육의 변천과정과 일정 정도 유사한 맥락으로 진행되었다.[10] 다만, 환경운동의 경우 특정한 사건을 중심으로 급격한 변화가 진행되었다면, 환경교육운동은 운동참여과정을 통해 서서히 정체성을 획득해왔다는 점에서 다소 구분된다. 이 절에서는 기존의 자료와 증언들을 토대로 1990년대 전후 전사기로부터 형성기까지 환경교육운동의 시기별 특질을 사례 중심으로 정리하였다. 이 사례들이 각 시대를 대표한다고 볼 수는 없지만, 이를 통해 일반성이나 대표성보다 특수성과 고유성의 관점에서 시대 흐름을 이해할 수 있다.

1. 환경교육운동의 효시: 1980년 이전

환경교육운동의 효시는 무엇으로 볼 수 있을까? 한국환경교육학회(2003)는 사회 환경교육의 역사를 기술하면서, 그 효시가 되는 프로그램으로 1970년대 초반, 크리스찬아카데미 대화모임을 제시하였다.[11] 1971년 8월에는 '환경오염과 인간파괴'라는 주제로 권이혁 당시 서울대 부속병원장(환경부장관 역임)과 권숙표 당시 연세대 공해문제연구소장이 대화모임을 이끌었으며, 1973년 6월 '지역개발과 환경정화: 자원단체 캠페인 방안'이라는 주제

10) 한국 환경교육의 변천과정에 대한 기존의 논의들은 주로 학교 환경교육을 중심으로 이뤄졌다. 대표적인 논의들을 살펴보면 환경교육운동의 시대적 흐름과 유사점을 찾을 수 있다. 먼저 남상준(1995)은 태동기(1980년 이전), 성립기(1981~1991년), 정착기(1992년 이후)로 구분하였고, 박태윤 등(2001)은 남상준의 구분에서 태동기를 시발기로, 정착기를 성장기로 변형하였다. 최돈형(2004)은 남상준의 구분에서 정착기(1992~1999년) 이후, 확립기(2000년 이후)를 추가한 바 있다. 이와 비교해볼 때, 학교 환경교육의 태동기(혹은 시발기)와 성립기에 환경교육운동 역시 효시와 모색의 움직임이 나타났으며, 학교 환경교육의 정착기(혹은 성장기)에는 환경교육운동의 고유한 정체성이 드러나게 된 형성기로 볼 수 있다. 한편 이재영(2001)은 패러다임의 변화와 연관 지어 계몽의 시대(1970년 초반~1980년 중반), 지식의 시대(1980년 중반~1990년 중반), 체험의 시대(1990년 중반~현재), 참여의 시대(현재 이후)로 구분한 바 있다. 또한 그는 특정한 시점이나 분기점을 명확히 하기 어려우며 앞과 뒤의 패러다임이 통합되면서 서서히 변화되었다고 분석하였다. 이는 환경교육운동의 변천과정에서도 나타나는 특성이다.

11) 이전에도 YMCA 등에서 환경관련 교육활동이나 모임이 진행되었다는 진술이 있으나, 문헌 접근은 쉽지 않았다. 한국 사회 환경교육의 역사를 정리한 문헌으로는 '우리나라 사회 환경교육 발전방안' 보고서가 거의 유일하다. 이 보고서에서는 환경운동의 약사와 함께 사회 환경교육의 약사를 15쪽 분량으로 정리하고 있다(한국환경교육학회, 2003, 29~43쪽).

로 이어령 당시 조선일보 논설위원이 제주도 통합개발계획의 문제점을 토론했고, 1978년 7월에는 '인간생명의 존엄'을 주제로 종교 간 대화모임이 이루어지기도 했다. 이후 환경부 장관이 된 한명숙 장관이 2003년 취임 후 인터뷰에서 크리스찬아카데미를 통해 공해문제 교육과 토론 활동을 했던 경험이 있음을 언급하기도 했다. 이처럼 크리스찬아카데미는 환경문제, 즉 공해문제를 토론하고 교육하는 역할을 하였다(한국환경교육학회, 2003).

이처럼 1970년대 들어서면서 환경문제와 관련한 쟁점들이 등장한 계기는 무엇이었을까? 1970년대 초반은 국제적으로도 1962년 레이첼 카슨(Rachel Carson)의 『침묵의 봄』 출간 이후, 환경문제에 대한 인식이 확산되던 시기다. 1970년 미국에서는 환경교육법이 제정되었고, 1975년에는 베오그라드 헌장이 발표되고 UNESCO-UNEP 국제환경교육프로그램이 만들어졌으며, 1977년에는 트빌리시 정부 간 환경교육 회의가 이루어지는 등 1970년대는 환경교육이 전 세계적으로 형성되기 시작하는 시기였다(최돈형 외, 2009). 이러한 국제적 흐름이 우리나라에도 영향을 미치기 시작하면서 지식인들로 구성된 공부모임을 중심으로 사회 환경교육의 초기 형태가 나타난 것이다. 이후 1973년 서울대 환경대학원이 설립되긴 했지만 사회 환경교육 분야에서 두드러진 활동은 찾아보기 힘들다. 당시 대화모임은 본격적인 환경교육운동으로 보기는 어렵지만 사회문제로 환경문제가 주목받고 진지하게 논의되기 시작했다는 점에서 환경교육운동의 형성과정과 관련해서 첫발을 내디뎠다는 의미를 지닌다.

2. 환경교육운동의 모색: 1980년대

1980년대에 들어서면서 한국공해문제연구소(이하 공문연)를 중심으로 본격적인 환경운동이 시작되었다. 반공해운동이 본격화되면서 대학생, 민주인사, 주부 등을 대상으로 하는 반공해교육이 시작되었다. 1984년에 설립된 반공해운동협의회는 대학생이 중심이 된 조직으로, 연구와 교육활동을 통해 조직을 확대해갔다. 당시의 환경교육은 환경 또는 자연보전 그 자체가 목표였다기보다 환경오염의 피해를 받는 민중에 대한 지원과 환경오염의 가해자인 군사독재 반대운동이 주된 목표였다(한국환경교육학회, 2003).

이처럼 우리나라에서 환경운동이 구체화되기 시작한 데는 1980년대 일어난 각종 환경사고들의 영향이 컸다. 특히 1982년 온산공단 괴질병 발생 등이 알려지면서 점차 공해문제에 대한 인식이 본격화되기 시작했다. 이후 1982년에는 환경운동에서 중요한 역할을 하게 되는 공해추방운동연합(이하 공추련)과 환경운동연합의 전신인 '한국공해문제연구소(이하 공문연)'가 창립되었다. 국제적으로는 1984년 인도보팔사건, 1985년 성층권 오존층의 구멍(hole) 확인, 1986년 4월 26일 발생한 체르노빌 핵발전소 원자로 폭발, 1989년 유조선 엑손 발데즈호의 알래스카 기름 유출 사건 등 굵직한 환경사건들이 일어났다. 국내에서는 1988년 연탄공장 진폐증 환자발생, 온도계 공장 근로자 수은중독 사망, 1989년 수돗물 중금속 오염 파동에 이어 1991년 낙동강 페놀오염 사건에 이르기까지 적지 않은 환경사건들이 발생했다(최돈형 외, 2009).

하지만 환경운동이 본격화된 시기, 환경운동 영역에서의 환경교육 활동은 체계적이지 못했고, 양적으로도 소수에 불과했다.[12] 당시에 실시된 환경단체 주도의 환경교육은 몇몇 명망가 중심의 '공해' 강의 등이 주를 이루었다. 1987년 6월 민주화운동 이후 사회변화와 함께, 많은 대학생들이 다양하고 폭넓은 사회문제에 대해 적극적으로 관심을 가지게 되었고, 주부들의 생활환경에 대한 관심과 환경문제 해결에 대한 참여가 증가하였으며, 정부의 환경문제에 대한 인식이 유연해지는 등의 변화가 나타났다. 이러한 변화에 따라 당시 환경운동단체는 청년과 주부들을 주요 대상으로 하는 환경강좌들을 많이 개설하였고, 대학에서도 특강을 여는 등 환경교육을 확대하는 양상을 보였다.[13]

1980년대 후반에 들어서면서 환경교육운동의 초기형태로 볼 수 있는 강좌들이 생겨났다. 대표적으로 1988년 공추련이 창립되면서 열렸던 '배움마당' 등을 들 수 있다.[14] 당시 공추련은 대중화와 전문화를 표방하면서 총무, 조직, 선전, 교육의 4개 부서를 두고 활동을 할 정도로 교육의 비중이 컸다(한겨레, 1990/10/2). 1970년대 크리스찬아카데미

12) "내가 참여했던 1980년대 후반에는 NGO들의 환경교육은 사실은 그렇게 체계적이지 못하고, 굉장히 미흡했어요. (중략) 우리나라 NGO가 1960년대부터 본격적으로 나타나기 시작했지만은, 그때는 70, 80년대까지 그렇게 숫자도 많지도 않고, 활동을 지원해주는 기관도 별로 없었잖아요." (최석진 구술, 장미정 면담; 2010/10/19)

13) "내가 80년대 초반에 강연할 때는 대학생들을 대상으로 많이 했어요. 처음에는 대학생들이 관심을 가지다가 80년대 중반 되면서부터는 굉장히 관심이 높아졌어요. 그래서 강연장에 가면 그때는 항상 이제 몇천 명씩 모였어요. 강연이 그 당시에는 많이 모였어요. 그 당시에는 공해문제에 대한 올바른 인식, 공해문제를 해결하기 위한 주민운동의 활성화, 공해 감시운동 이런 걸로 시작을 했어요. 그러다가 80년대 중반부터는 주부들이 중요합니다. 그래서 주부들을 대상으로 식생활, 식품의 안전이라든지, 그다음에 일회용품 합성세제, 농약문제 이런 걸로 하고, 그다음에 80년대 후반부터는 공해피해지역 문제, 그리고 90년대 들어와서는 생태계, 생태계 문제, 또 2000년대 들어와서는 환경경영과 기후변화 이런 식으로 시대에 따라 자꾸 바뀝니다. 공무원이나 일반회사에서는 80년대에는 그런 강의요청이 거의 없었어요. 관심도 적고, 공해, 이런 건 반정부 운동이라는 인식이 있었는데, 87년 6월 민주화운동 이후에는 많이 달라졌습니다. 이제 노태우 정부죠. 노태우 정부 때는 방송을 통해서 많이 했어요. 그 당시에는 심야토론도 환경문제를 많이 다뤘고, 또 일반 방송매체를 통해서 하고, 특히 핵 문제, 핵의 안전문제, 그래서 그때 그 뭡니까…… 안면도 핵 폐기장 반대운동 뭐 이런 거가 다 노태우 정부 때입니다." (최열 구술, 장미정 면담; 2010/11/10)

14) 전의찬(1992)은 환경문제에 대한 주민참여와 사회 환경교육의 현황과 개선대책을 연구하면서, 공추련이 그 전신인 공해방지시민운동협의회에서부터 시작하여 국내 최초로 환경교육프로그램을 실시하였다고 언급하였다. 그에 따르면 '배움마당'은 1992년까지 평균 50명씩 연 2회에 걸쳐 진행되어 11기를 배출하였고, '공해추방을 위한 여성교육'은 7기까지 배출하였다. 이후 '공해추방을 위한 여성교육'은 환경운동연합의 '어머니환경대학'으로 이어졌다(월간 환경 창간준비호, 1993년 6월호).

대화모임이 지식인 그룹의 환경문제 인식의 공부모임이었다면, 당시 공추련에서 실시했던 '배움마당'과 '공해추방을 위한 여성교육' 등은 반공해운동의 맥락에서 운동적 지향이 명확하면서도 일반 대중을 대상으로 비제도권 영역에서 짜임새를 갖춘 사회교육의 형식을 갖추었다는 점에서 환경교육운동사에서 중요한 의미를 갖는다. 이 프로그램은 환경운동이 민주화운동의 일환으로 진행되었던 시대적 상황 속에서 환경교육은 사회 정의적 관점에서 환경문제를 이해하는 시각을 제시하는 것을 주요한 내용으로 하였다.[15] 이 때문에 민주화운동에서 반공해운동으로 이어온 환경운동을 보는 정권의 시선은 곱지 않았다. 당시 교육활동 역시 반공해운동을 표방한 반체제운동으로 보고 강사의 교육활동이나 교육장소 대여를 막는 등의 압력이 행사되기도 했다. 또한 환경교육 프로그램은 주로 전문가들의 강의로 이루어졌지만, 강의 이외에도 수강생들 간의 공부모임, 현장 감시활동 등 적극적이고 자발적인 참여가 있었다. 졸업생들은 기수모임이나 후속모임들을 통해 자발적인 활동을 유지시켰다. 그러면서 열혈 전업운동가가 되기도 했고, 자신의 주머니를 털어 환경운동을 돕는 겸직 활동가나 자원 활동가가 되기도 했다. 이처럼 '배움마당'은 일반인들이 참여할 수 있는 시민교육을 표방했지만, 결과적으로는 운동가를 양성해내면서 운동의 확대재생산의 역할을 하고 있었다.

3. 환경교육운동의 형성: 1990년대[16]

환경교육은 시대적 상황에 따라 내외적으로 변화하는 환경운동과 지속적으로 상호 영향을 주고받으며 변화해왔다. 1990년대에는 환경교육운동이 본격적으로 형성된 시기다. 이 시기 전문 환경단체의 출현과 환경운동의 대중화, 체험환경교육의 활성화, 기업 및 정부와의 파트너십 형성, 학교 환경교육의 제도화, 환경교육 전공자들의 진입 등이 주요 흐름으로 나타났다.

---

15) "지금의 교육이라기보다는 그때는 어떻게 보면 계몽, 그다음에 뭐, 자기 힘을 길러서 목소리를 결집해서 더 큰 힘에 대항할 수 있는, 어떤 그 민주 훈련의 장, 이런 거라고 생각을 하면 맞지 않을까." (여진구 구술, 장미정 면담; 2009/12/4)
"80년대는 민주화운동하고 밀접, 매우 밀접하게 연관이 돼 있었기 때문에, 어떻게 보면 정의운동, 정의적 차원의, 그러니까 지금처럼 환경을 심도 있게 생각하기보다는 사회정의에 굉장히 중요한, 그러나 소외되고 누군가가 헌신하고 봉사하지 않으면 그 운동 자체가 유지되기 어려운, 그야말로 민주화운동의 일환으로서 생각을 해서 저 어두운, 뒷방에서 공부하는 그런 느낌. 거기는 아주 특별한, 투철한 학생운동 출신 내지는 그런 의지를 갖고 그런 사람들이 와서 들어야 되는 교육처럼 인식되는 때가 옛날 공추련의 시민환경강좌였죠. (여진구 구술, 장미정 면담; 2010/7/22)

16) 이 시기는 환경교육운동의 정체성을 형성해가는 시기로 나름의 특질 획득과정을 중심으로 보다 상세히 다루었다.

1) 전문 환경단체의 출현과 환경운동의 대중화

1993년 환경운동연합(이하 환경연합)을 비롯하여 1992년 경실련의 환경개발센터(현 환경정의), 1994년 배달녹색연합(현 녹색연합) 등 전문 환경운동단체들이 등장하면서 환경운동의 대중화와 함께 환경교육운동의 내용과 방식도 큰 변화가 있었다.

먼저 환경연합의 사례를 보면, 교육전담팀이 조직되어 보다 독자적인 환경교육 활동을 시작하게 되었다. 공추련 '배움마당'의 전통은 환경연합의 '환경전문강좌', '수요환경강좌', '시민환경학교', '어머니환경대학', '대학생환경캠프' 등 시민 중심 환경교육 활동으로 이어졌다. 이들은 이전의 교육방식에서 크게 벗어나지 않았으나 몇 가지 특징적인 의미 있는 변화들이 감지되기 시작했다. 가령 1989년에서 1990년 사이 진행된 초기 '배움마당'의 경우에는 주제어로 '공해', '진폐증', '산업재해', '미나마타', '핵과 생존' 등 피해자 중심의 환경운동과 관련된 주제들이 주를 이루었다. 용어에서도 '파멸과 생존', '삶과 죽음' 등으로 어감이 다소 강한 용어들을 선택했다.

그런데 시민운동단체로 출범하면서 실시된 환경연합의 '시민환경학교'에서는 몇몇의 변화가 눈에 띈다. 프로그램 명칭에서부터 '시민' 참여를 표방하고 있다. 강의 주제에 있어서는 리우회의의 영향으로 국제적 접근을 취하는 프로그램들과 한국 사회에서의 환경운동을 이해하는 프로그램이 강조되었고, 주제 표현 방식에 있어서도 '배움마당'의 '공해'나 '산업재해', '파멸', '해방' 등의 용어 대신 '오염', '변화', '과제' 등의 용어로 순화되었다. 또한 '시민환경대학 주최'라는 문구에서 시민교육에 대한 조직적 전망도 읽을 수 있다. 이와 함께 80년대 후반 민주화운동의 주요 주체이기도 했던 '대학생을 대상으로 한 환경교육'이 진행되었다.[17] 개강 시기에 맞춰 숙박형으로 진행된 것은 조직화를 지향하는 운동적 목적을 미루어 짐작해볼 수 있는 대목이다. 주제에 있어서는 역시 국제적 시각이 반영된 프로그램이나 학생운동과 시민운동의 전망에 대한 프로그램들이 강조되었다.

또 다른 대표적인 프로그램으로는 '환경전문강좌'가 있다. 기존의 '배움마당'이 거대담론을 다루었다면, '환경전문강좌'는 주제접근에서 보다 심층적이고 폭넓은 관점을 읽을 수 있다. 매 기수마다 3~4개월에 걸쳐 진행되었다. 장소가 '환경교육관'이란 사실을 통해 시민운동으로서 환경연합은 출발에서부터 환경교육에 무게를 두고 있음을 짐작할 수 있다. 1980년대 후반과 1990년대 초반 사이에 일어난 이러한 변화의 구체적인 내용은

---

17) 월간 환경운동, 1993년 9월호: 99쪽, 111쪽 참조.

<표 2>를 통해 확인할 수 있다.

이 밖에도 비슷한 시기에 '환경과 공해연구회'에서는 1991년부터 '환경학교'를 개설 운영하기 시작했으며, 천주교 서울대교구 내 환경운동단체인 '하늘 땅 물 벗'은 1991년에 결성된 후 1992년부터 '천주교 환경학교'를 진행하는 등 환경교육이 환경운동의 영역에서 서서히 부각되기 시작하였다(전의찬, 1992). 1993년에는 불교환경교육원이 '생태학교'를 열고, 생태적 패러다임을 실천해가는 방편으로 환경교육을 실시하였다.[18] 이 역시 앞서 살펴본 '배움마당'처럼 환경운동가들을 양성해내는 역할을 하였다. 당시 불교환경교육원의 교육활동은 환경운동을 생명운동이라는 통합적 관점으로 지평을 넓히고자 하는 실천적 목표를 가지고 있었는데, 1990년대 중반이 되면서는 이 단체 주최로 전국의 환경활동가가 참여하고 소통하는 '환경활동가워크숍'을 연 1회 정기적으로 진행하였다. 이는 이후 대표적인 환경활동가의 재교육 프로그램으로 자리매김하게 되었다.[19]
한편 1990년대 중반 이후에는 생태기행을 중심으로 한 대중들이 참여하는 '가벼운' 환경교육 프로그램들이 인기를 얻는 반면, 계몽적 혹은 지식 중심의 '무거운' 환경교육 강좌들을 기피하는 현상이 나타났다.[20] 이러한 흐름은 초기 환경운동의 고민에서 그 원인을 찾아볼 수 있다. '그들만의 리그' 혹은 '시민 없는 시민운동'에서 벗어나, 시민들이 '참여하는 시민운동'에 대한 시민들과 시민단체 스스로의 갈증이 있었다. 적극적인 시민참여를 기반으로 한 대중적인 운동이 필요했다. 이는 운동의 맥락에서는 환경담론의 유연화와 운동의 주 관심이 사회구조적 변화에서 인간 개개인의 변화로 전환되는 현상으로 나타났으며, 단체들은 환경교육 프로그램에서 다소 '가벼운' 언어와 방식으로 변화를 시도했다. 시민강좌를 통해 회원을 늘리고 적극적인 주체로서의 시민을 길러내야 했기 때문이다. 야생동물을 사랑하는 모임이나 등산모임과 같은 대중적 참여를 토대로 한 소모임 형태의 조직화가 중요했고, 그 과정에서 교육활동은 필수적이었다. 당시의 교육운동은

---

18) "우리는 일관되게 환경문제가 생태적, 생태적인 패러다임으로 되어야지만 무궁무진한 새로운 창조가 이루어질 수 있다고 생각합니다. 그래서 대안을 만들고, 통합적인 시각이 만들어지도록 하기 위해 교육이라는 방법을 선택한 것입니다. 저희가 했던 '생태학교'는 그걸 하려고 만든 교육 프로그램입니다. 교육내용이 환경도 있긴 하지만, 지구적인 문명, 협동조합, 다양한 주제들이 많았습니다. (언제까지 했나요?) 그것은 아마 93년부터 시작해서 99년까지 했어요." (유정길 구술, 장미정 면담; 2010/7/30)

19) "90년 중반부터 환경활동가들이 1년에 한 번씩 모이는 환경활동가워크숍을 개최했는데 저희가 4~5년 실무를 진행했습니다. (중략) 우리가 초기에 실무를 자임한 것은 이러한 연대와 네트워크가 서로 활동을 고양시키는 대단히 중요한 사업이라고 생각했고, 또 한편으로는 환경운동이 생명운동으로 확대되도록 하기 위한 메시지를 확산의 계기로 만들고 싶은 생각이 있었던 것입니다. 그때 저희가 제기하고 다 같이 논의하여 결정된 주제가 예를 들면 '생태적 관점에서 진보를 다시 바라본다'라는 타이틀을 잡기도 했습니다. 모두 그런 관점으로 시야를 확대해야 한다고 생각했기 때문입니다." (유정길 구술, 장미정 면담; 2010/7/30)

20) 1994년부터 1997년까지 환경전문강좌의 주제를 살펴보면, 1994년 환경과 문학, 1995년 환경과 화학, 환경과 경제, 1996년 환경운동의 이념, 1997년 환경과 정치였다(월간 환경운동, 1994년 9월호; 1995년 9월호; 1996년 9월호, 1997년 9월호 참조).

회원을 배가시키는 매개이기도 했고, 사회적 이슈에 일희일비하지 않는 적극적인 지지자를 만들어내는 역할도 하였다.[21]

2) 체험 환경교육의 활성화

환경운동이 시민운동으로 변모되면서 나타난 환경교육운동의 가장 큰 변화 중의 하나는 어린이 대상 환경교육 프로그램이 개발, 활성화되기 시작한 것이다. 전문 환경운동단체인 환경연합은 창립과 함께 교육부를 만들고 어린이환경교육 프로그램을 정기적으로 운영하기 시작했다. 이 단체의 교육부는 1993년 3월부터 매달 전문가들이 직접 아이들을 데리고 하천이나 공원에 가 직접 체험교육을 진행하는 '주말어린이환경학교'를 열었고, 여기 참여한 어린이들을 대상으로 그해 겨울방학 동안 '제1회 어린이환경캠프'를 진행했다.[22] 사실 다음의 1992년 서울신문 기사에서 확인할 수 있듯이, 이전에도 YMCA, 흥사단 등의 사회단체들이 진행하는 환경캠프가 있었다.[23]

> 흥사단은 초등학교 3~6년생을 대상으로 8월 7일부터 10일까지 3박 4일 동안 어린이국토순례행사를 갖는다. 장소는 강원도 고성에서 속초에 이르는 구간이며 도보행진과 캠프를 통해 국토를 느끼고 우애를 다질 수 있는 기회를 제공한다. 서울 YMCA는 유아캠프, 가족여름캠프 등 16개의 각종 프로그램을 마련해놓고 있다(서울신문, 1992/7/6, 15면).

이러한 사실을 놓고 볼 때, 환경연합의 어린이환경캠프가 '최초의' 환경캠프라고 주장하기는 어렵다. 그럼에도 불구하고 당시 환경연합의 어린이환경캠프를 '최초로' 기록하고 있는 것은 몇 가지 시사점을 준다. 우선 환경캠프가 비슷한 시기에 시작된 점과 이전까지의 환경캠프들은 내용상 환경을 우선순위로 두기보다는 공간으로서의 자연에 나가 활동하되 공동체 활동에 초점을 둔다거나 봉사활동 차원의 환경보호활동으로서 정화활동을 강조하는 봉사캠프의 방식으로 진행된 반면, 1993년 환경연합의 환경캠프는 자연과 환경에 초점을 둔 체험형 환경캠프라는 점에서 차별점을 갖는다. 이런 차별성 때문에

---

21) "그 당시[90년대 초반]에 단체들이 가진 고민이 그거였던 거 같아요. 회원 확대와 아울러서 어떻게 회원들을 단체 활동에 좀 적극적으로 참여할 수 있게 만들고, 좀 주체로 나설 수 있게 할 것인가, 하면서 이제 고민했던 게 녹색연합이나 환경단체 같은 경우에 다양한 소모임을 많이 만들어내기 시작했죠. 그니까 직접 정치전선에 이 사람들 뛰어들게 하는 건 굉장히 부담스러운 일이었기 때문에, 환경 관련해서 그들의 관심 영역에 맞는 예를 들면 산타기 모임이라든지, 아니면 야생동물을 사랑하는 사람들의 모임이라든지, 주부들 모임 이렇게 만들어서 실제 조금 더 적극적으로 그 운동영역에 나설 수 있게 노력하는 이러한 부분들이 있으면서, 그것과 아울러서 병행된 게 사실은 교육이었던 거 같아요." (김혜애 구술, 장미정 면담; 2010/1/4)

22) 월간 환경 창간준비호, 1993년 6월호; 월간 환경 창간호, 1993년 7월호 참조.

23) 한국언론진흥재단(www.kinds.or.kr)의 언론통합검색결과, 환경캠프는 1992년의 기록이 시작이다(최종방문일 2012/6/5).

관련 당사자들은 이를 본격적인 환경교육형 환경캠프의 시발로 인식하고 있었다. 다음의 1993년 동아일보 기사를 통해 이러한 내용을 확인할 수 있다.

> "자연을 친구로" 환경을 배운다. 매일 보는 나무이고 풀이지만 이 나무가 어떻게 자라는지, 겨울을 어떻게 견뎌내는지를 아는 아이들은 얼마나 될까. 어린이들이 대수롭지 않게 넘겨버리기 쉬운 자연현상을 호기심을 갖고 관찰해 생명과 자연환경의 신비와 소중함을 익히도록 하기 위한 환경캠프가 **처음으로** 열렸다. 공해추방운동연합이 16일부터 18일까지 경기 가평군 하면 운악산 캠프장에서 국민학생 55명이 참가한 가운데 연 제1회 어린이 환경학교 겨울캠프의 주제는 '새롭게 만나는 자연' (중략) 공추련의 여진구 간사(32)는 '미래의 주인공인 아이들이 지금부터 우리의 터전을 지키자는 생각을 가질 수 있도록 캠프를 마련하게 됐다'면서 앞으로도 매해 환경학교와 함께 계절별로 환경캠프를 계속 진행할 계획이라고 밝혔다(동아일보, 1993/1/19, 11면).

당시 확산되기 시작한 생태기행이나 환경캠프와 같은 생태체험교육은 환경운동의 대상을 넓히는 데 지대한 역할을 하게 된다. 앞서 살펴본 것처럼, 90년대 초반 공추련은 환경연합이라는 대중조직으로 새롭게 출범하면서 어린이 대상 생태체험교육을 전개해가기 시작했는데, 비슷한 시기에 진행된 김재일의 성인 대상 생태기행도 주목할 만하다. 국어교사 출신인 김재일은 문인들을 중심으로 1991년 3월 '두레문화기행'이라는 단체를 만들었다. 당시에는 우리의 문화유적을 보고 배우는 모임이었다. 이후 1994년에는 생물교사와 환경운동가들이 참여하는, 우리의 자연과 문화를 배우고 그것을 소중히 여기고 지키는 '두레생태기행'을 만들었다(한국일보, 2003/1/7). 두레생태기행의 생태기행과 환경연합의 어린이환경캠프는 체험 환경교육의 활성화와 환경교육의 대중화에 있어서 큰 반향을 일으켰고, 사회 환경교육의 흐름에도 하나의 이정표가 되었다.[24]

3) 기업·정부와의 관계변화

시민 교육운동으로서 환경교육운동의 대중화와 함께, 교육 중심의 환경운동이 본격화된 것은 80년대 이후 한국 사회의 정치구조 변화에 따른 시민운동단체들의 기업, 정부와의 협력관계 형성이 중요한 변수가 되었다. 1992년에는 공추련을 비롯한 작은 규모 환경단체들의 전국적 연대 기류가 나타나는 가운데, NGO가 리우회의에 대거 참여하게 되

24) "환경련(환경연합)이 주도해서 한 그 생태교육. 그니까 주로 두레생태기행에서 기행 중심으로 했는데, 이걸 교육 중심으로 전환을 한 게 이게 관심을 불러일으켰죠. 사실은 김재일 선생이 자연환경에 대한 거를 기행 중심, 해설 중심으로 [관심을] 불러일으켰다면, 환경련은 어린이 중심으로, 아이들을 이제 지속적으로 다양한 생태계를 경험할 수 있는 학교를 연 거죠. 주말학교 형태의 학교를 열어서 굉장히 그 언론의 반향을 일으켰고, 실제로 뭐 언론에 한 줄 나가면 당일 마감은 기본이고요……." (여진구 구술, 장미정 면담; 2010/7/22)

었다. 그런데 그 준비과정에서 생각하지 못한 갈등이 생겼다. 이들은 세계적 변화를 읽기 위해 기업에도 함께 갈 것을 제안했고, NGO가 모든 준비를 담당하는 만큼 기업에서는 참가비를 더 내도록 했던 것이 발단이었다. 기업이 NGO 참가자의 일부 경비를 부담하는 것을 이전까지 환경오염의 '가해자'로 규정되어 왔던 기업으로부터 돈을 받는 것으로 받아들인 몇몇 활동가나 자원 활동가들은 결국 조직을 떠났다. 반면 기업의 사회적 참여이며 공정한 협력관계로 이해하는 편에서는 활동의 내용으로 평가받고자 했다.[25] 이 일은 당시로써는 꽤 '충격적인' 사건으로 기억되고 있었는데, 초기 환경운동의 성격과 지형을 엿볼 수 있는 대목이다. 당시 기업들은 91년 낙동강 페놀유출사건을 계기로 기업 활동이 일으킬 수 있는 환경문제에 대한 사회적 책임을 인식하기 시작한 터였다. 이후 월간 『환경운동』의 환경뉴스 코너에서 기업의 환경 관련 활동 소식을 담는가 하면, 울산환경운동연합에서는 '기업과 시민환경운동과의 관계'를 주제로 심포지엄을 열기도 했다.[26] 이 심포지엄에는 30여 개 기업이 참여하였는데, 월간 『환경운동』(1994년 10월호)에서는 '서로 대립적 관계에 있었던 기업과 환경단체가 한자리에 모여 지역 환경을 개선해나가기 위한 발걸음을 맞추었다는 데 큰 의의가 있다'고 기록하고 있다. 결과적으로 '리우회의 소동'을 계기로 환경단체들은 국제적 시각을 확장하고 기업과의 '파격적인' 파트너십을 형성하게 되었다. 이는 이후 환경운동과 환경교육운동의 대중적 확산과 활성화에 기여했다는 평가를 받기도 하지만, '기업에 이용당한다'거나 '운동성의 약화'라는 지적을 받기도 했다.[27]

언론과 기업도 1980년대 후반부터 1990년대 초반까지 우리 사회를 강타했던 환경사

---

25) "그때 92년도에 리우회의 갈 때는 어떤 생각을 했냐면 너무 운동이 국내 중심의 운동으로 간 거예요. 우리가 80년대. 우리나라 현실이 너무 심하니까. 그러다가 우리가 90년에 지구의 날 행사를 했어요. 지구의 날 행사를 이제 전 세계가 같이 한 거죠. 그게 이제 처음으로 국제연댄데, 그러면서 그때 그 기후변화 문제라든지 사막화 이런 데 관심을 가져서. 그래서 우리가 92년 리우회의는 하여튼 많이 가보자. 전 세계 환경운동 단체가 다 모이니까 가보자. 그래서 많이 이제 갔는데 기업도 가봐야 된다. 왜냐면 기업은 우리가 계속 공격만 하는데 기업이 전 세계가 어떤 식으로 변화하는지 알아야지 기업도 변화하지. (중략) 그래서 기업을 설득해 가지고 네[4개] 기업이 같이 갔어요. (중략) 그때 기업은 우리가 돈을 더 받았어요. 왜냐면 준비를 우리가 다 해서 가는데…… (중략) 내부에 있는 실무자 중의 한 명이 그것을 기업에 돈 받는다고 해서…… (중략) 그래서 내가 그거는 활동으로 평가받는 거니까……." (최열 구술, 장미정 면담; 2010/11/10)
"내부에 한 번 진통이 오죠. 그 리우회의 참가, 기업 돈 받고 참가하는 문제로 인해서 [배움마당의] 8기를 중심으로 해서 이탈자가 생겼어요. 8기가 성명서도 막 내고, 내부 논의도 그것 때문에 굉장히 뜨겁고…… (중략) 그 당시는 충격적인 거죠. 음……." (여진구 구술, 장미정 면담; 2009/12/4)

26) '기업과 시민환경운동과의 관계' 심포지엄, 1994년 9월 13일, 울산환경운동연합 주최, 기업과 시민환경운동과의 올바른 관계정립을 위하여(울산대 류석화 교수 발제), 기업이 보는 시민환경운동의 문제와 전망(유공 김병호 이사 발제) (월간 환경운동, 1994년 9월호 참조).

27) "기업에 이용을 당한다' 그렇게 이야기하는 사람들이 많은데, 여기 참여하는 기업은 환경문제에 관심을 가지는 기업이지, 공해기업은 여기 오지도 않아. 그니까 사람들이 거꾸로 생각하는 거야. 공해기업이 여기 들어와서 이미지화한다는데 그거는 말이 안 되는 게, 환경문제 해결하는 노력을 안 하는 기업이 이걸 한다 그래서 이미지가 좋아지는 건 불가능하고, 도리어 환경에 관심 있는 기업이 더 적극적으로 환경에 관심을 가지고 또 우리는 그런 좋은 기업이 잘 되는 게, 그게 서로 상생효과를 가져오는 거니까. 그러고 우리가 뭐 문제가 되는 기업과 하는 건 우리 규정에도 또 안 되고……." (최열 구술, 장미정 면담; 2010/11/10)

건들을 경험하고, 이로 인한 대국민 인식이 확산되기 시작하면서 환경문제에 대한 인식이 눈에 띄게 달라져 있었다. 이처럼 운동진영이 대중화로의 변신을 꾀하고자 하는 과정에서 리우회의 참가가 계기가 된 기업협력에 대한 논쟁과 방향전환이 이루어진 상황, 여론에 부응하는 언론과 기업의 움직임이 맞아떨어지는 상황에서 NGO－기업－언론의 협력관계 형성을 기초로 기획된 협력 사업들은 막강한 힘을 발휘하게 되었다. 대표적인 사례로 1994년 시작된 그린훼밀리운동연합－동아일보의 '그린스카우트운동'과 녹색연합－조선일보의 '샛강살리기', 1995년 시작된 환경연합－한국일보사－현대자동차의 '녹색생명운동' 등을 꼽을 수 있다. 이 사업들은 이벤트성 기획행사의 형태를 띠긴 했지만, 생태기행이나 답사 프로그램 등 체험 환경교육을 본격화하는 데 영향을 미치기도 했다. 이러한 움직임은 기존에 모임 중심으로 전개되어 온 기행식 혹은 체험형 환경교육을 폭발적으로 확산시키는 데 기여하였다. 환경운동 진영의 기업－언론과의 협력은 운동권 내외부의 불안한 시선과 긴장구조 속에서 '운동성의 약화 혹은 변질'이라는 비판이 따르기도 했지만, 체험 환경교육 형태로 시민들의 교육참여를 이끌어내는 소통의 통로로 작동함으로써 운동의 대중화에 기여하게 된 점도 간과할 수 없다.[28)]

이런 상황에서 정부의 간접지원이 생겨났다. 1994년 설립된 민간환경단체진흥회는 시민단체들의 교육홍보사업들을 지원하기 시작했다. 초기 기금은 목적적으로 조성된 것이라기보다는 1992년 김영삼 정부(문민정부)가 들어선 후 재벌기업 비리에 대한 사회적 압력이 커지면서 기부된 기금이 재원이 되었다. 이 재원은 일상적 사업이 필요했던 작은 단체들에서 환경교육 사업을 해나가는 데 어느 정도 도움이 되었다.[29)] 이후 1999년에 교보생명교육문화재단의 환경교육 지원 사업이 시작되었고 2000년 환경부의 체험환경교육 지원 사업이 생기면서 이러한 움직임은 이후 프로젝트형 환경교육 프로그램의 확대로 이어지게 되었다.

---

28) "90년대 들어와서는 남산 끌어안기식의 어떤 이벤트성 큰 행사들이 많이 열렸죠. 훨씬 더 대중교육을 하는 거죠. 이벤트성에서 가수도 부르고 뭐, 부스도 차려놓고 하는 것들이 그때 된 거고. 그런 이벤트성 행사 말고, 제가 보기에는 그때 환경단체들의 그⋯⋯ 프로젝트 형태의 지원금이 많이 도움이 되었던 거 같아요. 환경교육 기회를 마련하는 데에는. 환경단체들이 늘어났고, 이 단체들이 뭔가 사업을 해야 되는데, 일상적인 사업으로 제가 보기에 가장 중요했던 거는 바로 그런, 시민들을 대상으로 환경교육을 하는 게 아니었나 싶어요." (조홍섭 구술, 장미정 면담; 2010/12/14)

29) "90년대 이후에 정부가 NGO에 대한 어떤 간접적인 지원 예컨대 저런 게 있죠. 어⋯⋯ 그 최초의 재원이 아마 민간환경단체진흥회. 그게 정태수 씨 한보그룹이 망하기 직전에, 한보그룹 뭐 뭐 해서 그때 이제 재벌들의 비리가 굉장히 심각하게 김영삼 정부 들어와서 막 문제가 되었어요. 그래서 막 재벌들이 돈을 기부를 했습니다. 뭐 10억, 5억 이렇게 거액을 환경부에 기부를 했어요. 그걸로 만든 게 민간환경단체진흥재단이에요. 그래서 거기서 90년대 중반부터 환경단체들한테 푼돈을 조금씩 쭉 나눠줬습니다. 뭐 200만 원, 300만 원. 그래서 그게 바로 환경교육 행사하는 데 굉장히 중요한 시드머니가 된 거에요. (중략) 그 뒤에 이제 교보재단에서 만들어진 건 훨씬 뒤이고, 그게 이제 맨 처음일 테고. 하여튼 그런 식의 시민단체가 많아진 거, 많아진 시민단체들의 일상적인 활동을 하기 위한 프로그램 필요, 이런 것들이 아마 환경교육의 배경이 됐을 겁니다." (조홍섭 구술, 장미정 면담; 2010/12/14)

4) 학교 환경교육의 제도화와 환경교육전공자들의 진입

한편 환경운동에서 환경교육 활동이 활성화되기 시작한 시기, 학교 환경교육도 탄력을 받았다. 90년대의 환경에 대한 전 세계적인 관심과 참여는 제도권 내의 환경교육에도 영향을 미쳤다. 1992년 제6차 교육과정 고시에서 중고등학교에 환경 과목이 독립된 교과로 신설된 것이다(1996년부터 시행).[30] 1996년을 기점으로 교원대, 공주대, 순천대 등의 대학과 이화여대, 연세대 등의 교육대학원에도 환경교육과가 신설되어 환경교육 전문 인력이 양성되기 시작했다. 따라서 90년대 후반에는 각 대학과 대학원에서 배출된 환경교육 전공자들이 환경교육운동 영역에도 진입하였다. 체계적인 환경교육의 필요성에 대한 환경단체들의 인식이 확대되던 시점에 환경교육을 전공한 인적 자원이 보강되면서, 환경교육과 환경운동의 관계에 대한 내용적 논의를 시작할 수 있었다. 이 과정은 교육과 운동의 맥락에서 환경교육운동이 새로운 특질을 형성하면서 다양화되고 전문화되는 기반으로 작용하였다.[31]

4. 환경교육운동의 전개: 2000년대

1990년대 활성화되기 시작한 환경운동은 1990년대 후반, 2000년대 초반에 접어들면서는 분화의 움직임이 본격화된다. 이 시기 환경교육운동의 중요한 변화는 전문 환경교육단체의 출현과 교육활동 중심의 풀뿌리환경단체 확산, 환경교육단체들의 연대 활성화, 환경교육활성화와 지원을 위한 제도화(환경교육진흥법 제정) 등을 꼽을 수 있다.

1) 전문 환경교육단체의 출현

1990년대 전문 환경단체들의 출현과 환경운동의 대중화와 함께 체계적인 환경교육의

---

30) 환경과목의 독립교과 신설은 우리나라 환경교육사에서 분명 의미 있는 일이다. 하지만 현재는 독립식 접근방식과 분산식 접근방식의 병행이 제대로 되지 않거나 환경교육 전공 교사 임용비율이 낮아 실질적인 교육이 이루어지지 않는 등 부작용이 만만치 않은 실정이다.

31) "특히 1992년에 또 하나 의미가 있는 게, 6차 교육과정. 이때 중고교에 환경 과목이 만들어졌거든요. 이것을 만드는 것도 제가 적극적으로 참여했어요. 환경 과목이 만들어지면서 그다음에 대학에 환경교육과가 생기게 돼요. 환경교육과가 처음에는 3개에서 출발해서 지금은 5개가 됐고, 또 교육대학원에 환경교육 전공도 30개가 넘어섰잖아요. 그러니까 대학에서 환경교육과나 부전공한 사람들이 사회에 나오게 되니까, 체계적으로 공부를 한 인력이 사회에 배출되기 시작한 거죠. 그리고 이들뿐만 아니라 환경학과가 1980, 90년대 이후 많이 생기면서 환경학과에 부전공으로 환경교사 양성을 하는 그런 코스가 전국적으로 지금 현재 한 30개 있는데, 환경교육에 관심 있는 사람들이 졸업을 많이 하게 됐단 말이에요. 그 인력들이 NGO에 들어가게 된 거죠. 그러니까 NGO들이 초창기에는 운동하던 사람들 몇몇이 끌고 나가던 것이 이제 대학에서 제대로 환경운동과 교육을 공부한 사람들이 들어가고, 소위 간사, 뭐 이런 사람으로 참여하고 그러니까 환경교육이 좀 더 체계화되고……, 즉 대학에서 공부를 한 사람들이나 이런 젊은 사람들은 환경운동에 대한 관심뿐만 아니라 열의…… 또 체계적으로 뭔가 해보겠다, 이제 이런 것들이 상당히 많아진 거죠. 그래서 NGO들도 내부적으로 변화가 시작된 거라고 보게 됐어요. 그리고 그때부터 이제 NGO들도 다양화되고, 세분화된 셈이죠." (최석진 구술, 장미정 면담; 2010/10/19)

필요성에 대한 인식도 높아졌다. 운동가 양성뿐 아니라 어린이에서 일반 시민, 회원, 지역 주민 등 다양한 대상별 교육의 필요성, 환경재해나 지역 환경문제 등의 경험을 통해 생겨난 다양한 주제별 교육 등 보다 전문적이고 체계적인 교육의 필요성이 제기되었다.[32]

이러한 필요에 따라 전문 환경교육기관이 출현하게 된다. 우리나라 사회 환경교육 분야에서 환경교육 전문기관이 생겨난 사례는 2000년 1월, 환경연합 부설로 설립되어 지금은 독립된 '(사)환경교육센터(Korea Environmental Education Center)'가 처음이다. 이어 녹색연합도 2007년 11월 환경교육 전문기관인 '녹색교육센터(Green Education Center)'를 창립하기에 이른다. 이전에도 종교단체나 풀뿌리 단체들을 중심으로 환경교육운동을 해온 단체들은 있었지만, 소위 '주창형(advocacy)'의 환경단체에서 환경교육운동을 지속적이고 체계적인 운동 영역으로 확장해나가기 위한 환경교육 전문기관 설립은 중요한 의미를 갖는다. 이들은 모 단체의 교육활동을 이어오면서 축적된 경험과 '이름값(전문성과 역사성)'을 가져올 수 있고, 모 단체의 입장에서는 역할분담과 대중성을 얻는 장점이 있다. 한편 이들 분화된 단체들은 모 단체의 철학을 '어떻게', '얼마나' 이어가야 할지에 대한 고민과 운동적 성격과 교육의 전문성 사이에서 새로운 정체성을 찾아가는 변화과정을 거치며 발전하게 된다.

2) 지역, 마을, 공동체 기반의 교육 중심 풀뿌리환경단체들의 확산

환경교육운동의 저변이 확대되면서 환경교육의 주제영역도 다양화되었다. 먼저 지역현안을 주제로 교육활동 중심의 풀뿌리 환경단체들이 생겨났다. 대표적인 사례로 '시화호생명지킴이'를 들 수 있다. 1990년대 후반 수질악화로 큰 이슈가 되었던 시화호는 시민단체의 활동에 의해 자연문화공간을 확보할 수 있게 되었고, 이를 기점으로 만들어진 '시화호생명지킴이'는 환경교육을 통해 시화호 유역의 보전활동을 전개하고 있다. 매년 시화호 시민전문가를 길러내는 '갈매바람'은 이 단체의 대표적인 프로그램이다. 이 밖에도 '분당환경시민모임', '생태연구소 터', '생태보전시민모임' 등과 같이 교육활동을 중심으로 지역 환경보전활동을 전개해나가는 단체들이 점차 확산되고 있었다. 한편 '환경과생명을지키는교사모임(이하 환생교)'의 '새만금 바닷길 걷기' 프로그램 또한, 지역현안을 중심으로 환경교육운동을 실현해오고 있는 중요한 사례이다.[33] 이 프로그램은 2003년을

---

32) "대부분의 단체는 초창기에는 교육을 그렇게 체계적으로 하기가 힘들죠. 근데 이제 운동은 막 하다 보면 야~ 이게 교육되지 않은 불특정 다수들에게 이야기하는 것은 한계가 있다. 그래서 환경문제가 중요하다고 생각하는 사람들을 대상으로 교육을 시켜서 그…… 환경…… 좀 전문성 있는 사람이 나와야 되니까, 그래서 교육이 점점 중요하게 된 거죠." (최열 구술, 장미정 면담; 2010/11/10)

시작으로 지금까지 매년 여름 학생과 교사가 함께 "생명의 현장이 가장 좋은 교실이다"는 믿음을 키워오고 있다.

또한 2000년대 중반에 접어들면서는 마을과 공동체를 기반으로 통합형의 교육을 구현해가는 사례들이 늘어났다. 마을 전체를 배움터로 만든 '성미산지킴이들', 개발과 보전의 간극을 줄이고 '사람과 생태의 공존'이라는 실험공간을 만들어낸 산남마을의 '두꺼비친구들', 환경갈등을 넘어 생명과 평화의 마을공동체로 일구어낸 '생명평화마중물'과 '부안시민발전소' 등은 교육활동을 중심으로 환경보전의 성과를 이끌어낸 소중한 사례들이다(장미정, 2010). 이들은 환경교육의 주제영역을 갈등해결, 평화, 민주, 지속 가능한 도시와 촌락 등의 보다 넓은 영역으로 확대시켰다는 점에서도 중요한 의미를 갖는다.

3) 환경교육단체들의 연대 활성화

이처럼 2000년대 들어서면서 환경교육단체들이 전문성, 지역성, 운동성 등 다양한 특징을 중심으로 분화되고 다양화되면서 단체 간 연대와 소통의 필요성이 제기되었다. '한국환경교육네트워크(Korea Environmental Education Network; KEEN)'는 국내 환경교육 관련 기관, 단체, 개인을 연결하는 국가 수준의 포괄적인 의사소통과 정보교류를 위한 열린 조직으로, 2005년 6월 창립되었다. 이후 경기환경교육네트워크, 충남환경교육네트워크 등의 광역 환경교육네트워크의 조직과 활동을 지원하고, 매년 '환경교육한마당' 행사를 개최하여 여러 주체 간의 정보교류와 소통, 연대를 도모하고 있다.

한편 같은 시기에 만들어진 '환경연합환경교육네트워크'는 조직 내에서 같은 운동적 지향을 가진 활동가들의 긴밀한 네트워크로 형성되었다는 점에서 의미가 있다. 환경연합의 51개(당시) 지역조직의 교육활동가들이 매월 정기모임을 통해, 환경교육운동의 비전과 정보를 공유하고, 친목과 소통, 재교육, 정책개발 등의 활동을 전개해왔다. 이를 기반으로 2007년에는 '아시아환경교육네트워크'를 조직하였고, 이후 일본, 중국, 필리핀, 말레이시아, 홍콩 등의 아시아 환경교육단체들과 교류하는 등 활동영역을 확장하기도 했다.

4) 환경교육의 제도화(환경교육진흥법 제정)

1990년대 환경교육의 제도화(독립교과 신설, 대학의 학과 설치 등)의 흐름 속에서, 2000년

---

33) 환경과생명을지키는교사모임은 환경과 환경교육에 관심을 가진 교사들의 자발적 모임으로, 1992년 '전교조 참교육실천위원회 환경교육분과' 발족이 모태가 되어 1995년 창립되었다. 창립 이래, 굵직한 환경운동의 현장에는 항상 환생교가 있었다 해도 과언이 아니다.

대 초 몇몇 학자들에 의해 환경교육진흥법이 제안되었다. 이후 국회발의를 여러 차례 시도하였으나 교육부의 반대 등으로 폐기되었다. 결국 2008년 3월 환경교육진흥법이 제정, 그해 9월부터 시행되고 있다. 이와 같은 환경교육의 제도화는 지원과 활성화라는 좋은 취지에도 불구하고, 제정 과정에서부터 기대와 우려가 팽팽했다. 자칫 환경교육의 자발성과 독립성, 다양성을 훼손할 수 있다는 우려 때문이다. 시행 이후, 시작부터 재정부족 등으로 시행 지체 현상이 나타나기도 했다. 최근 들어 환경교육 프로그램 인증제를 시작으로 국가환경교육센터 설립, 지자체별 환경교육 종합계획 수립과 센터지정 추진 논의 등이 가시화되고 있다.

이상에서 살펴본 시기별 환경교육운동의 특성을 정리해보면, 다음과 같다(<표 2> 참조).

첫째, '전사'의 시기는 1990년대 이전으로 환경운동의 활성화와 함께, 교육적 목적보다는 환경운동의 일환으로 운동의 메시지를 전달하고 민중을 계몽하기 위한 일종의 운동적 수단으로써 환경교육이 행해지던 시기이다. 즉, 고유한 교육 운동적 목적이나 형식이 존재했다기보다는 내용 전달과 운동재생산을 위한 학습, 대중 강연식 민중계몽운동이 진행되었던 시기로, 환경교육운동의 필요성과 의미를 만들어가는 시기로 파악된다.

둘째, '형성'의 시기는 1990년대로 전문 환경운동의 영역에서 교육적 목적이 강화되어 전문적인 환경교육운동의 형식을 획득해가는 시점이다. 대중운동의 활성화로 교육운동의 필요성에 대한 인식이 확장되었고, 또한 전문 환경단체들이 등장하면서 운동의 전문성에 대한 요구도 커졌다. 독립된 부서나 팀 형태로 환경교육의 목적과 정의, 지향 등이 검토되고 교육전담운동가들이 배치되기도 하였다. 이전까지 운동재생산을 위한 학습에서 나아가, 일반 대중들이 참여하는 체험교육이나 시민강좌 등을 중심으로 환경교육운동의 역할이 구체화되고 확장되었다. 운동참여과정을 거치는 동안 교육 중심 환경운동이 형성되고 확산된 시기이다.

셋째, '전개'의 시기는 2000년대로 적극적인 시민 참여형 환경교육이 전개되고 전문 환경교육단체들이 조직되었으며 풀뿌리와 지역 기반의 환경교육활동을 중심으로 한 환경단체들이 생겨나면서 환경교육운동의 전문화, 분화, 다양화가 전개된 시기이다. 환경교육운동이 활력을 띠면서 이를 지원, 확산하기 위한 환경교육의 제도화가 진행되었다. 그러나 2000년대 후반, 새로운 정치 환경에서 사회운동의 침체와 함께 환경교육운동도 다소 위축된 상황이며, 2008년 통과된 환경교육진흥법은 시행의 지연과 함께, 관 중심 운영, 시민단체 자발성 축소 등의 부작용까지 나타나고 있다. 이 시기는 환경운동가들이 환경교육운동가로의 정체성 변화과정을 거쳐 저마다의 환경교육운동을 구현, 전개해온 시기다.

<표 2> 환경교육운동의 시기구분과 시기별 특성(장미정, 2011 재구성)

	특징, 범위	~1980년대	1980년대	1990년대	2000년대
환경교육					
남상준 (1995)	연대구분 / 학교 중심	태동기 (1980년 이전)	성립기 (1981~1991년)	정착기 (1992년 이후)	-
박태윤 외 (2001)	연대구분 / 학교 중심	시발기	성립기	성장기	-
최돈형 (2004)	연대구분 / 학교 중심	태동기 (1980년 이전)	성립기 (1981~1991년)	정착기 (1992~1999년)	확립기 (2000년 이후)
이성희· 최돈형 (2010)	사회경제변동, 전환적 계기 구분 / 학교 중심	준비기 (해방 후~1973년)	형성기 (1973~1987년)	확산기 (1987~1997년)	전환기 (1997년~현재)
이재영 (2001)	패러다임에 따른 구분	계몽의 시대 (1970년 초반~1980년 중반)	지식의 시대 (1980년 중반~1990년 중반)	체험의 시대 (1990년 중반~2001년 현재)	참여의 시대 (2001년, 현재 이후)
환경운동					
구도완 (1993)	발전단계 따른 구분	전사의 시기 (~1981년)	반공해운동기 (1982~1987년)환경운동모색기 (1988~1991년)	환경운동의 확산기 (1992년~현재)	-
조명래 (2001)	연대구분	잠재기(1960년대~1970년대 중반), 발아기(1970년대 중반~1980년대 중반)	활약기 (1980년 중반~1990년 중반)	확산기 (1990년 중반~2001년 현재)	-
문순홍 (2001)	생태여성론 기준 구분 / 여성 환경운동에 한정	전사기 (1964~1986년)	등장 및 형성기 (1987~1996년)	확대재생산 (1995년 이후)	질적 전환의 모색기 (1999년 이후)
환경교육운동					
장미정 (2011)	연대구분 특질획득 기준구분	전사(前史)기 효시	모색기	형성기: 특질 획득	전개기: 분화, 확장
성격, 특징	-	·침묵의 봄 출간과 국제회의 등 국제적 흐름의 영향 ·사회문제에서 환경문제 논의 시작 ·종교단체 주도 대화모임, 공부 모임 등	·민중교육운동의 영향 ·전문 환경운동단체 주도 ·전문 환경운동가 양성 통로 ·명망가 중심 강좌 ·환경운동의 방편	·시민참여형, 회원 참여형 환경교육 활동 확산 ·기행, 캠프 등 체험형 환경교육 확산 ·기업, 정부와 협력관계 변화, 기획형 교육사업 확대 ·학교 환경교육의 제도화와 전문 환경교육가들의 진입	·전문 환경교육 단체 출현 ·적극적 시민참여형 시민지도자 확산 ·지역, 마을, 공동체 기반의 교육활동 중심 풀뿌리환경단체 확산 ·전국적인 환경교육네트워크 활성화 ·환경교육의 제도화(환경교육진흥법 제정)

5장 연대기별 주요 활동사 I
: 전국 시민사회단체 교육활동사례를 중심으로

1990년대 초중반	환경운동의 확대재생산, 체험환경교육의 활성화

1. [1991년~] 생태적 영성과 실천적 삶 – <한국불교환경교육원>의 '생태학교'와 '생명운동아카데미'

① 개요

한국의 시민사회에서 종교는 때때로 운동의 가치나 신뢰를 견고화하기도 하고, 민중중심의 진보적 방향을 일러주는 역할을 수행해온 측면이 있다. 1988년 3월 개원한 <한국불교사회교육원>은 인간은 자연에서 왔고, 자연에 의해 살려지며, 자연과 분리할 수 없는 존재임을 체득하게 함으로써 자연과 조화되는 순환적인 삶을 살도록 하는 것을 목적으로 설립되었다. 이후 1994년 6월에는 <한국불교환경교육원>으로 이름을 바꾸면서, '새로운 문명, 새로운 인간'을 모토로 환경문제해결을 위한 활동을 해오고 있다. 초기부터 진행해온 대표적인 프로그램인 '생태학교'와 '생명운동아카데미'는 환경운동가를 양성해내는 역할을 해왔다. 특히 지역과 공동체를 기반으로 한 삶의 전환을 중시하는 대안적 환경운동의 흐름을 형성해왔다. 즉, 종교적 성찰과 영성, 여기에 환경문제를 중심으로 한 새로운 인간 형성의 실현을 철학에서 실천적 삶으로 확장시킨 사례로 볼 수 있다.

② 과정

1991년부터 매년 봄, 가을 2회 진행된 '생태학교'는 직장인, 대학생, 대학원생 등 일반시민을 위한 교육 프로그램이다. '생태학교'는 환경문제의 일반에 대해 살펴보고 궁극에는 개인 삶의 변화를 도모하는 생명가치와 새로운 패러다임을 지향하는 생활변화운동으로 전개되었다. 1994년 당시 '생태학교'는 기본강좌와 체험교육, 숙박수련 등으로 구성되어 있었는데, 교육 내용에서는 인간성 회복과 같은 철학적 측면과 산에 매립된 쓰레기를 찾아 분리하여 청소하는 등의 실천운동 측면이 함께 다루어졌다. '생태학교.' 졸업생들은 자발적으로 후속모임 '초록바람'을 구성하고, 매월 2회 정기모임을 갖는 등 독자적으로 모임을 지속해가면서 활발히 활동했다. 이들은 이후 귀농운동, 대안운동, 먹을거리 운동, 공동체운동 등으로 그 영역을 확대하면서 실천가, 운동가가 되었다.[34)]

'생명운동 아카데미'는 환경운동의 정책적 비전과 이념생산을 목적으로 한 환경운동 전문강좌로 매년 2회에 걸쳐 진행되었다. 에코페미니즘, 대안경제체제, 생태공동체운동, 환경윤리 등의 특정 주제를 풀어가는 심화과정으로, 강좌 후에는 전체내용을 정리하고 수렴하기 위한 심포지엄을 열기도 했다. 이 밖에도 전국 환경활동가 워크숍, 생태선재기행(흙집기행, 생태뒷간기행, 생태마을기행, 공동체를 찾아서, 살림기행), 불교환경강좌, 주부환경교실 등을 진행해왔다.

③ 시사점

환경운동은 획일적인 통일성을 요구하는 운동이 아니라 다양성, 순환성, 영성이 요구되는 운동이기 때문에 위기로서의 환경문제를 해결하는데 오늘날 종교적 영성은 중요한 의미를 지닌다. 특히 환경운동에 있어서는 자연의 회복과 인간의 가치관 변화, 생활양식 전환 운동이 중요한 영역이라 볼 수 있기 때문에, 종교 환경운동의 의미와 역할은 특별하다. 영적인 경건과 탐욕에 대해 절제, 선택한 가난, 주체적인 청빈, 그리고 천박한 유물주의로부터의 탈피를 요구하고 있는 환경운동의 과제는 그것 그대로 종교성을 의미한다고 볼 수 있다(유정길, 2000). <한국불교환경교육원>의 '생태학교'와 '생명운동아카데미'는 종교 기반의 환경교육운동으로서도 의미 있지만, 무엇보다 1990년대 주류 환경운동 영역까지 심층생태주의에 대한 철학적 고민을 던져주었으며, 이론과 실천을 병행하는 공동체적 실천으로 젊은 사람들을 조직하고 시대적 질문을 던져줬다는 점에서 중요한 사례로 평가된다.

2. [1994년~] 생태적 감수성으로 환경에 눈뜨다 – <두레생태기행>의 '생태기행'

① 개요

1990년대 환경운동이 시민운동으로, 대중운동으로 저변을 확장해나가는 데에는 '생태

34) 정병준 구술, 장미정 면담(2010/6/7) 기록을 참조하였다.

기행'과 같은 체험환경교육의 활성화가 한몫을 했다. 이전까지 환경교육은 마니아층 중심의 전문강좌들이 대부분이었지만, 생태기행은 달랐다. 누구나 참여할 수 있고 대중적이면서, 생태적 감수성과 생태적 소양을 길러주면서 자연스럽게 환경의 소중함을 대중들에게 자연스럽게 인식시키는 역할을 해왔다.[35]

<두레생태기행>은 생태기행을 통해 환경운동의 저변을 확대하는 데 큰 역할을 한 시민모임이다. 1994년 중·고교 생물교사, 환경운동가, 사회활동가, 학자들이 모여 자연탐방과 환경운동을 주요 활동으로 하는 자발적 모임이 만들어졌다. 이 모임은 자연탐방 활동을 운동성, 조직성, 종합성, 지속성 중심으로, 단편적 환경운동에 대중성, 현장성, 자발성, 체계성, 교육성을 갖는 프로그램을 전개해왔다. 또한 국토기행을 통해 아직은 살아 있는 우리의 자연 생태를 배우고 그 상처를 보듬어 문제들을 함께 풀어가고자 했다(이성희, 2001).

② 과정

<두레생태기행>은 애초 국어교사 출신인 김재일과 문인들을 중심으로 한 1991년 3월 <두레문화기행>이라는 단체에서부터 출발하였다. 당시에는 우리의 문화유적을 보고 배우는 모임이었지만, 이후 1994년 생물교사와 환경운동가들이 참여하는, 우리의 자연과 문화를 배우고 그것을 소중히 여기고 지키는 <두레생태기행>으로 변신하게 되었다(한국일보, 2003/1/7 참조). <두레문화기행>이 문화답사를 통해 우리의 얼과 문화가 깃들어 있는 역사와 문화의 현장을 직접 찾아가는 활동을 해왔다면, <두레생태기행>은 자연과 문화를 결합한 프로그램으로 우리나라에서는 처음 등장했는데, 내용적으로 단순히 지역 환경문제에 대한 고찰뿐 아니라 그 지역의 역사와 문화유산 탐방까지도 포함해왔다. 시민들과 함께 전국적인 자연생태 현장을 탐색하고 찾아가 체험하며 모니터하는 등의 활동을 전개하면서 자연과 우리 문화유산의 소중함을 알리는 역할을 묵묵히 해내었다.

이성희(2001)에 따르면, <두레생태기행>은 정기 프로그램과 비정기 프로그램을 운영

35) 생태기행이란, 생태학(ecology)과 관광(tourism)을 합성시켜 만들어낸 말로 자연환경과의 조화를 꾀하고 자연보호에 대해 더욱 깊이 이해할 수 있는 새로운 여행 문화를 창출해내려는 움직임을 말한다. 환경문제에 대한 인식을 높이고 자연과의 공존을 목적으로 하는 생태기행이 주목받게 되었다. 1960년대에 북유럽을 중심으로 확산된 이러한 움직임은 전 세계적인 환경운동의 영향으로 널리 퍼졌다. 최근에는 생태기행을 위한 가이드라인을 수립하고 환경보호 활동에 이를 접목시키고 있다. 또한 판매실적의 일부를 환경보호를 위해 사회에 환원하는 등 환경운동과 연계되는 체계적이고 다양한 생태기행 프로그램이 개발되고 있다(미디어 다음 백과사전).

해왔다. 정기 프로그램으로 매월 셋째 주 일요일에 어린이 역사교실을 운영하였고, 비정기 프로그램으로 문화유산 답사 교육을 실시하였다. 이때 참가자들의 눈높이에 맞춰 초등학생 모임, 중고생 모임, 일반 시민 모임, 교사 및 환경실무자 모임 등 현장을 기반으로 한 수준별 체험학습을 진행했다.

1997년부터는 "환경운동은 지역운동"이라는 슬로건 아래, 매월 서울지역 자연생태 탐사를 진행했다. 지금까지도 북한산, 광릉수목원, 도심공원, 미사리 한강둔치, 방화동 한강둔치, 창덕궁 비원, 팔당호, 관악산 등을 탐사했다. 탐사 분야는 식물(초본과 목본), 갯벌생물, 동굴생물, 토종, 겨울철새, 곤충, 수계와 수질, 자연 늪, 민물고기, 양서류와 파충류 등으로 다양하다. 국내뿐 아니라 해외탐사로 백두산과 대마도, 인도, 티베트와 네팔 등의 자연과 문화를 탐사하기도 했다(두레 카페 참조). 2001년에는 정토회 청소년부에서 실시하는 어린이 대상의 교육 프로그램에 강사로 참여하였다. 자전거를 이용해 탄천과 양재천 등 한강을 탐사하면서 숲, 야생화, 곤충을 관찰하는 교육을 실시하였으며, 시민의 숲에서의 환경교육, 국립공원에서 이루어지는 자연해설 환경체험을 실시하기도 하였다.

한편 학교 특기적성반의 '문화·생태 체험학습' 운영을 비롯한 현장 학습 안내와 자원 활동가 양성교육, 최근에는 '사찰생태문화지킴이 양성교육'을 자체적으로 실시하고 있다. 한편 '보리 방송모니터회' 활동을 통해 생명, 생태주의 시각에서 방송 모니터링 활동을 하고, 생태기행 가이드라인을 만들고, 방생 지침서를 만들어 발표한 것도 이들의 활동이다.

이후 김재일은 2002년 <사찰생태연구소>를 설립하였는데, 그의 종교적 기반인 부처의 가르침이 환경위기시대의 대안적 등불이며, 사찰의 생태환경은 우리 시대의 환경지표라는 생각에서 출발하였다. 이 단체는 사찰 주변의 생태계를 조사·연구하고, 개발과 훼손으로부터 사찰생태를 건강하게 보전하며, 이를 위한 생태교육과 모니터 활동을 전개해오고 있다.

③ 시사점

<두레생태기행>은 1990년대 초반까지 실내에서 이론 중심 교육으로 이루어지던 환경교육을 야외로 끌어냈다는 점에서 환경교육운동사에서 중요한 의미를 갖는다. 특히 자연과 문화유산을 결합한 환경교육은 옛 문화유산을 지키기 위해 환경적으로 어떻게

행동해야 하는지에 대해서도 고민하게 해주었다.

'생태기행'으로 시작된 생태체험교육의 활성화는 환경교육의 대중화에 기여하면서 큰 반향을 일으켰다. 이는 환경운동의 대상을 확대하는데 지대한 역할을 하였으며, 사회 환경교육의 흐름에 하나의 이정표가 되었다고 평가할 수 있다.

3. [1996년~] 전국 환경운동가들의 소통과 연대의 장-'전국환경활동가 워크숍'

① 개요

환경운동이 자리를 잡아가면서 환경운동가들은 서로의 활동과 활동 속의 고민을 풀어낼 자리를 마련하였다. 1996년 시작한 '전국환경활동가 워크숍'은 매년 개최되는 정기프로그램으로 자리를 잡아갔다. 전국의 환경활동가들을 대상으로 진행된 이 워크숍은 당시 환경운동가들의 최고의 교류와 연대, 소통의 장이었다. 전국의 환경운동가들을 한자리에서 만나고 인사할 수 있는 것만으로도 의미가 컸는데, 이를 계기로 친목에서 시대적 현안에 대한 심도 깊은 논의까지 다양한 수준의 연대와 소통이 진행되었다. 환경운동 전반의 비전을 점검하거나 과제를 학습하는 자리가 되었다. 현안에 대한 논의결과는 참가자 공동성명서로 발표되었고, 서로의 운동에 힘을 실어주는 자리가 되어갔다. 최근에는 시민사회의 확장과 분화가 빠른 속도로 진행되면서 예전만큼의 결속력은 줄어들었지만, 현재까지도 중요한 환경이슈의 현장에 환경운동가들이 찾아가는 계기를 만들어주고 있는 프로그램이다.

② 과정

'전국환경활동가 워크숍'은 환경문제를 주체적으로 해결해나가기 위한 환경운동 지도자들의 이론과 실천능력 고양, 시민사회에 대한 지도력 배양, 환경단체들과 시민들이 공동으로 문제해결에 앞장서는 다양한 실천방법, 단체 간의 연대 도모 등을 목적으로 하였다. 환경문제에 대한 인식이 대중에게 확장되면서 환경문제는 더 이상 환경단체들만의 관심 대상이 아니었다. 이 워크숍은 환경문제를 자신의 운동영역으로 인식하고 있는 생협, 여성단체, 지역단체 등 다른 영역의 시민사회단체들과 교류하는 좋은 장이 되었다. 또한 전문가와 운동가가 다양한 주제를 놓고 토론하고 현안 쟁점들을 정리해가는 자리가 되었다. 그러면서 변화가 있었다. 이 워크숍은 초기에는 <한국환경사회단체회의>,

지금의 <한국환경회의>에 속한 회원 단체들이 돌아가며 기획, 주최를 맡아 진행해왔는데, 2007년부터는 <시민사회단체연대회의>의 '전국시민운동가대회'와 <한국환경회의>의 '전국환경활동가 워크숍'을 통합하여 '전국시민환경운동가대회'라는 명칭으로 공동 개최하고 있다. 초기에는 운동의 주제영역, 즉 환경이슈에 대해 논의하는 비중이 많았으나, 2000년 후반부터는 운동가 개인의 삶, 자기성찰에 관한 프로그램 비중이 커졌다. 즉, 초기에는 '어떻게' 혹은 '무엇을' 해야 하는가와 같은 운동의 방식에 집중해왔다면, 점차 사회변화의 토대가 되는 개인의 변화에 관심을 두기 시작했다. 또한 운동의 지속성 차원에서도 운동가의 역량강화에 보다 집중하기 시작했다. 한편 2007년 전국시민운동가대화와의 통합은 운동주제와 논의내용을 다양화한 점에서는 긍정적 의미를 둘 수 있다.

③ 시사점

정기적으로 진행되어 온 '전국환경활동가 워크숍'은 새내기 활동가들의 동기부여와 열정을 환기시키고, 중견 활동가에는 진지한 토론과 논의를 통해 활동에 대한 자부심과 역량을 한 단계 끌어올릴 수 있는 계기가 되었다고 평가되곤 한다. 교육은 운동의 지속성과 확대재생산에 있어서 무엇보다 중요한 역할을 한다. 운동을 지속하는 힘, 새로운 운동을 기획하고 헤쳐 나가는 힘은 '운동가' 개인의 열정과 에너지에서 시작된다. 이런 의미에서 활동가 대상 재교육 프로그램은 환경교육운동 영역에서 중요하게 자기역할로 인식하고 개척해가야 할 영역이라 할 수 있다. 연차별로 필요한 전문역량과 사회운동에 대한 이해, 비전과 전망의 공유와 개발 등은 단순히 운동가의 역량강화를 넘어서 운동의 확대재생산으로 이어질 수 있으며, 이 과정이 지속될 때, 운동의 힘도 지속될 수 있기 때문이다.

※ 참조자료1. 연도별 전국환경활동가 워크숍 개요

<표 3> 연도별 전국환경활동가 워크숍

연도	주제	주요 내용
※ 1996~1998 / 생략(자료 없음)		
1999	생태적 관점에서 다시, 진보를 바라본다.	생태적 관점에서 환경운동 현안 분석
2000	카오스모스시대의 생태적 미래사회 구상	새천년의 도전과 전략적 지도자의 길
2001	생명운동의 미래와 환경운동가의 미래를 생각한다.	생명운동, 운동가 개인의 비전과 전망
2002	변화의 시대, 환경운동의 전망과 삶을 이야기한다.	환경운동의 전망, 운동가 개인의 삶
2003	지리산에서 꿈꾸는 생명평화의 세상	한국 환경 현실과 환경운동 10년의 성찰 새로운 운동방법론 모색 생명위기시대의 진단과 반성 17대 국회와 환경운동의 전망
2004	너희가 생태주의를 아느냐!	환경운동, 2만 달러 시대를 이야기하다.
2005	환경운동, 이제 희망을 이야기하자!	농업위기와 환경위기 환경과 농업을 통한 사회적 일자리 핵발전소와 핵폐기장, 무엇이 문제인가? 생명공학 진전과 시민사회의 대응 현 정부의 신개발주의 진단 환경운동, 생태적 변혁, 초록정치를 주제로 진행
2006	생태적 대안사회를 향한 환경운동의 재발견	대안사회를 향한 환경운동의 담론 모색 환경운동의 현장성 회복과 새로운 의제
2007	2007 전국시민운동가대회 & 환경활동가워크숍 "기찬 소통"	한국 시민, 환경운동의 현재와 미래과제를 논의하고, 지역사회의 발전을 위한 시민운동의 다양한 활동과 비전 공유 *<시민사회단체연대회의>의 전국시민운동가대회와 <한국환경회의>의 환경활동가워크숍 통합과 공동 개최
2008	2008 전국 시민·환경 운동가대회 "젊은 활동가, 세상을 바꿔라!" "힘내라, 시민·환경 활동가!"	사회적 기업 사례 발표와 전망 식량 위기와 시민사회의 대응 전략 모색 에너지 문제와 시민사회의 대응 전략 모색 기후변화에 대한 시민사회 대응 전략 모색 기업의 사회적 책임(CSR)과 지속가능경영에 대한 기업-시민사회 공동논의 람사르 총회와 습지보호운동
2009	흐르는 것이 물뿐이랴!	생명이 흐르는 강-관점, 돈, 미래: 4대강 정비사업 실체와 대응방안 녹색열정-생명의 힘으로, 변화의 핵으로 행동하기 MB정부 주요 현안 대응을 위한 행동전략 마련
2010	즐겁지 않으면 운동이 아니다. 운동가, FUN+FUN해져라!	PT Party, Ignite Action 월드카페-뻔뻔(Fun+Fun)한 시민운동 만들기
2011	나는 운동가다!	환경운동 사례 나누기 토크 '나는 운동가다!'
2012	제주 강정마을, 구럼비 속으로	WCC총회에 대한 한국환경운동가 입장 발표, 강정마을 둘러보기와 주민들과의 대화, 환경운동 PT Party 외
2013	자연에서, 하나되다.	한국과 일본이 함께 하는 생명평화 이야기 녹색, 생태적 가치로 바라보는 사회 이슈 환경운동, 응답하라 2013 외

※ 참조자료2. 프로그램 예시

1999년 전국환경활동가 워크숍

■ 주제: 생태적 관점에서 다시, 진보를 바라본다.
■ 일시: 1999년 6월 17(목)~19일(토) / 2박3일

첫째 날 | 6월 17일(목)
2:30 개회식 / 사회자: 염태영(수원환경운동센터 사무국장)
■ 개회사: 최열(환경운동연합 사무총장, 한국환경사회단체회의 공동대표)
■ 축사: 손숙(환경부장관)
■ 일정안내: 오성규(환경정의시민연대 기획실장)

3:00 기조강연: 21세기의 눈으로 오늘을 준비한다. / 권태준(유네스코한국위원회 사무총장)

3:40 마당을 펴는 장(자유토론)-생태적 관점에서 다시, 진보를 바라본다.
■ 사회: 김광식(21세기한국연구소 소장)
■ 토론자: 황상규(환경운동연합 정책실장)
이병철(전국귀농운동본부 본부장)
강수돌(고려대 경영학과 교수)
김동춘(성공회대 사회과학부 교수)
이영자(가톨릭대학 사회학과 교수, 성평등연구소 소장)
한면희(서강대 수도자대학원 교수)

7:00 만남의 장 / 진행: 김의욱(한국YMCA 전국연맹 간사)
8:00 집중마당 1: 한국시민운동과 환경운동의 흐름
■ 제1그룹 제3강의실 [지역운동]: 주민운동, 환경운동, 마을 만들기의 현재적 의미
■ 제2그룹 제4강의실 [녹색정치]: 현시점에서 본 환경운동의 의의와 한계
■ 제3그룹 제5강의실 [환경교육]: 우리나라 환경교육의 현황과 개선방안
■ 제4그룹 제1강의실 [여성운동과 생태주의]: 여성주의 관점에서 본 여성환경운동
■ 제5그룹 제6강의실 [과학기술과 환경윤리]: 유전자조작·생명복제 왜 문제인가?
■ 제6그룹 제8강의실 [국제협력]: 시민운동의 국제협력의 역사와 성과
■ 제7그룹 세미나실 [국토개발]: 왜 국토정책인가?
■ 제8그룹 제9강의실 [환경운동]: 건강한 회원사업과 재정사업

10:00 경험과 주장 나누기 / 취침

둘째 날 | 6월 18일(금)
7:00 명상참여(살아 있음, 깨어 있음) / 송방호(건강을위한 시민의모임)
9:00 집중마당 2: 21세기 전망과 환경운동의 과제
■ 제1그룹 제3강의실 [지역운동]: 마을 만들기 상상과 제안, 전략 만들기
■ 제2그룹 제4강의실 [녹색정치]: 녹색사회운동과 녹색정치의 가능성 진단
■ 제3그룹 제5강의실 [환경교육]: 지역환경교육의 역할과 실례
■ 제4그룹 제1강의실 [여성운동과 생태주의]: 여성, 환경, 문화
■ 제5그룹 제6강의실 [과학기술과 환경윤리]: 생명공학기술에 대한 국내외 정부, 시민단체의 대응
■ 제6그룹 제8강의실 [국제협력]: 각 시민단체의 국제협력 사례발표
■ 제7그룹 세미나실 [국토개발]: 지역에서 나타나는 국토도시계획의 문제, 어떻게 대응할 것인가?
■ 제8그룹 제9강의실 [환경운동]: 바람직한 연대활동과 언론홍보

1:00 토론마당 1
■ 제1그룹 제3강의실 생태기행 지침에 대한 설명 및 생태기행의 실무 / 두레생태기행
■ 제2그룹 제4강의실 흙오염과 흙살림운동 / 환경농업단체연합
■ 제3그룹 제5강의실 댐건설이 국토개발에 미치는 영향과 지역갈등 / 사회문제연구소

- 제4그룹 제6강의실 우리나라 갯벌의 중요성과 시민운동의 전략 / 녹색연합
- 제5그룹 제1강의실 문화운동으로서의 환경운동 / 생명민회
- 제6그룹 제8강의실 국립공원관리와 한라산의 케이블카 문제 / 제주범도민회
- 제7그룹 제9강의실 정보화 사회, 시민사회의 대응방안과 네트워크구축 / KSDN
- 제8그룹 세미나실 종교환경운동의 현황과 과제 / 기독교환경운동연대

3:30 집중마당 3: 환경운동의 전환과 전략
- 제1그룹 제3강의실 [지역운동]: 현장, 조직 그리고 행동
- 제2그룹 제4강의실 [녹색정치]: 향후 환경운동이 지향할 가치와 방향모색
- 제3그룹 제5강의실 [환경교육]: 환경교육의 개선과 새로운 모색을 위한 행동계획
- 제4그룹 제1강의실 [여성운동과 생태주의]: 21세기를 준비하는 여성환경운동
- 제5그룹 제6강의실 [과학기술과 환경윤리]: 환경단체는 생명공학 분야에서 무엇을 할 것인가?
- 제6그룹 제8강의실 [국제협력]: 국제협력의 방향성과 향후 과제
- 제7그룹 세미나실 [국토개발]: 21세기의 국토정책 이렇게 바꾸자
- 제8그룹 제9강의실 [환경운동]: 시민운동으로서의 환경운동

7:00 문화마당 / 기획구성: 박상영(여해문화공간), 조혜영(크리스찬아카데미사회교육원)
10:00 경험과 주장 나누기 / 취침

셋째 날 | 6월 19일(토)
7:00 명상참여(살아 있음, 깨어 있음)
9:00 토론마당 2
- 제1그룹 제3강의실 짐승처럼 사는 길(설악산국립공원의 동물서식 실태와 보존대책) / 설악녹색연합
- 제2그룹 제4강의실 동강, 어떻게 살릴 것인가? / 환경운동연합
- 제3그룹 제5강의실 청소년환경운동 방향과 지평의 확대 / 서울YMCA
- 제5그룹 제1강의실 환경이념(환경정의론)으로 바라본 환경운동 / 환경정의시민연대
- 제6그룹 제8강의실 청년운동가들이 제안하는 시민참여확대를 위한 전략 / 청주경실련
- 제7그룹 제9강의실 사례를 통해 본 환경소송 / 녹색연합 환경소송센터

11:00 전체 발표 및 활동계획 / 집중마당 8개 그룹 행동계획 발표
1:00 기념촬영 / 폐회 / 점심식사

4. [1997~1999년] 지역사회리더가 지속 가능한 미래를 만든다 – <유네스코 한국위원회>의 '지역사회단체 지도자를 위한 시범환경교육'

① 개요

1992년 브라질의 리우에서 열린 환경과 개발에 관한 세계정상회의(이하 리우회의)에서 '환경과 발전에 관한 리우선언'을 채택하였다. 의제21에서는 교육의 중요성을 강조하고 있으며, 36장에서는 구체적인 실행계획을 담고 있다. 유네스코(UNESCO)는 리우회의에서 합의된 사항들 중에서 특별히 교육과 훈련에 대한 사업을 추진해왔으며, 1997년 당시에 보다 많은 노력을 기울여야 한다는 인식이 있었고, 시민사회를 파트너로 인정하고 있었다. 이런 분위기 속에서 유네스코 한국위원회는 1997년 유엔개발계획(UNDP)과

공동으로 재원을 마련하고 '지역사회단체 지도자를 위한 환경교육 프로그램 개발사업'을 수행하였다. 지역의 시민사회 리더들의 역량강화를 통해 지속가능발전의 의제들을 실천해가기 위한 것이다. 이렇게 시작된 '지역사회단체 지도자 대상 시범환경교육' 프로그램은 계획과 진행, 평가와 마무리까지 1996년 9월부터 1998년 6월까지 진행되었다. 이후 1998년에는 '지속 가능한 지역발전과 지방의제21'을 주요 내용으로 '지속 가능한 발전을 위한 지역사회 지도자 환경교육'과 1999년 지구화 시대에 초점을 맞춘 '유네스코 지역사회 지도자를 위한 환경교육과정: 지구화 시대의 환경문제와 지역사회의 리더십'까지 이어졌다. 하지만 이후 프로그램으로 지속되지 못했다. 그 이유는−당시 담당자의 인터뷰에 따르면−보다 전문적인 강좌에 대한 요구는 많았으나 유네스코한국위원회의 주요 역할에서 벗어난다는 조직적 판단 때문으로 보인다.

② 과정

이 프로그램의 목적은 지속 가능한 발전에 관한 이론과 실천 교육 및 워크숍, 국내외의 환경, 생태, 지속 가능한 발전 현장 답사를 통하여 다양한 분야에 종사하고 있는 참가자 간의 의견 교류와 협력의 기회를 제공하고, 지속 가능한 발전의 이념을 체득하고 이를 지역사회에 적용할 수 있게 하는 것이다. 이와 더불어 환경교육 지침서 초안을 교육교재로 사용함으로써 지침서 보완에 필요한 기초자료를 도출하고자 하는 목적을 포함하고 있었다.

참가자의 선정은 45세 이하의 비정부단체 또는 정부에서 3년 이상 근무, 지역사회에서 지속 가능한 발전 관련 분야(환경친화적 정책개발, 생활양식, 지역개발, 환경보전, 환경교육 등)에 종사한 경험이 있거나 당시 종사하고 있는 사람, 가까운 시일 내에 지속 가능한 발전과 관련한 구체적인 사업추진계획이 있는 사람으로 40명을 선정하였다. 참가자의 소속별 구성은 민간단체(34), 정부기관(3), 기업체(2), 기타(1)의 순이었다. 교육과정은 실내교육, 국내현장교육, 국외현장교육, 평가회의 과정으로 진행되었는데, 교육일정이 시작되기에 앞서 사전예비모임을 통해 소속단체의 홍보물을 작성하고 의제21과 환경기본조례의 예습을 사전과제로 제시하기도 하였다. 6개의 주제로 이루어진 강의 후에는 4개의 팀으로 나누어 워크숍을 진행하고 다시 모여 워크숍 결과물을 발표하는 과정으로 진행하였다.

프로그램 개발진은 산림파괴, 지역개발, 골프장 및 발전소 건설, 위협받는 하천, 호수,

도시 폐기물 등과 관련된 전국 49개 지역에 대한 자료를 수집하였고, 사전에 현장을 답사한 후 국내 현장교육 장소를 확정하였다. 한편 연구 개발진은 중국, 호주, 싱가포르, 태국, 미국, 캐나다, 일본, 중국, 영국, 독일, 스웨덴 등지를 답사하여 지침서 개발에 필요한 자료를 수집하고 국가별 지역사회에 기반을 둔 단체(기관)를 중심으로 국외 현장교육 장소를 선정하였다. 국외 현장교육 후에는 '지속 가능한 발전을 바라는 유네스코 한국위원회 시범환경교육 참가자 결의문'을 작성하여 발표하였다. 최종 수료 후에 교육만족도를 묻는 평가설문조사 결과 참가자 40명 중 34명이 이후 환경업무 수행에 도움이 될 것이라고 응답하는 등 긍정적인 평가를 얻었다.

③ 의미/시사점

지속 가능한 사회로 가기 위해서는 환경과 개발이 치열하게 맞서는 지역의 생생한 현장에 기반을 두는 것이 중요하다. 지역사회리더들의 역량강화는 장기적 전략으로 무엇보다 중요한 일이다. 하지만 현안문제들에 직면했을 때 우리 사회는 기본을 놓치기 십상이다.

본 사례는 일찌감치 지역사회리더들의 역량강화의 중요성을 인식하고, 지역사회 파트너십 개발과 국제적 흐름을 파악할 수 있었다는 점에서 의미가 크다. 더욱이 장기적이고 집중적인 연수 프로그램을 통해 인력인프라에 충분히 투자했으며, 그 결과 참가자의 많은 수가 실제로 현재 시민사회 전반에서 중요한 역할을 해오고 있다는 점에서도 중요한 사례로 평가된다.

1992년의 리우회의 개최 이후, 2012년 6월 리우에서는 다시 "유엔 지속가능발전 정상회의(리우+20)"가 열렸다. 20년이 지난 지금 다시 초심으로 돌아가 미래를 준비해야 할 시기이다. 지역사회의 역량, 시민사회의 역량, 국제사회의 역량은 지역리더의 역량에서 출발한다. 단지 3년의 시도에서 그칠 것이 아니라, 지속 가능한 지역사회리더들의 역량강화를 위한 지속적인 프로그램 지원이 필요하다.

※ 참조자료3. '지역사회단체 지도자를 위한 시범환경교육' 프로그램

<표 4> 시범환경교육 일정

구분	주요 내용	장소	일정
예비모임	참가자 소속단체 홍보물 작성 사전과제: 의제21 및 환경기본조례 모음 예습	-	1997.5.30
실내교육 (강의와 워크숍)	진행방식: 주제별 강의 후 조별 워크숍, 워크숍 결과 발표 총 7회 진행	유네스코 청년원	1997.6.12~16
국내 현장교육	두 팀으로 나누어 진행 후 전체 모임에서 답사결과 발표	시화호, 부천, 춘천, 발왕산, 태백 정선, 의왕, 청주, 순천, 남해	1997.6.17~20
국외 현장교육	4개 팀이 북미, 유럽, 동남아, 아태지역으로 나누어 방문	캐나다, 미국, 스웨덴, 독일, 호주, 태국, 중국, 일본	1997.6.22~7.1
수료식		유네스코 청년원	1997.7.2
참가자대표 평가회의	팀장 및 부팀장	-	1997.8.20

<표 5> 시범환경교육의 강의와 워크숍 주제

	강의 주제(강사)	워크숍 제목
1	지속 가능한 발전의 개념(이정전)	의제21
2	유역의 물 순환을 배려한 환경정책(박종관)	지역사회의 지속 가능한 물환경 창조
3	물질 및 에너지 순환과 환경정책(김선태)	대기 중의 이산화질소, 수계 중의 암모니아성 질소의 분석실험
4	환경정책과 환경법(홍준형)	지속 가능한 사회를 위한 환경기본조례의 작성
5	환경친화적 지역발전 모형 개발(조진상)	친환경적 지역발전 모형의 개발
6	지속 가능한 사회와 친환경적 생활양식(남부원)	지속 가능한 사회의 지표 만들기
7	특별강의: 환경관리를 위한 생태학적 원리의 적용 가능성과 사례(이도원)	

<표 6> 국내 현장 교육 내용

구분	지역	주제
1팀	시화호	환경을 고려하지 않은 개발의 결과와 주민, 민간단체의 대응노력
	부천시	부천시 재활용 정책, 쓰레기 재활용품 수거현장
	춘천	주민과 민간단체, 지자체 간 협력을 통한 매립지 선정 과정과 그 결과
	발왕산	개발업자가 실천하는 개발과정에 대한 정보 공개
	태백 정선	강원폐광지역, 주민이 참여한 폐광개발 프로그램
2팀	의왕시	의왕시 환경정책, 음식물쓰레기 처리시설
	청주	미원면 지하수 개발지역, 무분별한 지하수 개발과 주민운동
	순천	순천만 살리기 운동의 추진 경과와 성과
	남해	어촌 지역 주민참여 프로젝트의 내용과 추진경과
	시화호	환경을 고려하지 않은 개발의 결과와 주민, 민간단체의 대응노력

<표 7> 국외현장교육 방문 장소 혹은 단체

지역	방문 장소 혹은 단체
북미	캐나다 Green Tourism Partnership, Transportations Options, Save the Rouge Valley System, Waterfront Regeneration Trust, Taskforce to Bring Back the Don, Greenpoint Williamberg Environmental Benefit Programme(EBP), Newtown Creek Water Pollution Control Plant, City of Newark, League of Women Voters of New Castle, Long Island City Business Development Cooperation
유럽	City of Stockholm, Stockholm Energy, City of LinKoeping, LinKoeping Biogas AB, City of Bonn, Amtfuer Umweltschutz und Lebensmitteluntersuchung, IBA Emscherpark, City of Aachen, 란반브룬데렌의 태양광발전 주택지, 엔퀸젠 소재 풍력발전소 및 방조제 답사, City of Amsterdam
동남아	일본 오사카, 고베생활협동조합, 가케가와 시청, 가나가와 현청, 물과 녹색연구회, 도쿄 Global Environment Information Centre(GEIC), 태국 치앙마이 YMCA, 치앙마이 왕립식물원, 퉁야오 Community Forest, 탁아소 / 교육공원 / 유기농장 방문
아태	호주 시드니 New South Wales University에서 강연, Leichardt Municipal Council, Terrace House, Wolli Creek Preservation Xicheng District, 간담회(중국환경보 기자, 자연지우 회장)

5. [1998년~] 녹색청년들의 자연에서의 일주일 – <녹색연합>의 '청년생태학교'

① 개요

야외학습은 자연에서(in), 자연으로부터(from) 배우면서, 자연을 위한(for) 학습을 할 수 있는 중요한 환경교육의 장(場)이다. 생태적 감수성을 통해 환경의 중요성을 깨닫고 책임 있는 환경행동의 동기를 마련할 수 있다. 특히 숙박형 야영 활동은 더불어 사는 공동체와 실천적 생활양식을 체험할 수 있는 기회를 만들기도 한다.

1998년 경남 산청에서 시작된 <녹색연합>의 '청년생태학교'는 '자연과 하나 되는 당신은 청년입니다!'라는 모토를 내걸고, 생태하천, 국립공원 등 천혜의 자연에서 걷고 느끼며 관찰하고 탐사하며, 그러는 동안 자연과 호흡하며 환경에 대해 다시 생각하는 계기를 만들어왔다.

② 과정

1998년 30여 명의 경남 산청 대원사 계곡에 청년들이 모였다. 이들은 5박 6일간 숲 속에서 한국의 전통적 자연관과 환경문제에 대해 학습하고, 숲을 관찰하고, 반달가슴곰 서식 개체 수를 조사하는 등 현장 집중조사 프로그램을 진행하였다. 이렇게 시작한 청년생태학교는 경북 울진의 왕피천, 강원도 삼척의 자연휴양림과 국립공원 등에서 2007년 10회까지 이어졌고, 이후 3년간 휴지기를 거쳐 2011년 다시 진행되고 있다.

③ 의미/시사점

초기 환경교육운동의 형성은 학생운동에서 시민운동으로 진입한 운동가들과 대학생들이 주축이 되었다. 당시 대학생들은 환경문제들에 대한 과학적 접근과 함께 사회구조적 문제로 인식하면서 환경문제해결에 관심을 가지고 대중강연에 참여하거나 단체의 자원 활동가로 참여하였다.

이런 상황에서 녹색연합의 '청년생태학교'는 운동가(활동가) 양성과 생태적 가치관을 확산시키는 역할을 했던 것으로 보인다. 자연에서의 일주일은 청년들에게 생태적 지향과 가치관, 대안적 삶의 실천, 자연과의 공존에 대해 체험할 수 있게 하면서, 시민사회 인적 인프라를 확장시킬 수 있었다는 데 의미를 둘 수 있다.

※ 참조자료4. '청년생태학교' 프로그램 개요

<표 8> 1~11기 청년생태학교 프로그램 개요

기수	주제 / 일정	장소
1	1998.8.2~7 / 5박6일	경남 산청군 삼장면 대원사계곡 삼장초등학교
2	1999.8.8~13 / 5박6일	강원도 정선군 정선읍 생탄초등분교
3	2000.8.9~15 / 6박7일	경북 울진군 왕피천 소광리 일대
4	**"친구야 우리 숲에 가자!"** 2001.8.9~15 / 6박7일	경북 울진군 왕피천
5	2002.8.9~15 / 6박7일	강원도 삼척시 가곡면 풍곡리 가곡 자연휴양림
6	**"자연과 하나 되는 당신은 청년입니다!"** 2003.8.11~15 / 4박5일	강원도 내린천, 방태산 오대산 일대
7	2004.8.9~13 / 4박5일	경북 울진군 왕피천
8	**지리산청년생명평화마당** **"자연과 하나 된 당신은 청년입니다."** 2005.8.10~15 / 5박6일	지리산 전역 (함양-남원-구례-하동-산청)
9	2006.8.12~15 / 3박4일	설악산국립공원, 오대산국립공원, 강원도 홍천, 인제, 양양군 두메산골 일대
10	**"자연과 인간이 공존하는 길, 왕피천의 옛길을 찾아서……"** 2007.8.11~15 / 4박5일	경북 영양 수비군, 울진 왕피천 왕피리, 천축산 일대
11	2011.8.11~15 / 4박5일	경북 울진군 생태하천 왕피천에서 금강송 군락지 소광리까지

※ 참조자료5. '청년생태학교' 프로그램 예시

<표 9> 1998년 제1회 청년생태학교 세부일정표

시간	2일(일)	3일(월)	4일(화)	5일(수)	6일(목)	7일(금)
06:00~	삼장초등학교 도착 짐 풀기, 휴식	체조, 아침식사				아침식사
07:00~		강의 ③ 지형과 지도일기	조사권역 이동			
08:00~			조별 현장집중조사: 반달가슴곰 서식 개체 수 조사			짐정리, 청소하기
09:00~		조별 숲 관찰하기 ⓐ: 1·3조				
10:00~						
11:00~						
12:00~	점심식사					
13:00~	청년생태학교란? 자기소개하기 조별모임 갖기	조별 숲 관찰하기 ⓑ: 2·4조	조별 현장집중조사			
14:00~						
15:00~	숲에로의 입문 숲 속의 주인, 동물과 식물					
16:00~						
17:00~		조별 평가			짐 꾸리기, 차량이동 마지막 날 숙소이동	
18:00~	저녁식사					
19:00~	강의 ① 한국의 전통적 자연관과 환경문제	강의 ④ 야생동물 입문	강의 ⑥ 지리산 멸종위기 반달가슴곰	강의 ⑧ 한국의 국립공원: 설악녹색연합	강의 ⑩ 한국불교와 자연적 삶	
20:00~						
21:00~	자유시간 / 조장모임 갖기				함께하는 시간 · 조별평가 · 전체평가 · 설문작성 · 뒤풀이	
22:00~	강의 ② 아! 백두대간 (슬라이드 상영)	강의 ⑤ 사례연구 Ⅱ: 백두대간보전회	강의 ⑦ 사례연구 Ⅲ: 점봉산 이야기	강의 ⑨ 사례연구 Ⅳ: 지리산자연생태 보존회		
23:00~	취침					

1990년대 후반~2000년대 주제의 다양화, 분화에서 통합까지

6. [1999~2003년] 시화호에 희망의 바람을 불어넣다 - <시화호생명지킴이>의 '갈매바람'

① 개요

1990년대부터 2000년대 초반까지 언론매체를 떠들썩하게 만들었던 시화호 방조제 건설 사업은 당시 시화호를 중심으로 활동하던 시민 단체와 지역주민뿐만 아니라 다수의 관심사가 되었다.[36] YMCA, 환경운동연합과 같이 전국 규모의 조직적이고 전문적인 시민운동단체들도 나섰지만, 시화호 간척사업을 막아낼 수 있었던 것은 <시화호생명지킴이>와 같은 풀뿌리 지역단체들의 힘이 컸다. 이 단체는 몇 명의 생태안내자가 모여 시작해 지금까지 환경교육을 통해 시화호 유역을 지켜오고 있는 중심 주체로서의 역할을 해오고 있다. 여성들이 주체가 되어 돌봄과 희생으로 지역 환경운동을 이끌어오고 있다. 특히 이 단체는 지속적인 교육 활동을 통해 주민들을 조직하고, 지역사회 환경인식을 제고하는 등 환경교육운동이 사회를 어떻게 변화시킬 수 있는지 보여주고 있다.

<시화호생명지킴이>의 환경교육 활동은 현안 이슈와 주제를 중심으로 한 축을, 다른 한 축은 장소나 거점을 중심으로 이뤄진다. 거점의 특징을 중심으로 주제적 접근을 시도하는 환경교육을 할 수 있다면 보다 효과적일 수 있는데, <시화호생명지킴이>의 프로그램은 통합(거점－주제)적 접근이라는 장점을 갖는 사례이기도 하다.

② 과정

<시화호생명지킴이>는 초등학교 현장학습을 통해 미래세대 어린이들에게 자연과 생명의 소중함을 깨닫게 하는 긍정적 시각을 만들어주고자 환경교육에 역점을 두었다. 이를 위해 지역민들을 조직하여 시민환경지도자로 양성시키는 데에 심혈을 기울여 왔는데, 1999년부터 시작된 시화호 시민전문가 양성과정인 '갈매바람'이 대표적인 프로그램이다. 이 프로그램을 통해 2011년 '갈매바람' 22기가 배출되었다. '갈매바람'은 어린이, 청소년, 시민에 이르기까지 시화호 유역에 숨겨진 무궁무진한 생태보고가 존재하고 있음을 일깨우고 있다. 이들은 생태·환경·문화의 안내자로서 생태교육, 문화유산 탐방 등을 통해 지역민의 환경, 생태, 문화의 인식 전환과 함께 시민 스스로 보존활동에 참여하도록 견인하고 있다. 또한 시화호 유역의 생태적 특성을 반영한 환경교육 프로그램 개발, 교재 교구 개발 등 지역을 기반으로 한 환경교육 활동의 모델을 만들어오고 있다.

<시화호생명지킴이>는 주요 활동으로 시화호 유역을 거점으로 한 교육활동, 시화호

36) 경기도 시흥시, 안산시, 화성시에 둘러싸인 인공호수 시화호, 본래 간척지에 조성될 농지나 산업단지의 용수를 공급하기 위한 담수호로 계획되었지만 방조제 완공 이후 시화호 유역의 공장오폐수 및 생활하수의 유입으로 수질이 급격히 악화되어 1997년 이후 해수를 유입하기 시작했고 2000년 12월에 정부는 시화호의 담수화를 포기하고 해수화를 확정하였다. 1999년엔 시민단체 조사단에 의해 시화 남측 간척지(화성시 송산면 고정리 일대)에서 공룡알 화석이 대단위로 발견되어 천연기념물 제414호로 지정되어 보전될 수 있는 자연·문화적 공간을 확보할 수 있게 되었다. 이는 지역 시민단체와 주민들의 적극적 참여와 노력의 결과라 할 수 있겠다.

의 환경 조사연구와 정책 활동, 국내외 환경단체, 환경교육단체와 연대활동을 해오고 있다. 특히 시화호 유역 모니터링, 시화호 주제별 투어, 시화호 청소년생태문학캠프, 시화호 기자단 운영, 청소년 토론회 등과 같이 다양한 교육적 시도들을 해오고 있다.

③ 시사점

우리나라의 경우 주민조직보다는 전문 환경단체들이 환경운동의 주류를 형성해왔다. 하지만 <시화호생명지킴이>는 생태안내자 출신들의 교육활동을 기반으로 한 순수한 주민조직으로 출발했다. 많은 경우 환경운동이 어느 시점에 도달하면 소멸되곤 하면서 부작용을 낳기도 하는데, 시화호 운동이 성공적이었던 이유는 마지막까지 포기하지 않고 지속해왔던 주민의 저력이 있었기 때문이 아닐까 싶다. 그 기반에는 자기 지역에서부터, 실천적으로 노력하고 행동해온 주민들이 있었기 때문이며, 이들을 이끌어올 수 있었던 풀뿌리 주민조직의 힘이 아닌가 싶다. <시화호생명지킴이>의 '갈매바람'을 중심으로 한 환경교육운동은 이러한 점에서 환경교육을 통해 환경 운동적 목적을 어떻게 실현시킬 수 있는지를 보여준 중요한 사례이다.

한편 시민사회 영역 가운데에서도 환경운동, 특히 환경교육운동에 있어서는 여성들의 섬세한 감수성을 기반으로 한 활동들이 중요한 역할을 해왔다. <시화호생명지킴이>는 여성 활동가들이 중심이 되어 돌봄과 교육을 통해 자기 지역의 환경을 지키는 방법, 작지만 큰 힘을 보여주었다.

7. [1999년~] 학교 숲이 마을을 만나다 – <생명의숲국민행동>의 '학교숲가꾸기'와 '모델학교숲'

① 개요

환경교육 영역에서 학교 환경교육과 사회 환경교육의 연계는 어느 때부터인가 중요한 과제가 되고 있다. 제도권 환경교육의 한계를 극복하고, 실천적이고 희망적인 환경교육을 실행하기 위해서는 지역사회와의 연계가 무엇보다 중요하다. 학교–사회 환경교육 연계를 위한 시도들은 다양하게 전개되어 왔지만, 학교의 담장을 허물고 지역사회와 직접적인 소통을 시도한 학교 숲 운동과 이를 활용한 환경교육 활동은 소중한 사례이다.

학교에 나무를 심고, 숲을 조성하여 자라나는 청소년들이 푸른 자연환경에서 교육받을 수 있도록 하는 것, 학교 숲을 조성하고 관리하는 과정에 학생, 교사, 학부모, 지역주민이 함께 참여하여 지역사회와의 유대감을 높이고, 학생들에게 살아 있는 체험 환경교육을 제공하기 위한 학교 숲 운동은 <(사)생명의숲국민운동>이 1999년부터 추진해온 핵심 사업이다.

② 과정

1999년 <생명의숲국민운동>은 유한킴벌리의 지원으로 서울시 75개 교의 학교 숲 조성 현황조사를 실시하였고, 당해 연도 1차 시범학교로 10개 교를 선정, 이후 매년 시범학교를 선정해왔다. 2003년부터는 생명의숲, 유한킴벌리, 산림청이 매년 300여 개의 학교숲 시범학교와 각 지자체 및 교육청 녹색학교, 학교 공원화 사업 등을 지원해 전국 12,000개 학교 중 2,000여 개 학교에서 학교숲을 조성하는 성과를 낳았다. '학교숲가꾸기'는 인성교육의 장, 자연환경교육의 장, 지역사회와의 교류의 장, 전인교육의 장, 공동체의식 함양의 장, 지역녹지체계 구축의 거점으로서의 역할을 기대할 수 있다. 이와 함께 학교숲 가꾸기 매뉴얼 개발을 비롯한 학교숲에서 활용할 수 있는 환경교육 교재 개발, 환경교육시범 사업 전개 등 물리적 공간뿐만 아니라 교육의 장으로서의 역할을 할 수 있도록 내용을 채우는 사업도 꾸준히 추진해오고 있다.

<생명의숲국민운동>은 2009년 학교숲운동의 평가와 함께 '모델학교숲운동(학교숲운동2.0)'으로의 전환을 시도하였다. '모델학교숲'은 2009년에 15개 교, 2010, 2011년에 각각 10개 교를 선정하였다. 주요한 변화는 학교라는 물리적 공간을 활용하여 탄소배출을 줄이고, 탄소흡수를 위한 녹지를 조성하는 저탄소 활동과 교육적 활용에 학교 구성원들의 참여와 과정 중심으로 새롭게 업그레이드된 학교특성화 사업이다. 즉, 순수한 민간운동으로서의 학교숲운동은 학교구성원의 참여를 활성화하고, 학교와 지역구성원 간의 파트너십을 구축하고, 물리적 환경개선을 넘어 교육적 활용 극대화라는 가치를 실현하고자 하였다. 또한 학교숲을 통한 학교급별 탄소중립학교(Carbon Neutral School)모델을 실현하여 기후변화에 적극적으로 대처하는 학교숲운동의 새로운 발전모델을 구축하고, 권역별・지역별 특성에 맞는 발전적인 학교숲운동의 다양한 유형을 제시하여 바람직한 학교숲운동을 실현하고자 하였다.

③ 의미/시사점

교육을 진행할 때 일반적으로 단체에서는 교육주제와 프로그램의 개발, 교육장소 개발 등에 중점을 두는 반면, 이 활동은 적합한 교육의 장을 직접 조성한다는 점에서 의미가 있다.

사업 초기에는 공간적 요소, 장소감(sense of place)에 중점을 두었다면 진행 과정에서 적극적인 교육장으로서의 역할을 확장시켰다는 점, 여기서 그치지 않고 10여 년의 지속적인 활동을 통해 축적된 경험을 기반으로 새로운 질적 변신을 시도하고 있는 점도 중요하다. 여러 사례에서 볼 수 있듯이 지속사업이 갖는 의미는 크다. 다른 한편으로는 앞으로 지역사회와의 연대나 공공의 장소로서의 역할을 어떻게 확장시킬 것인지에 대해서는 좀 더 고민해야 할 과제로 생각된다.

담장을 허문 학교 숲이 마을 숲으로 확장되어 나아갈 수 있기를 바란다.

8. [1999년~] 차라리 아이를 굶겨라 – <환경정의>의 '다음을지키는사람들'

① 개요

초기 환경교육운동의 주제는 자연보호와 환경문제해결이 주된 영역이었으나 점차 건강, 먹을거리 등 대안생활 영역으로 확장되었다. 1999년 <환경정의시민연대>(현 <환경정의>, 2004년 단체명 변경)의 '다음을지키는사람들'의 활동이 이런 흐름에서 등장한 대표적인 사례이다. 환경단체 활동가 출신의 여성 운동가들이 출산과 육아를 경험하면서, 부모들이 주축이 되어 공부모임을 시작하였다. 이들은 미래세대의 먹을거리와 건강문제에 주목하고, 관련 활동을 시작했다. 공부모임은 이후 지도자과정으로 발전하였다. 첫 회는 단체에서 기획하였지만, 2회부터는 참가자들이 자발적으로 주제, 교육방식, 역할분담 등을 토론하여 결정하였다. 이 공부모임은 2000년 4월 발족한 '다음을지키는엄마모임'의 모태가 되었으며(김소연, 2002), 참여대상이 확대되면서 '다음을지키는사람들(이하 다지사)'로 현재까지 활동해오고 있다.

② 과정

1999년도에 시작한 초기 교육은 일회성으로 기획되었지만, 점차 체계를 잡아가면서 2000년도에는 단체의 사업과 결합되어 진행되었다. 교육주제는 크게 먹을거리와 유해물질 분야였다. 환경운동가 출신의 엄마들이 주축이 된 이 모임은 '6개월간 먹을거리에 대해 공부'하고 '성과물을 출판'하는 목표 아래 자율적으로 운영되었다. 그런데 이렇게 해서 만들어진 『차라리 아이를 굶겨라』(2000년 12월, 시공사)는 우리 사회에 커다란 반향을 불러일으켰다. 유해물질을 주제로 만든 포스터 「숨어 있는 환경호르몬을 찾아라」도 많은 교육현장에서 활용되었다.

2001년도부터 그간의 경험과 성과를 기반으로 장기적으로 정형화된 교육 프로그램을 마련하기에 충분하다는 판단 아래 '제1회 다음지킴이 환경학교'와 '제1기 다음지킴이 강사양성프로그램'을 개설하였다. '제1회 다음지킴이 환경학교'는 다지사에 참여하는 신규 회원들을 대상으로 하였는데, 먹을거리와 건강과 관련한 사회적 의제들을 강의주제로 채택하였다. '제2기 다음지킴이 강사양성프로그램'에서는 강좌의 내용구성과 실무까지도 제1기 수료생 모임인 '초록누리'가 맡아서 진행하였다. 이후 수료생들은 프로그램 개발에 참여하고 강사로 활동하면서 '마중물 학교'를 운영하기도 하였다. 또한 '광고모니터학교'를 통해 2002년부터는 주부대상 광고모니터요원을 선발하고 3개월간 교육을 실시하여, 색소와 영유아식 광고에 대한 문제제기 등 상품에 대한 정확한 정보 확보와 올바른 소비문화를 정착시키고자 노력하였다.

이 모임은 경험을 통해 이슈를 발굴하고, 명확한 목적과 주제를 정하고, 그 주제에 적합한 교육과 운동의 다양한 방법을 모색하는 데 힘을 쏟았다. 새로운 운동을 준비하는 사람들이 참고해야 할 사례이다.

③ 의미/시사점

생활 밀착형 주제에서 출발한 운동은 교육과 운동을 삶 속에서 일치시킬 수 있다. 사회운동은 초기에는 '체제 개혁적 운동'으로서의 환경교육운동이었으나, 이후 사회운동은 '생활세계 개혁적 운동'과 '대안생활세계운동'으로 분화되었다. 다지사의 활동은 운동사적 측면에서 사회문화적 요소가 강화된 체험형 환경교육으로서 앞서 제시한 사회운동의 흐름으로 해석할 수 있다.

활동가들이 단체 활동을 하면서 완성도 있는 출판물을 만드는 일은 쉽지 않은 일이다. 당시만 해도 그런 사례가 많지 않았고, 출판되더라도 성공적으로 대중화시키지 못했다. 하지만 작은 모임에서 출발하여 만들어진 책 한 권은 기대 이상의 운동적 성과를 가져왔다. 자신의 삶에서 문제를 발견하고, 자발적 실천을 통해 내용을 만들고, 사회와 소통할 수 있는 효과적인 운동방식을 새롭게 제시했다고도 평가할 수 있다.

9. [2003년~] 자연이 가장 좋은 교실이다 – <환경과생명을지키는전국교사모임>의 '새만금 바닷길 걷기'

① 개요

<환경과생명을지키는전국교사모임(이하 '환생교')>은 환경과 환경교육에 관심을 가진 교사들이 자발적으로 결성한 교사모임으로[37] 환경운동과 환경교육 영역을 넘나들었으며, 중요한 환경현장에는 환생교가 있었다. 환생교는 1992년 6월 발족한 <전교조 참교육실천위원회>의 환경교육 분과가 모태가 되었는데, 이들의 운동은 교사운동을 넘어서 교육운동, 환경교육운동에서 중요한 의미를 갖는다. 교사는 교실과 현실세계를 이어주는 중요한 매개로서 역할을 한다. 환생교는 사회적 의식과 책임감을 가진 교사 개개인의 수업실천으로, 같은 뜻을 가진 이들의 공동수업으로, 환경이슈가 있는 현장으로, 교육의 가치를 실천해왔다.

이 가운데 특히 2003년부터 함께해온 '새만금 바닷길 걷기'는 환생교의 환경교육운동이 무엇인지 잘 보여주는 사례이다. 매년 여름 교사들과 학생들은 환경과 보존의 현장인 새만금 일대를 발로 걷는다. 그러는 동안 참가자들은 생명에 대해, 공존에 대해, 삶에 대해, 자신과 사회를 되돌아보며 성장해간다.

② 과정

새만금 간척 사업은 1987년 서해안 지역의 경제발전을 위한 사업이라는 미명 아래, 정책적 합리성, 갯벌의 생태적·교육적 가치를 배제한 정치적 공약이라는 평가가 확산되면서 거센 반대에 부딪히게 되었다. 당시 시민환경단체뿐 아니라 전 국민적으로 그 당위성에 대해 반론이 제기되던 새만금 문제에 환생교가 본격적으로 대응 행동을 하게 된 것은 2000년 10월 전북도 내 교육기관에 교직원 및 학생을 대상으로 새만금 찬성 서명용지가 배부된 일이 영향을 미쳤다. 환생교는 새만금 공동 수업을 하고 삼보일배 행렬에 참여했다. '생명의 땅 새만금 갯벌을 살리기 위한 교사 결의문'을 채택하고, 1) 훌륭한 환경교육장인 새만금 갯벌의 국립공원화, 2) 교사·학생이 함께 항의 이메일·엽서 쓰기와

37) <환경과생명을지키는전국교사모임>은 1992년 6월 발족한 <전교조 참교육실천위원회>가 모태가 되어, 1995년 결성되었고, 2004년 능동적 실천 의미를 더해 지금의 명칭으로 단체명을 변경하였다. 초기에는 전교조 산하의 분과회원들로 구성되었으며, 이후 환경단체 활동교사와 지역별 자생적인 소모임 활동교사로 구성원이 확대되었다.

삼보일배 운동, 3) 새만금 살리기 공동수업의 계속 실시 등을 결의했다. 2003년 초 새만금사업을 반대하는 종교인들의 삼보일배 운동 즈음, 환생교는 여름방학 동안에 학생과 교사가 함께 참여하는 '새만금 바닷길 걷기'를 시작하게 된다.

2003년 여름(8월 5~10일, 6일간), 환생교의 '새만금 바닷길 걷기'는 새만금 간척사업 지역주민 모임인 <새만금 사업을 반대하는 부안사람들>과 공동으로 시작되었다. 교사, 학생을 비롯한 희망자 모두 함께 참여할 수 있는 프로그램으로, 2003년 이후 지금까지 새만금의 습지를 걷던 이들은 새만금의 파괴, 생태변화의 현장을 걷고, 보고, 느끼며, 생각하는 프로그램으로 진행되고 있다. 환생교의 환경교육운동은 대체로 환경문제의 인식을 통한 내부 의견수렴과 입장표명에 이어, 공동 수업으로 학교 내 환경교육으로 이어졌고, 이후 집회나 현장답사로 이어져 왔다.

③ 의미/시사점

환생교의 '새만금 바닷길 걷기'는 교사와 학생이 현장에서 보고, 느끼고, 깨닫는 교육과정 속에서 환경에 대한 공감대를 형성해가는 프로그램이다. 매년 새만금 바닷길을 걸어왔던 청소년들은 인간과 다른 생명과의 공존, 생태적 삶에 대해 묻고, 성찰하며, 성장해왔다. 이들은 때로는 새만금의 생태적 변화에 아파하기도 하고, 어떤 삶을 살 것인지 자문하기도 했다.

환생교의 '새만금 바닷길 걷기' 프로그램은 새만금을 환경교육의 장으로, 자기 성찰의 장으로, 교사와 학생들의 공감과 연대 형성의 장으로 활용함으로써 운동의 현장에서 교육적 가치를 이끌어냈다. 또한 미래세대의 권리에 대한 자기인식과 생명존중의 가치관을 이끌어냈다.

교사와 학생들이 교실을 벗어나 더 큰 교실, 진정한 교육의 장으로 나아갔을 때 교육의 결은 달라질 수 있다.

10. [2004년~] 비움을 통한 나눔의 실천, 음식을 생명으로 – <에코붓다>의 '빈그릇 운동'[38]

① 개요

환경문제는 '보다 잘 살기 위한' 과정에서 생겨난다. 인류는 엄청난 에너지와 자원을 자연환경으로부터 얻고 동시에 엄청난 쓰레기를 양산한다. <에코붓다>는 이러한 환경문제의 근본적인 원인으로부터 해결점을 찾고자 대안적인 생활양식을 만들어가는 운동을 해오고 있다. 그중에서 '빈그릇 운동'은 종교적 실천을 대중적 실천으로 이끌어냈다는 점에서도 의미를 찾을 수 있다.

<에코붓다>의 '빈그릇 운동'은 2005년 1월부터 시행된 음식물쓰레기 직매립금지법과 맞물려 더 확산될 수 있었다. 학교, 군부대, 기업, 지자체, 식당, 가족, 개인 등 사회 각계에서 150만 명이 넘는 사람들이 서약캠페인에 참여하면서 새로운 문화를 만들어냈다는 평가를 받고 있다.

본 사례는 빈곤완화, 자연자원, 에너지, 지속 가능한 생산과 소비 등의 지속가능발전교육 핵심주제와 관련하여 환경–사회–경제적 통합성, 인식증진, 실행과 참여, 성과와 효과를 가져왔다는 측면에서 좋은 사례로 볼 수 있다.

② 과정

'빈그릇 운동'은 1999년부터 정토회의 산하단체인 <에코붓다>를 중심으로 진행되어 온 '쓰레기제로운동'에서 시작되었다. 초기에는 실무자들을 중심으로 진행해오다가 회원을 중심으로 확대되어 각 가정에서 실천하기 시작했다. 2004년 9월부터는 대사회적 운동으로 '나는 음식을 남기지 않겠습니다'라는 자기 다짐을 통해 환경과 건강, 경제와 이웃을 살리는 나눔 운동으로 이어갔다. 초기에는 10만 명 서약캠페인으로 시작하였으나 100만 명을 넘어섰다. 2005년도에는 100만 명 서명캠페인으로 범국민 음식문화 개선운동으로 확산되었고, 150만 명이 넘는 사람들이 동참하게 된다. 서약에 참여한 사람들이 지속적으로 실천해나갈 수 있도록 서약과 함께 교육을 진행하였다. 실제로 운동에 참여한 학교의 경우 일정기간 동안 잔반량이 급격히 줄어들었지만 시간이 흐르면 다시 증가

38) 장미정(2010) 재구성.

하는 현상이 조사되었다. 이에 따라 '빈그릇 운동'이 일회성 이벤트에 그치지 않을 수 있도록 학교를 중심으로 꾸준히 생태교육을 이어갔다. 한편 빈그릇 운동의 정착을 위해 교육자료와 홍보자료를 만들어 배포하기도 하였는데, 교육자료는 교육현장에서 쉽게 활용할 수 있는 PPT자료와 교사들이 활용할 수 있는 수업지도안까지 구체적으로 제시하였다.

'빈그릇 운동'은 발우공양과 접시공양이라는 구체적인 실천 모델이 있었다. 음식물쓰레기 직매립 금지법과 같은 사회적 요구도 있었다. 거기에 단순하게 잔반을 줄이는 것이 아니라 음식을 '생명'으로 볼 수 있는 가치관과 비움을 통해 나눔을 실천하는 새로운 문화를 만들어가고자 하는 목표가 더해져 사회적 공감대를 이끌어낼 수 있었다.

③ 의미/시사점

사회의 변화는 개인의식과 행동의 변화를 통해 이루어진다. 하지만 개인의 행동과 생활방식을 바꾸는 일은 쉬운 일이 아니다. 그렇기 때문에 대안적 실천운동들은 많은 경우 불편함에 대한 무리한 요구로 받아들여지거나 궁색함으로 치부되어 공허한 외침이 되는 경우가 많다.

본 사례가 의미 있는 것은 음식을 남기지 않는 것을 단순히 쓰레기 줄이기라는 개인적 실천에 그치지 않고 생명에 대한 예의, 비움과 나눔의 실천 등의 사회적 의미를 만들어냈다는 점이다. 또한 실천의 성과와 효과를 가시화할 수 있는 학교, 군부대, 식당 등에 접근함으로써 많은 사람들의 참여와 실행에 동기부여를 해주었다는 점도 의미가 있다. 또한 구체적인 실천지침은 물론이고, 실천의 의미를 확대시킬 수 있는 교육 자료들을 배포하고, 직접 찾아가면서 지속적인 실천을 할 수 있도록 노력했다는 점도 주목할 만하다. 특히 이 운동을 확산시켜 가는 과정에 참여한 많은 주부 자원봉사자들이 주체적인 활동을 통해 성공적 운동을 경험했던 것 또한 큰 자산이다.

하지만 앞서도 지적되었던 것처럼 일회성 이벤트가 되지 않으려면 기본적으로 '잘 사는 것'에 대한 가치관, 생명과 이웃에 대한 감수성이 있을 때 가능한 일이다. 지속적인 교육이 이루어지지 않는다면 한 번의 실험에 그칠 수 있는 운동이다.

작은 실천이 세상을 바꾼다. '빈그릇 운동' 서명에 참가한 150만 명, 자원봉사자들, 심정적 지지자들은 작은 실천이 어떤 성과를 만들어낼 수 있는지 구체적인 경험을 통해 자신감을 갖게 되었을 것이다. 이후 개인의 행동과 의사결정에 있어서 지속 가능한 사회를 지탱할 수 있게 하는 힘이 될 수 있기를 바란다.

11. [2004년~] 생태적 가치를 삶의 모습으로 – <풀빛문화연대>의 '생태문화운동'

① 개요

<풀빛문화연대>는 희망의 숲, 대자연의 품속에서 사람과 더불어 생명과 평화의 가치를 삶의 중심으로 하는 생활양식과 문화의 가치를 실현시키고자 '생태문화운동', '녹색문화운동'을 시작하였다. 문화예술인, 작가, 숲해설가, 환경교육자, 체험학습지도자, 생태관광지도자, 자연안내자와 시민들이 연대하여 만들어졌다.

<풀빛문화연대>는 '중심이 푸른 세상'이라는 목표 아래, 생태적 감수성의 커뮤니티 문화 기반 조성, 새로운 유형의 문화예술과 대안적 생태운동이 결합하는 생태문화운동의 구축, 문화운동으로서 새로운 유형의 생태문화 패러다임의 구축, 지구적 비전과 일상생활 속의 생태적 문화 형성 활동을 추구해왔다.

사실 생태와 문화가 결합되어 온 것은 새로운 일은 아니다. 그럼에도 불구하고 풀빛문화연대의 활동이 중요한 것은 '생태문화'를 중심으로 무게중심을 확장하고 하나의 대안문화운동을 만들어왔다는 점이다. 따라서 이 활동은 생활실천운동에서 문화실천운동까지 환경교육운동의 폭을 확장시켰다고 볼 수 있다.

② 과정

2004년 창립한 <풀빛문화연대>는 환경과 인간이 조화롭게 공존할 뿐 아니라 이전과는 다른 패러다임으로서의 녹색 문화의 가치를 실현하고자 다양한 환경과 문화적 활동을 기획하고 실천하고 있다. 다른 단체들이 환경생태를 중점으로 활동을 하고 있다면 이 단체는 생태문화에 초점을 두고 있다.

2006년에 '풀빛예술제'는 시민들이 풀피리 등 자연 친화적 전통생태문화를 접하도록 하면서 새로운 유형의 녹색 대안 문화 축제를 제공하였다. 또한 '국제풀피리문화예술제'를 개최하여 흙그림, 풀꽃스케치, 생태세밀화 등의 환경 예술품 전시와 풀피리 배우기, 자연물 모빌 만들기, 짚풀공예, 흙공예 등의 생태문화체험, 퓨전국악 공연 등의 전통 생태문화 공연 등을 진행하였다.

'백사실 문화학교'는 생태문화운동의 내용을 잘 보여주는 사례로 자연 속에서 예술을 배우고, 예술을 통해서 자연을 이해하는 프로그램이다. 2011년 8개월 동안 진행된 '백사실 문화학교'는 자연을 주제로 세밀화, 풀피리, 스토리텔링 등을 전문 예술 강사로부터 배우고, '숲이 예술이네' 시간에는 공간 탐색, 사색 등 숲 속에서 자유롭게 활동할 수 있도록 구성되었다. 또한 아이들에게 다양한 예술 경험의 기회를 제공하고자 3개의 예술교육단체(미술, 음악, 문학)의 프로그램에 참가하도록 하였고, 워크숍을 통해 스토리 북, 스토리 영상 제작 등 심화교육 프로그램을 병행하였다.

한편으로는 '생태문화기행'을 운영하고 있다. 이는 생태계 보전의 중요성을 자각하고 지역 환경문제의 해법을 모색함과 동시에, 탐방지의 역사와 문화유산도 공부할 수 있는 프로그램이다. 이전의 환경교육단체에서도 시도해왔지만 생태와 문화, 역사가 어우러지는 지속 가능한 대안 여행문화로 정착시키기 위한 운동이라는 점에서 의미가 있다. 생태문화기행 프로그램은 도시 숲탐방, 제주 기행, 민통선 생태기행, 역사 유적지 생태기행 등이 있고, 생태적으로 건강하고 지속 가능한 여행, 재미있는 여행, 여운이 있는 여행, 생각하는 여행, 지식과 정보와 오락이 함께하는 여행 등 테마가 있는 기행 프로그램을 운영해오고 있다.

③ 의미/시사점

문화는 한 사회의 전반적인 삶의 모습을 반영하는 만큼 큰 영향력을 갖는다. 생태문화운동이 문화에 강점을 두었을 때, 삶 속에 녹아낼 수 있는 가능성은 훨씬 더 커질 수 있다. 생태문화운동은 생태의 가치를 삶 속의 자연스러운 문화로 자리 잡게 함으로써 실천력을 강화할 수 있다는 점에서 중요하다. '생태'라는 가치가 삶 전반에 녹아들게 하는 것은 환경교육이 나아가야 할 지향점이라는 측면에서 앞으로의 환경교육이 나아갈 지평을 보여주고 있다.

사회적 변화와 함께 환경교육의 주제영역은 보다 다양해졌고 분화되었는데, 이와 함께 통합적인 주제접근의 중요성이 더 부각되고 있다. 이런 의미에서 생태문화운동은 환경교육운동이 더 넓은 지향으로 확장되는 데 중요한 역할을 할 것으로 보인다.

한편 풀빛문화연대는 생태교육, 환경문화, 녹색복지 등을 기반으로 한 사회적 기업으로 전환하고, 지역사회의 발전과 건강한 사회를 위한 활동을 지속해오고 있다. 이는 환경교육을 통한 사회적 기업의 첫 시도로서 의미 있는 도전으로 볼 수 있다.

12. [2008년~] 논, 작물생산 공간에서 유기적인 생존 공간으로–<한살림>의 "논살림"[39]

① 개요

우리나라의 초기 환경운동의 주요 의제는 공해 혹은 오염이었다. 중금속 오염 사건들, 산업재해 등에 대응하고 피해대책을 요구하는 주창운동이 주류를 이루었다. 이들 운동의 바탕에는 생명과 평화라는 가치가 있었고, 이러한 가치를 살리는 또 다른 대안운동으로 먹을거리를 통해 생명을 살리는 활동이 이루어지고 있었다. 그리고 20여 년이 지난 지금, 그 운동은 열매를 맺기 시작했다. 생활수준이 높아지면서 몸의 환경에 대한 관심도 높아졌다. 농약과 화학비료, 제초제의 폐해를 알기 시작한 사람들은 이제 몸을 살리는 농업에 서서히 관심을 갖게 되었다.

<한살림>은 사람과 자연, 도시와 농촌이 함께 사는 생명 세상을 만드는 것을 활동목적으로 한다. 1986년 작은 쌀가게에서 시작해, 2010년 현재 전국 19개 역, 23만 2천여 세대의 도시 소비자 회원들과 2,000세대 농촌 회원들이 공동체를 이루고 있다.

본 사례는 <한살림>이 2008년 람사르 총회 관련 연대활동으로 시작한 '논살림' 활동에 관한 것이다. 논은 단순히 벼라는 작물의 최대생산량을 확보하기 위한 공간이 아니라, 습지생태계로서 다양한 생물들을 부양하고 있다. '논살림' 활동은 유기농업을 통해 안전한 먹을거리 생산과 함께 습지생태계로서 논의 생물 다양성을 확보해가겠다는 것이다. '논살림' 활동은 초기 단계부터 생산자와 소비자, 연구자들이 참여한 논습지 NGO네트워크라는 연대활동으로 시작하여, 인식증진 및 역량강화를 위한 교육활동, 실행과 참여를 통한 성과를 만들어내게 된다. 무엇보다 삶의 터전에 기반을 두어 모든 지속가능발전교육의 핵심주체를 총체적으로 접근한 지속가능발전교육의 좋은 사례라고 할 수 있다.

② 과정

2008년 람사르 총회와 관련하여 '한국 논습지 NGO네트워크'가 만들어졌다. 생산자와 소비자 관련 단체들로 이루어진 실천팀과 연구팀으로 구성되었다. 2008년 한 해는 교육을 받고 기존의 방식을 이해하고 적응하는 기간으로, 3개 지역 시범 논을 중심으로 생협

39) 장미정(2010) 재구성.

과 생산자가 함께하는 논 조사활동에 중점을 두었다. 2009년에는 전국 8개 지역으로 확대하게 된다. '논살림' 활동의 의미를 알리는 교육과 홍보 활동을 통해, 생물 다양성에 대한 관심과 이를 적용해보고자 하는 생산자들이 늘어난 것이다.

'한살림 쌀을 먹는 일, 다양한 논 생물과 함께 사는 일!' 논습지의 가치를 알리기 위한 다양한 활동-논 생물조사, 체험, 생태교육, 환경교육, 연대활동, 홍보 및 출판 등-이 전개되었다. 조사활동으로는 시범 논을 중심으로 생산자, 소비자, 연구자, 실무자가 참여하여 논이 습지생태계로서 가지는 중요성에 대한 인식증진 활동 및 자료집을 발간하여 공유하였다. 청소년 체험활동은 모내기 등 일손돕기 형태로 이뤄졌는데, 농업활동에 참여한 청소년들은 노동 자체에서도 체험의 의미를 배울 수 있었다. 논 생태교육은 어린이 농촌체험활동인 생명학교와 조합원 가족을 대상으로 한 체험활동으로 이루어졌다. 연대활동으로는 한일 논 생물교류회를 개최하여 실천사례를 공유하고 향후 발전방향을 모색하는 자리를 만들었다. '논살림' 활동은 한국환경교육네트워크에서 주최한 환경교육안내자 대회에서 주제발표를 통해 최우수상을 수상하기도 하였다. 이 밖에도 논 생물조사를 위한 매뉴얼 및 도감 제작, 논 생물 다양성 리플렛 등을 제작하였다.

'논살림'을 시작한 것은 오래되지 않았지만, 몇 가지 중요한 변화를 만들어냈다. 생산지에 생물 다양성을 이용한 재배 정보를 제공할 수 있게 되었고, 소비자가 생산 과정에 참여하는 변화를 만들어냈고, 농업을 이해하고 알리는 안내자를 양성할 수 있었으며, 다양한 활동에 참여한 많은 사람들은 논 습지에 대한 인식증진을 통해 생명의 중요성과 지속 가능한 삶에 대해 배울 수 있었다.

③ 의미/시사점/평가

'논은 생명이다.' 생명을 살리는 운동에서도 사람은 어떤 의미에서 여전히 그 중심에 있어 왔다고 볼 수 있다. '논살림' 활동은 논을 먹을거리를 생산하는 공간의 가치를 넘어서 생명체들의 공간으로, 자연과 사람, 도시와 농촌, 생산자와 소비자가 공생할 수 있는 지속 가능한 관계 맺기의 공간으로 만들어준다.

논 생태계는 지속가능발전교육에서 이야기하고자 하는 대부분의 주제를 깊이 다룰 수 있는 소중한 자원이기도 하다. '논살림' 활동은 자연자원, 생산과 소비, 에너지, 건강 등의 주제뿐 아니라 빈곤, 문화적 다양성, 지속 가능한 도시와 촌락, 평화에 이르기까지 광범위한 영역에서의 인식증진에 기여할 수 있다. 특히 소비에만 참여하던 사람들을 생산하는 소비자로 만들어주었다는 점은 큰 의미가 있어 보인다. 생명을 살리는 과정에 직접적으로 참여한 사람들이 그 성과를 스스로 체험하는 기회가 많아질 때, 지속 가능한 사회에 보다 가까워지게 될 것이다.

아직은 시작단계에 있지만, 전국적으로 확산되어 농촌을 살리고 미래세대를 위한 생명을 살리는 계기가 되길 바란다.

13. [2008년~] 이주민 여성과 함께하는 색깔 있는 여행학교-<아시안브릿지>의 '이주민브릿지 사업'[40)]

① 개요

다문화에 대한 인식이 확산되면서 다문화가정, 이주민을 위한 프로그램들도 급격히 증가하고 있다. 현재 우리나라에는 100만 명이 넘는 외국인들이 살고 있고, 이주여성만 12만여 명이라고 한다. 농림수산식품부(2009.4.10)의 발표에 따르면, 농촌의 국제결혼 증가 추이를 고려할 때, 2020년 전체 농가인구에서 이주여성농업인이 3.2%를 차지하게 되고 19세 미만 농가인구의 49%가 다문화자녀로 구성될 것이라는 전망을 내놓기도 했다. 그만큼 다문화 교육에 대한 수요와 요구가 증가하고 있는 것이다. 그간 이주노동자, 이주민 자녀들을 위한 교육들이 곳곳에서 진행되어 왔다. 그리고 여기 제시한 또 하나의 의미 있는 시도가 있었다.

본 사례는 <아시안브릿지>에서 진행한 이주여성 대상 생태관광 통역안내사 양성 프로그램이다. 생태관광과 생태문화교육, 그리고 이주민 여성들의 일자리창출을 위한 직업훈련 프로그램으로의 시도이기도 하다. 이 프로그램은 이주여성들이 사회구성원으로서 성장할 수 있도록 인식증진 및 역량강화, 실행과 참여의 기능수행을 목표로 하고 있다. 또한 인권, 민주시민, 문화적 다양성, 빈곤 완화, 지속 가능한 도시촌락의 주제를 포괄하는 지속가능발전교육의 좋은 사례로 볼 수 있다.

40) 장미정(2010) 재구성.

② 과정

<아시안브릿지>는 2003년에 만들어졌다. 아시아 단체들과의 교류를 통해 지구촌 시민의식을 높이고자 하는 목적으로 여성단체, 환경단체, 재단 등 다양한 한국의 시민단체들이 공동으로 설립하였다. 필리핀에 <아시아NGO센터>라는 이름으로 만들어졌고, 다양한 연수프로그램을 통해 한국 사회에서 아시아 및 국제사회에 대한 인식을 확장시키는 데 역할을 해왔다. 그러한 노력의 결과로 2008년에는 한국에 사무소를 열게 되면서 이주민브릿지 사업을 시작할 수 있게 되었다. 이주민브릿지 프로그램은 다문화 교육과 이주민들의 권익 증진을 위한 정책개발을 위한 활동이다. 이전의 활동들이 한국 시민사회의 지속 가능한 지구촌 공동체에 대한 인식증진을 위한 활동이었다면, 이를 밑거름으로 국내에서의 활동을 본격화하게 된 것으로 이해할 수 있다.

본 사례는 이주민 여성들이 스스로 사회에 적응하고 직업능력을 가짐으로써 경제 지위를 향상할 수 있도록 하는 직업훈련 프로그램으로 기획되었다. 한국에 오는 관광객들에게 자국의 언어로 한국의 환경과 생태를 소개할 수 있도록 생태문화해설사 양성 프로그램을 운영하게 된 것이다. 중국, 일본, 인도네시아, 태국, 몽골, 러시아, 스리랑카, 방글라데시, 필리핀 등 다양한 국가 출신의 이주여성 30여 명이 열의를 가지고 참여하였다.

초기에는 이주민여성들을 면담하고 이주민공동체 리더그룹의 네트워킹을 시도하였다. 프로그램의 기획과 운영 과정에서 이주여성운영위원회를 조직, 그들의 의견을 반영하면서 네트워크를 강화해나갔다. 다른 한편으로는 아시안브릿지의 활동에 공감하는 자원활동가 모임(ASSA-V)을 조직하고 그들이 주체가 되도록 진행하였다.

교육을 통해 이주여성들은 생태적 감수성을 키우는 동시에, 전문성 있는 활동에 대한 자신감을 높일 수 있었으며, 한국을 다양하고 새롭게 볼 수 있는 계기를 만들 수 있었다. 기본과정과 심화과정이 종료된 이후에는 후속 교육활동과 모임을 이어왔다. 하지만 직업으로 연계하기에는 언어적・내용적・행정적으로 현실적 한계가 산적해 있었다. 일회성 교육이 아닌 지속 가능한 사회로 가는 하나의 대안이 될 수 있도록 시스템을 만들고, 재교육 기회를 제공하고, 활동의 장을 개척해나가야 하는 과제들이 남아 있다.

③ 의미/시사점

앞서 살펴보았듯이 한국은 이미 다문화 국가이다. 그럼에도 불구하고 이주민들에 대한 사회적 배려나 문화적 다양성에 대한 인식은 낮은 수준에 머물러 왔다고 볼 수 있다. 본 사례는 이러한 한국 사회의 여건 속에서 이주여성들이 자립해서 살아갈 수 있는 새로운 방식의 시도라는 점에서 중요한 의미를 찾을 수 있다.

더욱이 교육내용에서 생태적 감수성이나 문화적 다양성을 다루는 것은 물론이고, 교육기획 및 실행, 이후 과정에까지 이주여성들을 주체로 참여할 수 있도록 배려함으로써 지속가능발전교육에서 강조되는 중요한 기능들을 만족시키고 있다.

그럼에도 불구하고 이 사례가 하나의 실험에서 그치지 않으려면 지속적인 시도와 함께 정책적 접근, 혹은 전략적 접근이 필요해 보인다. 제도적으로 이주여성들이 한국 사회에서 하나의 직업인으로서 활동할 수 있도록 정책적 지원을 마련하는 한편, 시민교육의 다른 영역과 긴밀한 연대를 통해 그들의 활동의 장을 확대하지 않으면 이러한 시도는 다분히 선언적 수준에서 그칠 수 있다.

2000년대	마을과 공동체 중심의 환경교육

14. [1994-2001년~] 마을 전체를 배움터로, 마을이 학교다 – <성미산지킴이들>의 '성미산학교'와 '성미산지키기운동'[41]

① 개요

'마을이 희망이다!', '마을이 학교다!' 우리 사회에서도 마을을 중심으로 한 지속가능사회로의 움직임이 일고 있는 것은 고무적인 일이다. 마을을 중심으로 한 공동체운동은 급속도로 도시화, 산업화되는 과정에서 축적된 많은 문제들에 대응할 수 있는 긍정적인 대안운동이다.

마포구 성미산 자락에 위치한 성미산마을은 도심 속에서는 찾아보기 힘든 공동체운동의 성공적 사례로 꼽힌다. 도심 속에서도 생태적이고 공동체적 삶을 살기를 바라는 사람들이 모여 공동육아 어린이집을 설립하고, 이후 대안학교인 '성미산학교' 설립으로 이어지게 된다. 2001년 개발정책에 맞선 '성미산지키기운동'을 계기로 마을 밖으로도 알려지게 되었다.

41) 장미정(2010) 재구성.

이후 환경, 교육, 경제, 문화 등 다양한 영역에 걸쳐 마을 만들기는 계속 진행되고 있다.

본 사례는 교육적 가치를 중심으로 지역의 자연자원을 둘러싼 개발과 보존의 갈등을 극복해내면서 마을 전체를 지속가능발전교육의 학습장으로 만들어왔다는 점에서 중요한 의미를 갖는다. 마을 주민들은 지속가능발전교육의 핵심주제인 자연자원, 지속 가능한 도시와 촌락, 지속 가능한 생산과 소비, 문화적 다양성 등 폭넓은 영역의 학습과정을 경험하고 생산해내고 있다. 더욱이 환경－경제－사회의 통합적 차원의 인식증진, 실행과 참여, 성과와 효과를 만들어내었다는 점에서도 좋은 사례로 볼 수 있다.

② 과정

도심 속의 성미산마을이 '마을'이란 이름을 갖게 된 것은 '성미산지키기운동'이 마을 밖으로 알려지게 되면서부터이다(유창복, 2009). 시작은 아이들이 도심 속에서도 생태적이고 이웃과 함께하는 공동체적 삶을 살기를 바라는 사람들의 자발적 모임에서 출발하였다. 1994년 설립된 '우리어린이집'의 성공은 현재 전국의 61개 어린이집, 19개 방과 후 교실, 4개의 지역공동체의 설립에 밑거름이 되었다. 이후 아이들이 커나가면서 마을이 중요한 교육의 장이 되어야 한다는 생각이 모아져 '성미산학교'가 만들어졌다. 이러한 과정에서 만들어진 성미산공동체를 마을 전체로 확산시키기 위해서 먹을거리를 매개로 한 '마포두레생협'을 설립하게 되고, 이후 마을고용을 창출해내는 마을기업으로 '성미산 차병원', '동네부엌' 등이 탄생하게 된다. 또한 최근 2009년에는 어린아이들부터 어른까지 모두의 배움터가 되어야 한다는 믿음과 마을주민들이 스스로 문화예술을 생산하고 즐길 수 있는 노력이 더해져 시민단체들과 함께 '성미산마을극장'을 개원하기도 하였다.

한편 성미산마을을 보다 탄탄한 공동체로 거듭나게 한 2001년 '성미산지키기운동'은 성공적으로 마무리되었다. 그 성과로 성미산배수지공사가 중단되었다. 스스로 지켜낸 성미산을 생태림으로 가꾸고 앞으로의 개발계획에 대비하기 위해 '마포연대'를 만들고, 지역방송국 '마포FM'이 설립되기도 하였다. '성미산지키기운동'은 초기에는 저항형의 지역운동으로 나타났으나, 운동이 진행되면서는 이미 공동체로 형성되어 있던 공동육아와 생협을 중심으로 구체적인 대안을 제시하고 명확한 목표를 설정하는 등 참여형, 대변형 운동으로 발전하였다고 평가되고 있다(이주영, 2006). 이후 성미산마을의 환경운동은 자전거타기운동, 카쉐어링 운동, 멋진지렁이모임 등 생활실천 운동으로 이어지고 있다.

성미산마을은 이렇게 계속해서 성장하고 있다. 마을 곳곳에서 생태적 가치를 실현하고, 더불어 '살림'하는 곳, 마을 전체가 모두의 배움터가 되는 마을로 공동체의 꿈을 이어가고 있다.

③ 의미/시사점

본 사례는 여러 가지 측면에서 특별한 의미를 갖는다. 우선 공동체적 가치 실현의 꿈을 꿀 수 있는 장을 확대했다는 데 의미를 둘 수 있다. 마을운동의 성공은 많은 경우, 농촌으로의 회귀를 기반으로 이루어졌다. 그러나 성미산마을운동은 도심 속에서 프로그램형 운동으로 출발하였다. 지역의 자연자원을 충분히 활용하면서 교육적・생태적・공동체적 가치를 실현해가는 과정에서 마을 전체를 배움터로 일구어냈다. 이렇게 형성된 공동체는 개발과 보존이라는 갈등상황을 극복해가는 과정을 통해, 주민역량이 더욱 강화되었고 생태적 공동체로 거듭나기도 한다. 또한 교육적・환경적 측면뿐 아니라 경제적・문화적으로도 대안적 실험들이 다양하게 일어날 수 있었던 점은 공동체 운동의 전개과정에서 참여 확대라는 측면에서도 주목할 만한 부분이다.

또 한 가지 간과해서는 안 될 점은, 본 사례의 경우 주민들의 자발적 결사, 시민적 결사에서 시작했다는 점이다. 최근의 마을사업을 보면 간혹 불편하게 느껴질 때가 있다. 너무나 탑다운 방식이거나 성과 위주의 접근으로 드러날 때가 있기 때문이다. 이것은 정부주도 사업뿐 아니라 NGO의 주도 사업에서도 나타나는 현상이다. '성미산지키기'는 분명히 지속가능발전 그리고 지속가능발전교육의 모범적인 사례이다. 하지만 모든 마을에서 동일한 메커니즘으로 진행되지는 않는다. 이 사례는 잘 짜인 계획안으로 보여주기보다는 주민들이 자기 지역에서 꿈을 꾸고 소통하고 주체가 되도록 용기를 주고 동기를 부여하는 데 활용되어야 하지 않을까 한다.

15. [2003-2004-2006-2007년~] 사람과 두꺼비의 공존을 위한 도전-<원흥이생명평화회의>의 '두꺼비친구들'[42]

① 개요

우리나라는 1970년대 산업화와 도시화가 급속도로 진행되면서 그 과정에서 많은 문

42) 장미정(2010) 재구성.

제들이 발생했다. 1990년대 사회운동이 활발해지면서는 도시화 과정에서 누적된 문제들을 풀어내기 위한 도시공동체 운동도 활기를 띠기 시작했다. 소비운동, 자치운동, 문화운동, 교육운동, 환경보호운동, 주거권운동, 대안생활운동, 마을가꾸기운동 등 그 방식은 다양하게 나타난다.

2003년 청주의 재개발사업과 관련한 지역운동은 상생의 협약 체결이라는 타협으로 마무리된다. 개발과 보존 사이의 갈등해결 과정에서 많은 논쟁과 대립이 이어지는 동안 지역사회 각 주체는 지속가능발전에 대한 소중한 학습과정을 경험하게 된다. 평화와 갈등해결, 문화적 다양성과 자연자원, 지속 가능한 도시와 촌락 등의 지속가능발전교육의 핵심주제들은 물론이고 경제-사회-환경의 종합적 이해, 지역리더들의 역량강화와 인식증진, 협력 및 참여를 통한 성과를 경험하게 된다.

본 사례는 개발 사업을 '지역의 성장과 발전'의 프레임으로 보는 개발주체들과 '환경파괴'의 프레임으로 보는 개발반대자들 간의 대립과 갈등, 그리고 극복의 과정을 통해 학습되는 전형적인 지속가능발전교육의 사례로 볼 수 있다.

② 과정

2003년 3월 어느 날 청주 산남마을의 택지개발지구에서 환경단체 회원에 의해 발견된 수백 마리의 두꺼비들이 마을의 운명을 바꿨다. 마을의 생태적 가치를 발견한 시민들은 어린이들과 지역주민들에게 현장 탐방형 생태교육을 통해 보존의 필요성을 알리기 시작하였고, 이는 곧 시민들의 참여를 통한 보존운동으로 확산되었다. 초기 두 명의 생태안내자에 의해 시작된 생태적 가치와 보존에 대한 문제제기가 단체의 회원들에게, 지역단체로, 지역사회로, 전국적으로 어떻게 확산되고 구체화되어 왔고, 그 과정에서 지역공동체가 무엇을 어떻게 학습하게 되는가를 살펴보는 일은 의미가 있다.

다양한 보존운동의 성과로 2004년 11월 두꺼비생태공원 조성에 대한 상생의 협약을 체결하였고, 2006년 두꺼비생태공원이 조성되고 2007년 아파트 입주와 신도시가 들어서면서 사람과 생태의 공존을 위한 녹색실험장이 되었다. 현재는 생태보전운동의 성과로 만들어낸 두꺼비생태공원을 중심으로 한 다양한 교육활동이 이루어지고 있다.

초기에는 문제를 제기한 <생태교육연구소 터>의 회원들을 중심으로 체험교육을 통해 생태적 가치를 알리는 활동으로 시작되었다. 어린이들과 환경단체 회원들, 지역주민들이 계속해서 원흥이 방죽을 찾았고, 그 힘으로 서서히 개발과 보존이 대립하는 이슈의 현장으로 알려지게 되었다. 시간이 지나면서 이 지역의 개발과 보존에 대한 갈등은 확대되었고, 지역사회의 여러 단체가 <원흥이생명평화회의>라는 이름으로 연대하여 힘을 모으기 시작했다. 공사가 강행되려 하자 삼보일배, 단식농성, 원흥이 방죽 껴안기, 시민촛불한마당 등 주민들이 참여하는 다양한 활동이 전개되었다. 이후 지자체와의 협의과정을 통해 상생의 협약을 체결하면서 두꺼비생태공원이 만들어졌고, 사람과 생태가 공존하는 실험이 시작되었다. 현재 두꺼비생태공원을 기반으로 두꺼비생태학교, 모니터링활동, 야생동물학교, 두꺼비안내자양성교육 등 다양한 생태체험 교육들이 이루어지고 있다. 또한 두꺼비들의 생태계 교란을 방지하기 위한 활동들로 두꺼비들의 보금자리인 구룡산과 두꺼비생태공원의 서식지 보전운동으로 이어오고 있다. 특히 새로 입주한 신도시 아파트 주민들의 참여를 이끌어내면서 지역공동체의 주체로 성장할 수 있도록 노력하고 있다. 주민들 중 몇몇은 생태공원 강사로 활동하고 있나.

③ 의미/시사점

두꺼비마을로 널리 알려지게 된 산남마을의 사례는 우선 개발과 보존에 대한 사회적 논의를 온건한 방식의 교육운동을 통해 이끌어내었다는 점에서 의미가 있다. 교육운동이 지역운동의 구현에 있어서 그 기능과 역할의 범위를 확대시켰다고 볼 수 있기 때문이다.

이와 함께 보전운동의 갈등과 대립 극복의 과정에서 서로 간의 양보와 타협으로 마무리되었다는 점에 주목할 필요가 있다. 우리 사회에서는 이미 개발과 보존의 갈등과 대립이 있어 왔고, 시간이 지나면서 힘의 경중에 따라 희비가 엇갈리고, 남겨진 지역의 공동체는 깊은 상처를 갖게 되는 많은 경험을 가지고 있다. 사람과 생태의 공존을 위한 실험공간을 만든다는 소위 '상생의 협약'의 이면에는 서로 간의 뼈아픈 양보와 결단이 있었다. 하지만 이로 인해 지속가능개발에 대한 서로 다른 이해의 격차를 한 걸음 좁혔다는 점을 간과해선 안 된다.

이러한 과정이 있었기 때문에 두꺼비생태공원과 이를 둘러싼 지역 공동체는 진행형의 실험공간으로서 더 큰 의미를 가질 수 있다. 즉, 앞으로 일어나게 될 서식지의 변화와 이를 지켜내기 위한 지역민들의 노력은 한 차원 높은 지속가능발전교육의 학습과정을 경험하게 해줄 수 있을 것이다.

16. [2003-2005-2008년~] 환경갈등을 넘어 생명과 평화의 마을공동체로 - <생명평화마중물>과 <부안시민발전소>43)

① 개요

2003년 부안에서는 새만금 간척사업에 이어 '부안 방사성 폐기물 처분장(방폐장)' 건설 반대운동이 벌어지게 된다. 이를 계기로 부안은 에너지 민주주의 운동의 본고장으로 다시 태어나게 되고, 기존 에너지시스템의 문제점에 대한 대안 모색이라는 새로운 계기를 마련하게 된 것이다. 2005년부터 2015년까지 10년 동안 마을에너지의 50% 이상을 태양, 풍력, 바이오매스로 대체하겠다는 '에너지 자립마을 중장기 계획'이 만들어졌고, 교육을 통한 주민역량강화와 실천이 시작되었다.

많은 경우, 환경갈등이 있고 나면 지역 공동체는 파괴된다. 따라서 환경갈등이 있고 난 후 어떻게 공동체를 회복할 것인가가 과제로 남겨지곤 한다. 파괴된 것이 회복되기 위해서는 많은 시간이 필요하기 때문에, 회복을 위한 구심체가 필요하다. 부안 역시 극심한 환경갈등을 여러 차례 겪었다. 그 과정에서 지역주민들은 환경, 경제, 사회를 통합적으로 사고하는 학습과정이 이루어졌다고 볼 수 있다. 이후 다행스럽게도 지역운동의 리더들을 중심으로 구심체가 되는 조직들이 만들어졌고, 이를 중심으로 교육과 실천을 통해 환경갈등을 넘어 생명과 평화의 마을공동체로 한 걸음 더 나아가고 있다. 이러한 일련의 모든 과정은 지속가능발전교육의 좋은 모델로 평가될 수 있다.

② 과정

2003년 핵폐기장 반대운동이 시작되었고, 이 운동은 2005년 2월 실시된 주민투표에서 주민의 72.04%가 참여, 91.83%가 핵폐기물 처리장을 반대하는 결과로 나타났다. 이후 마을에는 여러 가지 변화가 있었다. 주민과 환경단체들의 협력으로 생명과 평화를 기치로 한 <생명평화마중물> 교육관이 만들어졌고, 에너지 자립마을을 실현하기 위한 <부안시민발전소>가 만들어졌다. 2005년부터 2015년까지 10년 동안 마을에너지의 반 이상을 태양, 풍력, 바이오매스로 대체하겠다는 '에너지 자립마을 중장기 계획'이 만들어졌다. 친환경 유기농업과 신재생에너지의 활용, 대안 교육을 통해 농촌 공동체를 복원하

---

43) 장미정(2010) 재구성.

겠다는 것이다. 이 과정에는 부안군과 녹색연합 등이 함께하고 있다.

30가구가 사는 등용마을은 에너지 사용량의 30% 절감을 목표로 내걸고 집집이 고효율 전구로 바꾸었다. 또 재생가능에너지 50% 사용을 목표로 하여 시민햇빛발전소, 지열냉난방시스템, 풍력발전기, 자전거발전기, 바이오디젤 유채재배 등의 사업을 펼쳤다. 이를 실천하기 위해서 지역 주민교육을 시작하여, 어린이와 일반 대중들에게도 에너지를 절약하는 삶의 방식과 함께, 재생가능에너지의 가능성과 중요성을 알리는 교육활동으로 확대되었다.

<부안시민발전소>는 2008년 여름부터 마을의 재생가능에너지 시설을 활용하여 '햇빛과 바람의 학교'를 운영하였고, 체험교육을 통해 기후변화의 심각성과 지역에너지와 재생가능에너지의 가능성을 알리고 있다. 재생가능에너지학교를 통해 풍력발전기의 원리를 배우고, 자전거 발전기로 직접 에너지를 생산해보고, 태양열조리기를 이용해 식사를 조리해 먹고, 밤에는 전기 없는 생활을 체험해본다. 마을에서는 어린이들을 비롯해서 지역주민, 타 지역의 사람들에게까지 중요한 체험의 기회를 제공하고 있다. 또한 <생명평화마중물>을 통해서는 생명, 평화, 인권, 생태 등을 중심으로 하는 다양한 가치교육들이 이루어지고 있다.

③ 의미/시사점

사업을 만들어온 활동가는 핵폐기장 반대운동의 과정을 통해 얻은 이 마을의 가장 큰 자산은 '자치(自治)'라고 말한다. 반대운동의 과정에서 학습된 주민들은 에너지 문제의 대안을 적극적으로 고민하게 되었고, 그 결과 에너지의 선택권이 없는 우리나라에서 에너지 민주주의를 실현할 수 있는 중요한 실험이 진행되고 있다.

그 과정을 경험한 지역 주민들은 모두가 이미 지속가능발전교육의 중요한 학습자이다. 비판적 사고와 불확실성에 대한 의사결정, 경제-사회-환경의 통합적인 사고가 그들의 자산이 되었다. 하지만 주민들은 거기서 만족하지 않았다. 중요한 환경갈등 상황에서 생명과 평화를 생각할 줄 아는 미래세대를 위해 투자하고 있었다. 스스로 환경문제의 대안을 만들어가는 역량과 책임 있는 시민들로 성장해갈 수 있도록 기꺼이 스스로 마중물이 되고 있었다.

이 사례는 환경갈등을 극복한 마을의 주민들이 교육과 실천에 참여하여 스스로 다음 단계의 변화를 만들어간다는 측면에서 중요한 의미를 갖는다. 이는 천주교 공동체가 중요한 역할을 하고 구심점이 되어주었기에 가능했는지도 모른다. 또한 아직은 실험하는 과정에 있다. 2015년 그들의 계획이 종료되는 시점의 마을의 모습은 어떻게 그려질 수 있을까? 성급한 판단보다는 지속적인 관심과 지원이 필요하다.

2000년대 중반 이후	연대와 협력으로 한 단계 도약

17. [2005년~] 여럿이 또 함께－<한국환경교육네트워크(KEEN)>의 '환경교육한마당'

① 개요

<한국환경교육네트워크(Korea Environmental Education Network; 이하 KEEN)>는 우리나라의 환경교육 관련 기관, 단체, 개인을 연결하는 국가 수준의 포괄적인 의사소통과 정보교류를 위한 열린 조직으로, 2004년 하반기부터 준비 작업에 착수하여 2005년 1월 준비대회를 거쳐 2005년 6월에 창립되었다.

환경교육단체와 환경교육가들은 개별적으로 혹은 개인적으로 각각의 영역에서 활동해왔지만, 환경교육정책이 제도화 단계에 접어들면서 쟁점은 가시화되었고 서로의 소통과 연대의 필요성이 분명해졌다. 이런 상황에서 KEEN은 환경교육가들이 함께 힘을 모으고 각각의 총합의 힘을 넘어서 한 단계 올라설 수 있는 계기를 만들어주었다.

KEEN은 교육시민단체 활동가에서부터, 개인 환경교육가, 정부와 지자체, 연구자, 학계 전문가까지 포함하는 넓고 느슨한 연대로 출발하였다. 그동안에는 해마다 '환경교육한마당' 행사를 주최하는 등 정보공유에 중점을 두어왔으나, 최근에는 환경교육정책 대응활동을 전개해가면서 단체의 정체성에 대한 재논의가 진행되기도 하였다.

② 과정

우리나라에서 환경교육은 크고 작은 단체와 학교, 기업, 지자체 등 전국 곳곳에서 다양한 주체들에 의해 이루어져 왔다. 환경교육의 전개과정에서 나타난 다양화와 분화는 역으로 통합의 필요성을 제시해주었다. 국가적 차원의 환경교육이 제도화되는 단계에서

연대의 필요성을 절감하게 된 것이다. 또한 급속한 환경교육의 분화와 발전 과정에서 서로의 성과를 공유하는 것도 중요한 과제가 되었다. 이러한 상황에서 환경교육가, 활동가, 전문가들이 서로의 활동과 정보를 공유하고 공통의 고민을 해결하며, 서로의 활동을 응원하고 지지할 수 있는 네트워크 형성은 자연스러운 것이었다. KEEN은 출범 이후 '인간과 자연이 하나이고, 교육이 지속가능발전을 위한 우리의 미래'라는 생각으로 느리고 작은 걸음을 계속해오고 있다.

KEEN은 정책적으로는 2008년 3월 '환경교육진흥법'의 제정까지 세부 조항들의 쟁점에 대해 토론하고, 이후 지자체들의 환경교육진흥법 실행을 위한 조례 제정과 법제적 체계화를 꾀하는 데 일정 역할을 담당해왔다. 최근에는 환경교육진흥법 시행과정에서 나타난 문제점에 대해 환경교육단체들의 의견을 모으고 대응하는 역할을 하기도 했다. 한편으로는 전국 네트워크 조직으로서 지역 네트워크와 조직적인 네트워크의 활성화를 이끌어내기도 했다. 특히 지역의 다양한 이해당사자들과 환경교육단체들이 참여하는 광역별 환경교육네트워크의 구축과 광역자치단체별 교육현황 평가와 네트워크 양성, 환경교육정책 과제 관련 지역별 워크숍 등을 진행해왔다. 제도화 이후 네트워크의 활동도 다소 침체되었는데 그런 상황 속에서도 매년 환경교육가들과 지역민들이 참여하는 '환경교육한마당'은 전국 각지의 시민환경지도자들의 활동을 공유하고 새로운 교육정보를 공유하는 장으로 자리를 잡았다.

③ 의미/시사점

네트워크는 공동으로 해결해야 할 문제가 있을 때 긴밀하게 움직이다가도 구심점이 약해지면 시들해지기도 한다. KEEN도 초창기의 역동성이 그대로 이어지지는 않았지만 공동의 이슈가 대두되었을 때 다시 집중할 수 있는 기반을 마련했다는 점에서 중요한 의미를 갖는다. 환경교육에 애정을 갖고 네트워크 회원들은 매년 '환경교육한마당'을 통해 환경교육의 위치를 서로 확인하고 환경교육 활성화를 위한 해당 기관과 참여 단체 간의 연대와 협력을 이끌어내고 있다.

앞으로도 KEEN은 국가수준의 환경교육정책 시행이 바람직한 방향으로 갈 수 있도록, 그리고 각각의 환경교육 주체들이 서로 협력을 통해 더 큰 지향을 만들어갈 수 있도록 소통하는 창구이자 허브의 역할을 해내야 할 것이다. 따로 또 같이, 그리고 여럿이 함께 한 걸음을 내딛을 때 환경교육에 거는 기대와 희망도 커질 수 있다.

18. [2006년~] NGO-기업 장기 협력으로, 생태복원에서 국제이해까지-<환경운동연합>과 <에코피스아시아>의 "초원보전생태투어"[44]

① 개요

NGO의 지속가능발전교육을 실행하는 데 있어서 가장 어려운 점은 안정적인 재정확보에 있다. 재정적 부담은 교육전담 인력의 부재, 업무의 과중, 재교육 기회의 부족 등 다른 부작용들로 악순환하는 것이 더 큰 문제이다. 대부분의 NGO들은 이러한 문제의 해결과 동시에 질적 향상을 위해 고군분투한다. 1990년대 중후반, 기업과 언론은 대중들의 환경인식 확산에 적극적으로 참여하기 시작했다. 2000년대에 들어와서는 사회적 책임과 사회공헌활동이 확산되면서 NGO와 기업협력의 사례가 생기기 시작했지만, 일회성 이벤트나 단기사업에 머무르는 경우가 많았다.

본 사례는 NGO와 기업의 장기적 협력체계를 토대로, '환경복원사업'과 '생태문화체험'의 두 축을 중심으로 이루어진다. 협력이 지속되면서 경제적・사회적・환경적 측면의 총체적 복원과 성과를 가시화하는 동시에, 그 과정에서 다양한 주체들의 인식증진과 학습과정을 이끌어냈다는 점에서 큰 의미를 둘 수 있다.

② 과정

<에코피스아시아>는 초기 환경단체의 사막화 방지를 위한 사업팀에서 출발하여 환경복원운동의 전문화 과정에서 독립하게 된 단체이다. 2003년부터 중국의 기업과 정부기관과의 협력을 이끌어내며 길림성 서북부의 초지조성 복원사업으로 출발하였다. 이어 2006년에는 한국기업의 협력을 본격화하게 되면서, 내몽고의 초원보전 활동을 전개하게 된다. 초기에는 관련자와 연구자들이 중심으로 참여하는 국제심포지엄이나 토론회 등이 주요 학습과정이었다. 사업 진행 과정에서 복원과정에 참여한 현지 지역민들의 변화라는 학습과정이 드러나기 시작하고, 순차적으로 관조자로서의 주변 현지 지역민들이 학습과정을 경험하게 된다. 초기에는 자국, 자기 지역을 보호하려고 온 외국단체에 대한 호기심을 가진 현지인들과 국제이해를 돕는 교류회(대학생) 프로그램으로 진행하였다. 기업협력으로 가시적 성과와 함께 시민들의 인식 증진을 위한 프로그램을 고민하게 된

44) 장미정(2010) 재구성.

다. 2007년부터는 한국의 대학생과 시민, 중국 현지 학생들이 참여하는 초원보전을 위한 생태문화체험프로그램이 자리잡게 된다. 연간 5~6차례 봉사단이 파견되어, 환경복원 봉사활동과 함께 초원생태계 체험, 유목민 문화체험, 자원순환 생활체험 등의 활동을 통해 대중인식 확산에 기여해왔다. 통역 자원봉사로 참여했던 학생들은 몇 해째 적극적으로 활동에 참여하고 있기도 하다.

정리하자면, 본 사례에서 발견되는 주요 학습과정은 첫째, 참가자들은 1) 초원생태계 및 유목민들의 경제적·사회적·환경적 문제에 대한 통합적 이해, 2) 생태문화체험을 통한 국제이해와 환경감수성 증진, 3) 환경보전 및 환경복원활동에의 실천적 경험을 통해 나타난다. 둘째, 현지 지역주민들은 4) 자기 지역 환경에 대한 이해와 중요성 인식, 5) 자기 문화에 대한 소중함 인식, 6) 생산 활동 방식 혹은 생활양식의 실천적 변화 등의 학습과정이 나타난다. 셋째, 참여 기업은 7) 사회적 책임으로서의 사회공헌활동이 미치는 영향을 경험하게 되고, 8) 직원들이 봉사활동에 직접 참여하는 학습기회를 만들게 된다.

③ 의미/시사점

프로그램을 기획 총괄한 NGO 담당자는 본 사업의 성공요인으로 기업의 장기적 협력에 대한 신의(信義)를 들었다. 정체성이 서로 다른 두 주체가 만났을 때, 협력을 지속해 가는 일은 쉽지 않다. 이 때문에 많은 경우 기업협력은 일회성에 그치거나, 단기간에 중단되기도 한다. 공동의 표어를 가지고 시작한다는 것이 곧 공동의 목적을 갖는 것은 아니다. 사업이 진행되면서 각 주체의 기대하는 바가 구체화되는 과정에서 갈등이 생기기 마련이다. 본 사례에서도 마찬가지이다. '해피무브(Happy Move)'에 대한 상이 기업과 NGO가 같았을 리 없다. 잘 준비된 사업이었고, 효과도 좋았지만 조직의 위상 변화 등으로 어려움이 있었다. 하지만 몇 년의 협력과정에서 사업내용에 대해 학습된 기업은 신의를 택했다. 기업협력 사업의 관건은 서로의 신의를 어떻게 이어가느냐에 있다.

이 사례에서도 아쉬운 점은 있다. 기업협력의 경우 개인의 변화보다는 사회적(다수의) 변화로 대규모화된다. 때문에 외부적 이미지 확산에 기여할 수 있는 것이 주요 성과지표가 된다. 기업의 관점에서 본다면, 초원복원 사업은 알칼리화된 하나의 큰 호수를 초록색으로 바꾼다는 점에서 눈에 보이는 환경적 성과가 드러나므로 흥미 있는 사업이다. 게다가 대규모 봉사단이 파견되고, 복원과정에 참여하고, 지켜보는 많은 사람들이 학습과정에 참여할 수 있다는 것은 성과적이다. 그러나 교육적 관점에서 본다면, 초기에 시도했던 한

중 대학생 교류회라든지, 소규모 초원복원 생태체험 프로그램들에서 볼 수 있었던 개개인의 변화와 학습과정은 대규모화되면서 약화될 수밖에 없다는 점이 아쉬움으로 남는다.

그럼에도 불구하고 기업과의 협력이 어떠했을 때 지속가능발전교육의 다양한 가치들을 성과적으로 실현해낼 수 있는지 확인할 수 있는 좋은 사례로 평가된다.

19. [2007년~] 나부터 지역이 함께, 아토피 없는 학교 만들기-<여성환경연대>의 '굿바이 아토피'[45]

① 개요

환경오염은 초기에는 자연환경에 먼저 영향을 미치게 되지만 점차 생태계 피라미드의 높은 단계에 있는 사람의 몸, 건강의 문제로 확대되기 마련이다. 아토피 질환은 원인불명 질환의 하나로 환경오염으로 인한 환경성 질환으로 알려지기 시작하면서 주목을 받기 시작했다. 1990년대 후반부터 환경단체들을 중심으로 아토피 문제는 미래세대를 위한 환경문제해결의 주요 의제로 꾸준히 다루어져 왔다.

초기에는 질환을 가지고 있는 당사자와 그 가족들을 중심으로 생활방식을 바꾸는 등 치료방법에 대한 모임을 중심으로 교육이 이루어졌다고 볼 수 있다. 하지만 발병률이 급속도로 증가하고 사회적으로도 환경성 질환에 대한 인식이 확산되면서, 더 이상 개인의 문제가 아니라 사회적 문제로 인식하기 시작하였다. 이후 대중들에게 환경성 질환의 위험성을 알리고, 식생활과 생활양식을 개선하는 운동으로 진행되었지만 여전히 대중에게 개개인이 스스로 극복해야 할 문제로 알리는 데 머물렀던 측면이 있다.

본 사례는 이전에 이루어져 왔던 피해자 등 개인 중심의 교육을 지역의 문제, 공동의 문제로 만들어냈다는 측면에서 의미를 찾을 수 있다. 지역을 중심으로 학교와 기업, 보건소 등이 연계하여 문제해결과 예방을 위한 공동의 노력을 이끌어냈다는 점이다. 이를 통해 환경과 건강뿐 아니라 인권, 빈곤완화, 지속 가능한 도시와 촌락, 지속 가능한 생산과 소비의 개념까지 확장시켰으며, 인식증진 및 역량강화, 실행과 참여, 성과와 효과, 파트너십과 네트워크의 기능들을 수행했다는 점에서 지속가능발전교육의 좋은 사례로 평가할 수 있다.

---

45) 장미정(2010) 재구성.

② 과정

환경운동이 활성화되기 시작하면서, 환경문제에 대한 이해도 점차 깊어졌다. 아토피가 환경성 질환으로 알려지게 되면서, 아토피를 앓는 아이들을 키우는 엄마들을 중심으로 모임이 만들어졌다. 2004년 <환경정의>의 '다음을지키는사람들'에서 발행한 『차라리 아이를 굶겨라』는 책에 폭발적 관심이 반영되기도 했고, TV 프로그램에서도 환경과 건강을 주제로 한 다큐멘터리 프로그램들이 인기리에 방영되기도 했다. 이제 먹을거리와 건강은 환경문제에 있어서 주요 의제로 자리 잡기 시작했다. 초기부터 모임에 참여했던 사람들은 점차 깊이 문제를 들여다보게 되면서 먹을거리 및 유해물질과 관련한 환경강사로 성장하였고, 이후에도 많은 여성들을 환경운동에 참여시키는 매개가 되어 다양한 모임과 활동을 태동시켰다.

본 사례는 이러한 활동들에 영향을 받고 만들어진 여성환경연대의 지역모임이 주축이 되어 진행된 '굿바이 아토피'라는 프로그램이다. 2007년에는 모델을 만들었고, 2008년에는 확산해가면서 효과를 검증하는 단계를 거쳤으며, 2009년에는 전문화 단계로 이어갈 수 있었다. 누구나 생태적으로 살아갈 수 있는 지속 가능한 사회를 만들기 위해 학교를 중심으로 의료기관, 기업, 시민단체와 시민 등 지역사회 구성원들이 모두 참여하는 통합적 시스템을 만들어냈다. 한편으로는 저소득층 아토피 어린이들을 지원하고 여성이 행복해야 어린이도 건강하다는 인식에서 부모 모임을 통해 여성 스스로 행복해지고 치유해갈 수 있는 체계도 마련하였다. 이 과정에서 기업이 참여하면서 사회적 공헌활동의 하나의 모델을 제시하기도 하였다.

학교 중심의 교육 프로그램으로는 전교생 아토피 검진, 실태 및 인식 설문조사, 아토피 및 환경교육, 부모와 교사교육 등을 실시하였고, 아토피 특별반 운영, 유기농 생산지 견학, 친환경 급식 지원, 실내 공기 질 모니터링, 생태텃밭 교육, 아토피캠프 등을 진행하였다. 이 과정에서 자기 지역의 자원봉사자들은 환경건강관리사라는 환경강사로 성장하여 활동할 수 있었다. 또한 교육에 참여한 아이들은 치료는 물론이고 자존감 향상이나 텃밭교육을 통한 생명감수성 회복의 효과도 확인할 수 있었다.

③ 의미/시사점

얼핏 보기에는 새로울 것 없지만 연구자가 의미를 둔 것은 건강의 문제를 개인이 아닌 지역공동의 문제로 인식시키면서 지역의 거버넌스를 만들어냈다는 점이다. 구체적으로 지역의 학교를 중심으로 민・관・기업의 거버넌스로 확대해가면서 그 과정에서 다양한 주체들이 참여하였고, 지역사회 내 통합관리 시스템이 만들어졌다. 앞으로 환경문제가 심화된다면 우리 몸의 환경문제 역시 자연스럽게 심각해질 수밖에 없다. 때문에 환경과 건강문제를 개인의 몫으로만 짐을 지우지 않고 지역사회 공동의 노력으로 극복하고자 하는 시도라는 점에서 시사하는 바가 크다고 할 수 있다.

한편으로 아토피 질환과 같은 원인불명의 질환들은 너무나 많은 요인들이 복합적으로 작용한다. 즉, 단순히 먹을거리를 바꾼다거나 거주공간을 바꾼다거나 해서 바로 치료되는 것은 아니다. 지속 가능한 사회의 삶의 방식으로 다차원적인 변화가 필요하다. 우리 사회의 모습이 그렇듯 환경문제를 해결한다거나 경제문제를 해결한다고 해서 바로 치유되는 것이 아니라는 사실이다. 때문에 이 사례와 같이 지역을 중심으로 재생력을 갖춘 통합관리시스템이 만들어져 성과와 효과는 물론이고 그 과정에서 실행과 참여를 이끌어내는 것이 중요하다.

6장 연대기별 주요 활동사Ⅱ
: 공추련 – 환경운동연합 – 환경교육센터 사례를 중심으로

1. [1988년~] 환경운동가를 양성해낸 '배움마당'에서 '생태인문강좌'까지

① 개요

1980년대 후반에 들어서면서 환경교육운동의 초기형태로 볼 수 있는 강좌들이 생겨났다. 대표적인 것이 1988년 공추련(공해추방운동연합)의 창립과 함께 열렸던 '배움마당'이다.[46] 당시 공추련은 대중화와 전문화를 표방하면서 총무, 조직, 선전, 교육의 4개 부서를 두고 활동을 할 정도로 교육의 비중이 컸다(한겨레, 1990/10/2). 1970년대 크리스찬아카데미 대화모임이 지식인 그룹의 환경문제 인식의 공부모임이었다면, 당시 공추련에서 실시했던 '배움마당'과 '공해추방을 위한 여성교육' 등은 반공해운동의 맥락에서 운동적 지향이 명확하면서도 일반대중을 대상으로 비제도권 영역에서 짜임새를 갖춘 사회교육의 형식을 갖추었다는 점에서 환경교육운동사에서 중요한 의미를 갖는다.

이 프로그램은 환경운동이 민주화운동의 일환으로 진행되었던 시대적 상황 속에서 환경교육은 사회 정의적 관점에서 환경문제를 이해하는 시각을 제시하는 것을 주요 내용으로 하였다. 이후 환경운동연합의 '환경전문강좌', '수요환경강좌', '시민환경학교', '어머니환경대학', '대학생환경캠프' 등 시민 중심 환경교육 활동으로 이어졌고, 환경교육센터의 '전문환경강좌', '시민환경학교', '사회환경교육 아카데미', '활동가 양성과정' 등으로 맥을 이어오고 있다.

② 과정

공추련–환경연합–환경교육센터로 이어온 성인대상 전문교육 프로그램은 시민교육을 표방하면서도 적극적 참여자들을 운동가로 양성해내면서, 환경운동과 환경교육운동의 형성과 전개과정에서 중요한 역할을 한 것으로 평가된다. 1980년대 후반에서 1990년대 초반

---

46) 전의찬(1992)은 환경문제에 대한 주민참여와 사회 환경교육의 현황과 개선대책을 연구하면서, 공추련이 그 전신인 공해방지시민운동협의회에서부터 시작하여 국내 최초로 환경교육프로그램을 실시하였다고 언급하였다. 그에 따르면 '배움마당'은 1992년까지 평균 50명씩 연 2회에 걸쳐 진행되어 11기를 배출하였고, '공해추방을 위한 여성교육'은 7기까지 배출하였다. 이후 '공해추방을 위한 여성교육'은 환경운동연합의 '어머니환경대학'으로 이어졌다(월간 환경 창간준비호, 1993년 6월호).

까지만 하더라도 패러다임, 철학, 정책, 운동이념 등의 거대 담론이 중심이었고, 대학생과 직장인을 주요 대상으로 하고 있었다. 1990년대 후반 사회운동의 흐름이 거대 담론에서 생활세계 담론으로 변화하면서 전문 강좌는 잠시 중단되었기도 했다. 새로운 변신이 필요했고, 교육내용의 폭과 대상을 차별화하는 선택을 했다. 환경운동이 대중화되면서 다양한 주체들이 참여하기 시작했고, 환경운동의 내용 영역도 넓어졌다. 생활세계와 관련한 영역은 시민강좌의 주제에 반영되었고, 전문적 환경문제는 현장을 중심으로 다루게 되었다.

이후 2002년의 제8기 환경전문강좌는 '환경운동 현장을 찾아서'라는 주제로 진행되었는데, 수강자들은 후속모임으로 월 1회 환경 관련 책을 읽고 토론하는 회원모임인 '반박자'로 조직되어 현재까지 활동해오고 있다. 참가자들은 전국 각지의 환경현장을 찾아다니며 주민들을 만났고, 그 과정에서 환경운동가나 환경교육가로 생애전환의 계기를 만들기도 하였다. 한편 2003년 진행된 '대학생 환경캠프'는 대안사회 체험을 진행하기도 했다. 이 밖에도 환경활동가의 비전개발과 활동역량을 강화하는 '환경활동가 재교육 과정', 사회 환경교육의 의제를 심층적으로 학습하고 논의하는 '사회 환경교육 아카데미', 인문환경이나 생활환경 등을 주제로 한 '시민환경강좌' 등의 프로그램으로 분화되면서 발전해왔다.

③ 의미/시사점

이처럼 성인대상 시민환경교육 프로그램들은 일반 대중들이 참여할 수 있는 시민교육을 표방했지만 결과적으로는 운동가를 양성해내면서 운동의 확대재생산의 역할을 해왔다. 때로는 운동의 의제를 심도 있게 발전시키기도 하고, 때로는 회원모임으로 발전되어 삶 전반에 영향을 미치는 결과를 가져오기도 했다. 또한 이 프로그램들은 환경운동가와 전문가, 시민들이 만나고 소통하는 장으로서의 역할을 해왔다. 최근에는 환경교육의 주체들이 보다 다양해지고, 환경주제 영역도 다양해짐에 따라 내용뿐만 아니라 형식에서도 다양한 시도가 필요해졌다. 보다 많은 시민들이 참여할 수 있는 새로운 시도들은 타 영역과의 통합적 주제접근과 참여적 의사결정과 같은 열린 방식의 프로그램 등이 필요한 시점이다.

2. [1993년~] 자연을 닮아가는 아이들, 50기를 넘어선 '푸름이 환경캠프'

① 개요

1970년대부터 공해교육으로부터 시작되어 계몽 중심으로 전개되던 우리나라의 환경교육은 1980년대 인지적 영역의 지식 중심으로 학교 교육과정에 도입하기 시작하였다. 이후 1990년대에 인지적 영역과 함께 정의적 영역이 강조되면서 특히, 자연과의 접촉을 통해 환경감수성을 증진할 수 있는 기회를 제공할 수 있는 체험환경교육이 민간단체를 중심으로 확산되기 시작하였다(환경부, 2002). 특히 환경캠프나 생태기행과 같은 체험프로그램이 활발히 진행되었는데, 이는 개별화되고 도시화된 생활에서 벗어나 자연 속에서의 오감체험, 관찰, 탐구학습 등의 직접적 체험과 공동체 생활을 통하여 학생들에게 환경에 대한 관심의 증대와 태도의 변화를 위해 노력해왔고, 이를 통해 자연에 대한 가치와 생태적 감수성을 배양하는 데 기여해왔다(환경부, 2002).

1993년 환경운동연합(이하 환경연합)의 전신인 공해추방운동연합의 주말 어린이 환경학교를 모태로 시작한 '어린이 환경캠프'는 초창기 봄, 여름, 겨울방학을 이용하여 진행되었다. 2003년부터는 '푸름이 환경캠프'라는 이름으로 방학 때마다 꾸준히 진행해오면서, 환경교육센터의 어린이 청소년 대상으로 하는 대표적인 프로그램으로 자리매김해왔다.

② 과정

1993년 시작된 환경연합의 '어린이환경캠프'는 교육전문 부설기관인 환경교육센터에서는 '푸름이 환경캠프'라는 이름으로 현재 50기가 넘게 지속되어 왔다. 초기부터 어린이환경캠프는 자연의 소리 듣기, 관찰하기, 친구 되기 등과 같이 오감체험을 통해 자연 속에서 느끼고 체험하는 프로그램이 중심을 이루었다. 여기에 더해 1990년대 후반부터는 자연과 생태체험뿐 아니라 지역 문화와 역사 등의 주제와 연계한 프로그램이 진행되었다. 2000년대 들어서는 환경캠프의 주제가 보다 다양해졌다. 2004년 '에너지캠프'와 '환경동요캠프', 2006년 '기후캠프'와 '국제이해캠프', 2008년 '환경동화캠프', 2011년 '환경리더십캠프' 등 같은 주제라도 다양한 매체나 교육방식을 특화하거나, 특정한 주제영역의 심화한 주제형 캠프들이 많아졌다.

이미 환경캠프는 환경단체를 포함한 사회단체들뿐 아니라 기업이나 기관, 학교 등에서도 보편화되어 실행되고 있다. 환경교육센터에서 수행하고 있는 환경캠프도 초기에는 주로 회원 중심의 환경캠프가 주를 이루었으나, 최근에는 기업이나 기관에서 위탁하는 환경캠프의 횟수가 점차 늘어나고 있다. 이제는 많은 캠프들 중에서 어떤 캠프가 바람직한 캠프인지를 선택해야 하는 시대가 되었다. 이런 흐름 속에서 환경연합에서 이어온 환경교육센터의 '푸름이 환경캠프'도 그간의 활동에 대한 성찰과 변화가 필요했다. 2005년에는 '지속 가능한 생태환경캠프'를 주제로 한 토론회를 진행했고, 이후 기획진행 전문가 양성과정 프로그램을 진행해왔다. 하지만 아직은 해결해야 할 과제가 더 많다. 그간 환경캠프가 담당해온 역할을 앞으로 어떻게 이어갈 수 있을지, 관성에서 벗어나 한 단계 도약이 필요한 시기로 평가된다.

③ 의미/시사점

생태환경캠프는 새로운 공간과 공동체 속에서 깨달음을 얻을 수 있는 교육의 기회가 될 수 있다. 실제로 그간의 생태환경캠프는 자연에서 소외된 아이들이 자연에서 생태적 감수성을 일깨우고, 자연의 가르침을 경험할 수 있는 좋은 기회가 되어왔다. 아이들이 자연으로 나갔을 때, 단지 자연을 보호해야 할 대상으로 느끼는 것이 아니라 자연과 인간이 공존하고, 개발과 보존 사이의 갈등을 해결해나갈 수 있는 지혜를 찾는 중요한 교육적 경험을 하게 된다. 또한 때로는 인간사회에서 벌어지는 환경문제에 대해 이해할 수 있는 기회가 되기도 한다.

하지만 아직 풀어야 할 과제가 더 많다. 초창기 생태환경캠프가 미래 세대의 환경인식 확산과 환경교육운동의 대중화에 기여해온 반면, 다른 한편으로는 상업화나 사교육의 일종으로 퇴색되는 경향도 나타났다. 주체가 다양해지고 프로그램이 보편화되면서 수많은 환경캠프가 본연의 목적을 달성할 수 있도록 노력해야 하는 시기가 된 것이다. 바람직한 생태환경캠프는 새로운 지식이나 정보제공보다는 새로운 삶의 가치나 생활방식을 체험을 통해 인식을 전환하는 계기가 될 수 있어야 하고, 우리 시대에 필요한 환경가치를 공유할 수 있는 장이 되도록 노력해야 할 것이다.

3. [1997년~] 동강에서 금강산까지, 15년을 걸어온 '푸름이 국토환경대탐사'와 '지구촌 공정여행'

① 개요

1990년대 초반 환경캠프를 중심으로 한 체험환경교육이 활발히 진행되면서 어린이들의 환경교육 기회가 확대되었다. 어린이 환경교육 프로그램이 자리를 잡아가면서 대상이 청소년까지 확장된 체험환경교육 프로그램이 시작되었다. 이런 맥락에서 1997년 시작된 '푸름이 국토환경대탐사'는 어린이와 청소년들이 참여하여 중요한 환경 현장이나 아름다운 산하를 도보탐사를 통해 체험하고 돌아보는 보다 적극적 형태의 탐사 프로그램이다.

이전의 어린이 환경캠프가 한 장소, 한 지역이나 마을 내에서 생활하면서 배우고 느끼는 활동이 주를 이루었다면, 국토환경대탐사 프로그램은 보다 장기간에 걸쳐 이야기와 테마가 있는 혹은 환경적 의미가 있는 구간을 선택하여 직접 발로 걸으면서 느끼고 깨닫는 과정을 중심으로 진행되었다. 참가대상도 초등학생에서 중학생까지 확대되었고, 참가 규모도 통상 70~200명까지 더 커졌다. 도보탐사는 환경뿐 아니라 자신을 성찰할 수 있는 시간을 가질 수 있고, 육체적으로 힘든 과정을 참가자들과 함께 하는 공동체 생활 속에서 극복해간다는 점에서 한층 성숙한 프로그램이 되었다.

매년 여름에 진행된 국토환경대탐사는 선호하는 마니아층이 형성되면서 고정 참가자들이 지속적으로 참여하여, 공동의 경험을 만들며 성장했다. 이 프로그램 역시 15년을 이어오면서 최근에는 현시대의 요구에 맞는 프로그램으로 질적 변화를 시도하고 있다.

② 과정

1997년 '생명의 젖줄 한강 대탐사'라는 주제로 시작한 '푸름이 국토환경대탐사'는 초・중학생 어린이 청소년을 대상으로 하는 프로그램으로 시작되었다. 초기에는 기업후원으로 200명이 넘는 대규모 국토탐사단으로 출발하였다. 아름다운 자연환경뿐만 아니라 파괴되었거나 개발이 진행되고 있는 곳, 파괴될 위험에 처한 현장을 직접 자신의 발로 돌아봄으로써 환경보존의 중요성을 깨닫게 하는 데 목적을 두고 한반도의 국토 전역의 현재를 체험하는 프로그램이다.

이 프로그램은 적게는 70명에서 많게는 200명이 넘는 어린이 청소년(통상 초등학생

3학년~중학생)이 여름방학 기간 중 6~7일 동안 강, 산, 섬이나 바다 등지를 도보로 탐사하는 것에 중점을 두었다. 프로그램 진행 장소는 제주도, 전라도, 강원도, 경상도 등의 강(1기 한강, 2기 섬진강, 3기 동강, 11기 낙동강), 산(8기 지리산, 9기 강원도, 10기 금강산, 13기 지리산), 섬과 바다, 습지(4기 서해안 갯벌, 5기 남도 섬마을, 6기 제주도, 7기 남해, 9기 석호, 10기 DMZ, 14기 제주도), 마을(11기 통영 일대, 13기 지리산 둘레길 마을)을 중심으로 매회 변화를 꾀하며 이루어졌다.

낮에는 걷고, 저녁에는 하루를 정리하면서 느낀 것을 정리하고 나누는 프로그램이 진행되었다. 매년 여름 정기적이고, 지속적으로 진행해오면서 이 프로그램의 초창기 참가자는 성인이 되어 다시 자원교사로 참여하는 사례가 늘어났다. 탐사에 참여하는 자원교사는 탐사 기간 내내 제각각 살아온 삶의 방식이나 성격 등을 조절하면서 한 가족이 되어 배려와 협력으로 공동체 의식을 갖게 하는 데 큰 역할을 하게 된다.

한편 지역의 생태, 문화, 역사 탐방을 겸하면서 지역의 환경과 문화, 그 속에서 살아가는 개인과 마을, 환경에서의 삶, 자연과의 공존에 대해 생각할 수 있는 프로그램이 되었다. 나와 우리, 나와 자연과의 관계에 대해 다시 생각해보는 것이 점차 중요한 목적이 되었다. 때문에 이 프로그램은 계획 수립 단계에서부터 현지의 사정을 잘 알고 있는 현지 단체와 결합하여 공동 주최로 진행하는 경우가 많아지면서, 지역단체들과의 협력형 사업으로 자리를 잡았다.

그러나 최근에는 국토탐사의 지속성과 차별성에 대한 논의가 진행되었다. 이제는 다른 기업이나 다른 단체들에서도 유사한 프로그램들을 실행하고 있기 때문이다. 초기에는 회원 중심의 프로그램이면서도 기존의 환경캠프와 생태기행을 조합하여 체험환경교육의 한 영역을 만들어내면서 다른 프로그램과 차별화될 수 있었지만 이제는 보편적인 프로그램이 되었다.

2012년 여름, 환경교육센터는 질적 변화를 위한 새로운 시도로 공정여행을 시도했다. 청소년 대상의 '제1기 지구촌 공정여행'은 지속가능발전교육의 차원으로 환경캠프의 영역을 넓히면서 변화를 시도한 사례이다. 우선 대규모화된 교육프로그램이 갖는 관성에서 탈피하면서, 환경의 주제영역을 지속 가능한 사회라는 우리 시대에 맞는 가치로 확장시키고 지구촌으로 지역의 관점을 확장시켰다. 참가대상도 청소년과 청년 멘토와의 결합이라는 새로운 시도를 하였다. 그간 어린이청소년 프로그램 진행 시 인식수준의 차이가 큰 것이 돌봄과 공동체 체험의 긍정적 역할을 해오기도 했지만, 심도 있는 가치토론이나 의사결정에 관한 과정은 약화될 수밖에 없었다. 청소년과 청년 대학생 멘토와의 만남은 청소년들의 자발성을 훼손하지 않으면서도 대학생들에게는 리더십을 경험할 수 있어서 두 대상 모두에게 능동적이고 긍정적인 작용을 할 수 있음을 확인할 수 있었다.

③ 의미/시사점

최근 둘레길 등 도보기행이 하나의 문화로 형성되었다. 문화는 한 사회의 전반적인 삶의 모습을 반영하는 만큼 큰 영향력을 갖는다. 우선 국토환경대탐사는 환경캠프와 생태기행의 접점에서 또 하나의 문화를 만들어냈다는 점에서 의미가 있다.

한편 우리 세대의 어린이 청소년들은 도시에서 태어나고 성장하면서 점차 자연에서 고립 혹은 소외되어 왔다. 이런 사회적 맥락에서 청소년들에게 도전적이고 적극적인 환경체험의 유형을 제시하면서, 그 과정 속에서 사회적 가치와 그 사회 속에서 어떤 가치를 선택하여 살아갈 것인가 하는 자기 성찰의 기회를 만들어왔다는 점에서 교육적 의미를 둘 수 있다.

긴 역사를 가진 국토환경대탐사는 여기서 머물지 않는다. 자기반성과 함께, 다시 우리 시대에 필요한 가치를 점검하고 또 다른 영역에 도전하고 있다. 지구촌 공정여행은 바람직한 여행문화와 국제이해 차원에서 공정한 소비, 전통과 문화의 조화 등 실천적 역량을 키울 수 있는 통합형 교육 프로그램의 시도라는 점에서 주목할 만하다. 앞으로 청소년들에게 공존의 가치를 찾아가는 프로그램으로 자리매김할 수 있기를 기대해본다.

4. [1999년~] 시민을 환경교육가로, '시민환경지도자 양성'과 '교사 연수'

① 개요

환경교육운동이 확대되고 자리를 잡아갈수록 교육가 혹은 지도자의 역량이 중요해졌다. 환경교육운동이 형성되던 초창기에는 환경교육의 수요가 많지 않았고, 환경운동의 한 영역으로 진행되었기 때문에 기존에 환경운동을 해오던 활동가들과 환경문제에 상대적으로 관심이 많은 전문가들이 주축이 되었다. 그러나 1990년대 중・후반부터는 환경교육의 대중화와 함께 체험환경교육을 중심으로 환경교육이 급속히 확장되었다. 학교환경교육에도 교과독립과 함께 대학교와 교육대학원, 교사 연수에 '환경교육'과가 개설되어 교원양성이 진행되었고, 사회 환경교육 영역에서는 체험환경교육이 활성화되면서 생태안내자, 생태문화지도자 등의 시민지도자 양성과정이 시작되었다. 환경운동연합은 1999년부터 생태문화지도자 양성교육을 시작으로, 이후 다양한 분야의 시민환경지도자 양성을 통해 시민들을 환경교육가로 만드는 데 중점을 두었다. 처음에는 '생태' 안내자나 해설가 양성이 주로 이루어졌지만, 환경문제에 대한 관심영역이 확대되면서 하천지도자, 에너지기후지도자, 물교육전문가, 자원순환지도자, 생태환경캠프 지도자, 지역에 맞는 센터지도자, 유아생태환경지도자 등 새로운 전문지도자 양성과정을 개척해오고 있다.

② 과정

1999년 에코가이드(생태문화지도자) 양성과정으로 시작된 시민환경지도자 과정은 계속해서 새로운 영역을 개척해왔다. 2003년에는 공원이나 숲과 같은 가장 가까운 자연환경을 활용할 수 있는 생태안내자 양성과정을, 2005년에는 도심 속 궁궐을 활용한 생태안내자과정을, 2007년에는 환경의 각 영역을 망라하는 시민환경지도자 과정을, 2008년에는 하천 시민환경지도자 과정을, 2009년에는 기후변화와 에너지 지도자과정과 자원순환지도자 과정을, 2012년에는 물교육전문가 과정과 유아 생태환경지도자 과정을 진행했다. 2011년부터는 지자체에서도 직접 그린리더양성과정을 운영하면서 전 과정을 위탁해 진행하는 등 활동범위도 확장되었다. 이 과정에서 배출된 생태강사들은 '초록뜰'이라는 환경강사모임을 조직하여 정기적인 공부모임을 통해 수업안과 프로그램을 개발하면서 학교와 지자체 등과 연계하여 현장 환경교육에서 중요한 역할을 해오고 있다.

이 밖에도 교사 직무연수와 환경교사연수 등을 통해 학교 환경교육의 역량강화에도 힘써왔다. 2002년에는 교사를 위한 환경생태강좌를 통해 적극적인 환경교사를 대거 양성해내는 성과를 얻기도 했다. 이후로도 2006년에는 녹색소비와 로하스를 주제로 한 교사연수를, 2008년에는 지구온난화·에너지 주제 교사연수를, 2009년에는 숲 생태 주제의 교사연수를, 2012년에는 유아교사 연수를 진행하기도 했다.

시민환경지도자 양성은 환경에 관심 있는 시민들로 하여금 적극적인 사회참여를 이끌어내는 역할을 하면서도 자기 지역의 학교와 연계하는 '찾아가는 환경교실' 등의 후속활동을 통해 지역민이 자기 지역의 환경을 활용하면서 어린이·청소년을 교육할 수 있도록 하는 지역협력형 환경교육의 역할을 충실히 해오고 있다. 이처럼 시민환경교육 영역이 확장됨에 따라 환경교육진흥법에는 사회환경교육지도사 제도가 생기는 등 사회적으로는 경력단절 여성들에게 제2의 직업군으로 기대를 모으고 있다.

③ 의미/시사점

시민들을 환경교육지도자로 양성한다는 것은 적극적인 시민참여 영역을 개척하고, 시민들의 자기 주도적 환경교육을 이끌어낸 점, 지역을 잘 이해하는 지역주민들이 지역사회와 학교를 연계했다는 점, 교육활동을 통해 실천적 삶을 선택할 수 있다는 점, 환경교육운동의 주체를 확장시킨다는 점 등에서 긍정적 성과를 만들어냈다.

시민환경교육 지도자 양성 프로그램 역시, 이제는 여타의 단체들은 물론이고 정부나 지자체에서도 직접 운영을 시도할 정도로 대중화되었다. 그러나 급속히 확대되면서 부작용도 있다. 초기에는 자원 활동의 성격을 가진 자발적 시민모임의 활동으로 출발하였지만, 점차 제2의 직업군으로까지 인식되면서 교육의 동기가 희석되거나, 지속적이고 체계적인 교육이 이뤄지지 못하는 경우에는 질적 향상을 담보하기 어렵다. 또한 교육철학이나 윤리적 측면은 간과하게 되고, 대신에 기능적인 요소가 부각되기도 하였다.

이런 점에서 본다면 환경교육센터의 시민환경지도자 과정은 환경교육적인 목적이나 자세에 강점을 두고 있다는 점에서 의미가 있다. 주제별 전문 지식을 전달하기에 앞서 '환경운동과 환경교육의 궁극적 지향'은 무엇인지 '시민지도자의 역할과 자세'는 어떠해야 하는지를 다루고 있다. '무엇을'보다 '왜', '어떻게' 해야 하는지를 놓치지 않기 위해서이다. 환경교육에서는 환경교육가의 사회적 의식과 책임감이 매우 중요하다. 책임 있는 환경의식을 가진 교육가를 통해서만이 책임 있는 환경행동을 하는 환경적으로 건강한 시민이 양성될 수 있기 때문이다.

5. [2000년~] 가장 가까운 곳에서, 도심형 체험환경교육 '찾아가는 환경교실', '궁궐의 우리 나무 알기', '도시인의 문화환경기행'

① 개요

환경교육에서 '장소감(sense of place)'은 여러 의미를 갖는다. 장소는 교육의 장(場)으로서 공간적 의미 외에도 자기 지역이나 마을, 공동체 등에서만 느낄 수 있는 감성적 공감을 만들어내는 역할을 하기도 한다. 현장 중심의 환경교육은 환경을 직접적으로 체험함으로써 환경에 대한 이해와 더불어 환경 안에 있는 자기인식의 감수성 향상을 이룰 수 있다는 점에서 중요한 의미를 갖는다.

환경교육센터에서는 초창기 활동에서부터 장소감을 고려한 프로그램들을 진행해왔다.

매주 혹은 매월 정기적으로 서울의 현장탐사를 중심으로 운영해온 '푸름이 환경교실'과 궁궐이라는 도심 속 특별한 공간을 중심으로 한 '궁궐의 우리 나무 알기'는 회원들의 적극적인 참여 속에 진행되어 온 대표적인 현장체험교육 프로그램이다. 또한 2001년에 문을 연 '생태교육관'은 숲의 천이 등 생태적 정보를 체험을 통해 교육할 수 있는 전시공간과 서울 도심에서 찾아보기 힘든 커다란 고목이 있는 마당, 재생가능에너지를 학습할 수 있는 환경센터 건물, 주변에 위치한 고궁과 인왕산 등을 함께 활용하면서 방문체험 프로그램을 운영하였다. 2008년까지 유치원생부터 초·중·고등학생에 이르기까지 학교와 연계하여 규모는 작지만, 도심 속 체험환경교육의 장으로서 많은 역할을 해냈다. 이 밖에도 '도시인의 문화환경기행'과 같은 프로그램은 도시인의 특성에 맞게 문화적 코드를 부각시켜 전통문화, 영화, 미술관, 전시관 등의 요소들을 생태적 시선에서 바라보고 토론하는 방식을 시도하였다.

이러한 시도는 환경교육 초창기에는 숲이나 강과 같이 멀리 있는 자연환경을 찾아나서야 했지만, 도심 속에서 체험할 수 있는 자연환경의 요소를 찾아내는 한편, 현대인의 문화코드에서 환경적 요소를 접목시켜 체험의 영역을 확장시켜 왔다.

② 과정

환경교육센터 초기의 프로그램들은 어린이 대상 프로그램이 중심이 되었다. 2001년 '푸름이 환경교실'은 1~16기까지 어린이·청소년 대상 프로그램으로 매월 주제별 환경교실 프로그램을 운영하였다. 환경강의와 실내체험활동, 서울 시내 현장탐방을 동시에 진행하였다. 이후 2003년 17~25기까지는 가족 대상 프로그램으로 진행하였는데, 아이들을 데리고 함께 찾아오는 학부모들을 위한 부모교실을 별도로 운영하기도 했다. 2005년 26기부터는 중·고등학교와 연계하여 진행하였는데 태양에너지 연구반이나 환경동아리 모임과 함께 정기적으로 운영하기도 하였다. 환경교실은 도심 속 체험학습이 위주였기 때문에, 서울에서 벗어나 숲, 농촌, 갯벌 등지로의 체험여행을 떠나는 가족형 '월례생태기행'을 병행하기도 하였다.

이처럼 환경교육의 대상이 가족형으로 변화되면서 도심 속 체험학습의 형태도 다양해졌다. 2002년부터 2009년까지 정기적·간헐적으로 진행해온 '궁궐의 우리 나무 알기'는 대표적인 도심 속 환경체험 프로그램으로 자리를 잡았다. 서울의 대표적 문화 공간인 궁궐은 생태관리가 잘 되어 있는 곳이기도 했다. 이 공간을 활용한 역사, 문화, 생태체험교육은 기존의 일회성 현장 체험교육의 한계를 극복하고, 장거리 이동에 따른 단점을 보완할 수 있었고, 교육내용에 있어서도 심화할 수 있는 물리적 요소가 충분했다. 프로그램은 상반기, 하반기에 걸쳐 정기적으로 운영되면서 아동반, 성인 초급반, 성인 중급반 3개 반으로 세분화되기도 했다. 역사문화 공간의 대표성을 지니고 있는 궁궐의 생태체험교육이라는 점에서 일반시민(가족)의 호응이 좋았다. 2002~2004년까지 연 2회씩 3년간 정기적으로 진행되다가 2006년과 2009년에도 다시 간헐적으로 진행되었다. 이후 궁궐지킴이 등이 생겨나고 궁궐에서 자체 안내 프로그램을 일상 사업으로 운영하면서 고유의 사업은 중단되었다.

이상의 활동이 찾아가는 교육활동의 유형이라면, '생태교육관' 체험교육은 환경교육을 위한 독립된 교육관으로 2001년부터 2008년까지 회원들과 학교 학생들, 가족들에게 큰 사랑을 받아왔다. 당시만 하더라도 실내형 체험교육공간이 많지 않았기 때문에, 작지만 소중한 공간이었다. 특히 이론과 실습을 병행하여 진행하였는데, 교육관 내에서는 주제별 이론교육과 함께 숲 형성 과정관, 나무의 여러 모습 관찰관, 사라져 가는 야생동물관, 나무열매관, 민물고기 관찰 및 탐색관, 자연교구체험 등을 활용한 실내체험이 이루어졌고, 환경센터의 마당과 시설을 이용한 염색체험장, 자연물을 이용한 만들기 프로그램 등은 당시로써는 보편화되지 않은 특화된 프로그램이었다. 또한 환경센터의 소형풍력발전기와 태양광집열판, 친환경 건축건물, 옥상녹화 등도 중요한 교육의 소재가 되었다. 이후에는 주변의 궁궐이나 인왕산 등의 야외학습 프로그램으로 확장되어 도심 속 체험프로그램 공간으로 자리를 잡았다.

이후 '도시인의 문화환경기행', '에코맘을 위한 생활환경강좌' 등의 프로그램 운영을 통해 도시인의 문화코드에 대한 이해를 바탕으로 가장 가까운 곳에서부터 출발해야 하는 환경교육의 지향을 잊지 않고자 노력하고 있다.

③ 의미/시사점

1988년 알래스카에서 일어났던 실화를 바탕으로 북극 빙벽에 갇힌 회색고래 구출을 소재로 한 <빅 미라클>이라는 영화가 있다. 기후변화를 다룰 때면 살 곳을 잃어가는 북극곰의 이야기를 많이 다루곤 한다. 이들은 인간의 이기심과 무분별한 환경오염을 깨우치고, 자연의 소중함과 상호 공존의 필요성을 말하고자 한다. 이런 경우 사람들은 감정이입을 통해 그들의 입장을 이해하고자 노력하게 된다. 그런데 만약 이와 같은 일이

내 주변에도 일어난다면 어떻게 해야 할까? 환경문제는 지구적으로 생각하되(think globally!), 지역적으로 행동해야(act locally!) 한다. 이런 점에서 자신이 살고 있는 동네나 쉽게 가볼 수 있는 친근한 장소는 환경인식을 높이는 데 더 효과적일 수 있다. 도심 속 체험환경교육에 중점을 둔 프로그램들은 환경문제 인식을 보다 직접적으로 체험하고, 내 지역의 환경이나 생태·문화를 지키고 싶은 욕구를 불러일으킬 수 있다는 점에서 중요한 의미가 있다. 또한 먼 곳에 이동해야 하는 현장체험학습이 아니더라도 도심 속 작은 공간을 활용하면서도 교육적 효과를 기대할 수 있다는 점에서 도시인의 환경교육을 위해 중요한 시도로 평가할 수 있다.

한편 이런 시도들은 현재 많은 지역에 만들어지고 있는 환경교육시설의 필요성과 역할에 대한 사회적 인식을 확장하는 데 기여를 했을 것으로 평가된다.

6. [2001년~] 가장 이른 시작, 유아-교사-학부모가 함께하는 '유아환경교육 지정원 프로그램'

① 개요

유아환경교육에 대한 한 연구결과에 따르면, 환경교육 프로그램을 경험한 유아가 그렇지 않은 유아에 비해 환경에 대한 인식과 실천 행동에 적극적이며, 부모가 환경교육 프로그램을 경험한 유아가 그렇지 않은 유아에 비해 환경에 대한 인식과 환경보전 실천 행동이 높다고 한다(최경순·차미영, 2004; 권기남, 2004). 즉, 부모의 인식과 행동이 가치관 형성기의 인식과 행동에 영향을 미친다는 것이다. 그런가 하면, 유아교육기관은 가장 작은 마을단위에서까지 제도권 교육을 실행할 수 있는 기관이라는 점에서도 중요하다.

환경교육센터는 유아환경교육의 필요성을 인식하고 2001년 준비과정을 거쳐 2002년부터 본격적으로 유아환경교육 사업을 운영해왔다. 특히 유아뿐 아니라 유아-부모-교사 연계 프로그램에 중점을 두어왔다. 유아교육 단계에서는 부모의 학습에의 개입이 크며, 유아교육기관장의 의지에 따라 전 과정을 변화시킬 수 있다는 점에서도 대중인식 확산에 큰 영향력을 미칠 수 있다. 환경교육센터의 유아환경교육은 교육과정-프로그램-학부모교육에 이르기까지 체계적이고, 전문적인 프로그램 개발과 교재교구 제작을 비롯해 교사교육에까지 종합적인 노력을 통해 저변을 확대해왔다.

② 과정

환경교육센터의 중점사업으로 지속되어 온 '푸름이 유아환경교육 지정원' 프로그램은 2001년 준비과정을 거쳐, 2002년 시범운영원을 시작으로, 2003년부터는 유아환경교육 전문기관인 '푸름이 유아환경교육 지정원' 운영으로 본격화되었다. 이 프로그램은 기본적으로 환경교육을 원하는 유아교육기관 회원에게 제공되는데, 서울, 경기, 부산, 인천, 충남, 충북, 경남, 강원도 등 현재까지 누적 합계로는 전국적으로 200여 개의 유아교육기관이 프로그램에 참여한 것으로 보고된다. 2002년 25개 시범운영원으로 시작하여, 2007년과 2008년 각각 34개, 57개 기관이 회원이었으나, 2010년부터는 기관이 아닌 유아가 회원이 되는 것에 중점을 두어 현재 16개 원의 1,000여 명의 유아가 회원으로 활동하고 있다.

지정원으로 가입하게 되면 연간 유아환경교육과정과 매주 1회씩의 수업지도안, 학부모 정보지를 제공받게 되며, 이를 위한 교재나 교구, 플레이북 등을 제공받게 된다. 또한 연간 1~2회는 환경교사 파견과 원내 환경행사의 기획운영에도 도움을 받는다. 한편 권리와 함께 의무도 생기게 되는데, 연간 평균 2회 제공되는 유아교사 대상 환경교육 워크숍에 의무적으로 참여하게 된다. 1기와 2기 유아교사 환경교육 워크숍에 참여했던 교사와 학부모로 구성되어 만들어진 '생각지기'는 교재개발과 유아환경교육 프로그램을 체계화하는 데 중요한 역할을 했다. 2003년 유아교사용 지도책자인 『생각지기와 함께하는 유아환경교육』 발행을 시작으로, 2007년에는 환경교육동화교재 단행본 『환경아 놀자』와 2010년 후속 플레이북을 발행하여 대중적인 인지도를 높이고 교재의 질을 높이기도 했다. 원에 제공되는 학습자료도 수업지도안에서 교구 제공, 신문 제공, 플레이북 제공 등으로 변화를 거듭해오면서 2013년 12월 현재 격월간 『어린이환경놀이책』 46호를 발행하기에 이르렀다. 이 자료는 현재 1,000여 개의 가정에서 유아환경교육의 매개로 활용되고 있다.

'생각지기'는 초기에는 격주 1회 정기모임을 가지면서 유아환경교육 연구와 모니터 기능을 수행해오면서 학습자료 개발과 학부모정보지 개발에 중점적으로 활동해왔다. 최근에는 격월간 정기모임과 함께, 『어린이환경놀이책』 기획개발에 중점을 두되, 유아교사워크숍이나 찾아가는 환경놀이학교 프로그램 등의 현장교육에도 참여하고 있다. 2012년에는 유아환경교육 10주년 기념으로 연중 '유아 생태환경강사 양성과정'을 진행하였고, 2013년에는 창의적 교재교구 개발 워크숍으로 심화교육이 진행되기도 하였다.

③ 의미/시사점

정서적 성장이 중요한 유아기의 어린이들을 대상으로 하는 유아환경교육은 건강하고 안전한 환경을 지켜나갈 수 있도록 하는 가장 이른 환경교육의 시작이다. 전 교육과정에 거쳐 환경교육을 수행하고 유아－부모－교사 연계를 통한 체계적인 교육운영은 사회 환경교육의 역할 영역과 가능성을 확장해온 사례로 볼 수 있다.

이러한 노력에도 불구하고 아직까지도 우리나라의 유아환경교육에 대한 인식은 매우 부족한 것으로 나타난다. 지난 2012년 8월 8일에 보도된 환경부 발표에 따르면, 국・공립 유치원 109곳을 대상으로 실시한 실태조사・분석 결과 유아환경교육에 대한 필요성 인식은 높은 반면에, 실제 교육은 미흡한 것으로 나타났다. 또한 유치원 내 비치된 환경교육 교재 및 교구 등 다채로운 유아 환경교육 콘텐츠의 제공과 확대가 필요하며, 유아환경교육 관련 연수를 경험하지 못한 교사가 절반 이상으로 나타나 교사교육의 필요성도 제기되었다. 이런 결과를 근거로 2013년부터는 정부에서도 유아환경교육 사업을 중점적으로 추진하기로 했다.

사회 환경교육 분야에서 우리 시대의 사회적 의제나 새로운 과제를 발굴해내는 것은 보다 나은 사회변화를 만들어내는 밑거름이 된다. 우리 사회에서 유아환경교육의 현재는 아직까지 척박하지만, 이를 주요 영역으로 인식하게 된 데에는 환경교육센터의 지정원 프로그램과 같이 사회 환경교육 분야의 곳곳에서 지속해온 노력의 성과일 수 있다. 현재 진행되고 있는 미래세대의 환경교육이 지속 가능한 미래를 담보할 수 있는 견인차가 될 수 있기를 기대해본다.

7. [2002년~] 환경교육운동을 지속시키는 힘, '환경교육활동가 워크숍', '사회환경교육 아카데미'

① 개요

환경교육센터가 환경운동연합의 전문기관으로 독립하면서 2002년 시작된 '환경교육활동가 워크숍'은 거의 매년 정기적으로 진행되어 왔다. 이는 전국 각지에서 환경교육을 담당하고 있는 활동가들에게는 직무교육인 동시에 재교육의 기회이다.

재교육 프로그램의 내용은 시대적인 사회적 의제파악과 그에 맞는 비전개발과 함께, 전문적 교육역량강화의 두 가지 맥락에서 주요하게 이루어졌다. 2012년 환경교육센터에서 실시한 시민사회단체 활동가 대상 설문조사 결과에 따르면, 10년 차 이상의 사회운동가들은 사회운동에 대한 관심과 사명감과 소명의식을 운동참여의 동인으로 꼽고 있었다. 이들의 경우 활동의 동기와 지향을 확인하고 시대에 맞는 운동의 비전을 만들어내는 것이 활동을 지속하는 힘이 될 수 있다. 반면 3년 차 이하의 경우에는 다양한 사회경험을 하기 위해 사회운동을 선택한 경우가 훨씬 더 많았는데, 이 경우에는 전문적인 교육역량 강화를 주요 과제로 인식하고 있었다. 이와 같은 재교육 프로그램을 통해 환경교육활동가들은 프로그램 기획·진행과 같은 실무능력 증진뿐만 아니라 활동가 간 소통의 고리를 만들고, 연대활동을 통해 서로의 활동 동기를 견인해내면서 환경교육운동의 활성화를 이끌어낼 수 있다. 이처럼 운동단체에서의 재교육은 운동을 지속시키고 확대재생산해내는 역할을 할 수 있다.

② 과정

'환경교육활동가 워크숍'은 환경교육담당자의 실무능력 증진뿐 아니라, 전국적인 사회환경교육의 현황 파악과 정보공유, 환경교육운동의 바람직한 방향성 개발, 질적 성장을 위한 연대의 틀 마련 등을 목적으로 추진되었다.

2002년에는 '바람직한 사회 환경교육의 모색을 위해'라는 주제로 지역별 활동 사례와 프로그램 기획을 주요 내용으로 하였고, 2003년에는 '대안학교 교육 현황과 전망', '학교와 사회 환경교육의 연계 모색'을 주제로 하면서 환경교육의 의제를 발굴하고 이해하는 데 비중을 두었다. 그러나 2005년엔 '내 지역에 꼭 맞는 환경교육코디네이터 되기'를 시작으로 환경교육가의 구체적인 역할이 주요 주제가 되었다. 환경교육코디네이터 과정은 전국적인 센터 확산의 흐름에 맞게 생태건축이나 생태공간에서부터 센터의 운영을 위한 지역사회 네트워킹 역량강화와 국외 환경센터 사례 공유 등이 교육내용이 되었다. 또한 환경교육 기획진행자를 위한 생태환경캠프 지도자 역량강화 프로그램인 '셀프, 캠프, 점프'는 환경교육가들의 전문영역 역량을 강화시키는 과정으로 가이드북까지 만들어지기도 했다. 또한 2006년에는 지역에 맞는 활동가를 위한 모더레이터(진행전문가) 과정 운영으로 진행역량에 초점을 두었다. 이후 2007년에는 아시아 지역 환경교육단체들과의 연대와 교류 워크숍으로 활동범위를 확장했고, 2010년에는 비전, 기획, 진행 세 영역에 중점을 둔 활동가 워크숍을, 2011년에는 환경교육운동 이야기 워크숍으로 '환경교육운동의 역사'와 '환경교육운동가 되기'를 주제로 하면서 새로운 방법적 접근을 시도하기도 했다. 한편 2010년부터 시작된 '사회 환경교육 아카데미'는 좀 더 대중적인 주제접근 방식과 사례 중심의 활동가 재교육의 기능을 수행하는 프로그램으로 개발되었다. 2012년의 3기 사회 환경교육 아카데미는 '환경교육센터링'을 주제로 한 2005년의 센터코디네이터 과정의 발전적 형태로, 센터형 환경교육장이 늘어나고 있는 시점에서 시의적절하게 운영되면서 많은 사회 환경교육가들의 관심을 이끌어내기도 했다.

또한 2012년에는 다년차 사회운동가들을 대상으로 교육전문 역량강화에 중점을 둔 '사회운동가, 사회적 멘토를 꿈꾸다!'를, 2013년에는 1~4년 차의 환경운동가들을 대상으로 '청년환경운동가! 나의 삶, 우리의 꿈!'을 진행하는 등 NGO분야 활동가들의 전문역량강화를 위한 체계적인 교육과정 마련을 위해 다양한 접근의 실험들을 지속해오고 있다.

③ 의미/시사점

초기 환경교육운동이 사회운동의 한 주제영역으로 '운동'적 측면이 강조되었다면, 점차 사회적 일자리의 의미가 강화되었고 이와 함께 '교육'적 측면이 더 부각되었다. 또한 초창기 환경운동가들은 전문운동영역으로 사회적 가치실현과 더불어 개인의 자아실현을 할 수 있다는 측면에서 매력적인 활동영역으로 환경교육운동을 선택해온 경우가 많았지만, 최근에는 환경교육센터와 같이 전문기관으로 독립된 경우에는 활동가들 가운데 환경교육 전공자들이 다수를 차지하기도 하였다. 그러나 지역의 환경교육단체들의 경우 대부분 소수의 활동가가 환경교육 영역을 담당하고 있고, 따라서 자체적으로 장기적 비전이나 전문성을 향상시키는 기회를 만드는 것이 쉽지 않다. 이런 상황에서 '환경교육활동가 워크숍'은 부족한 대로 대다수의 활동가들이 시급한 과제로 인식하고 있는 교육영역의 전문역량강화라는 부분에서 기본적인 요구를 충족시켜 왔다.

하지만 사회운동의 분화와 전문화와 함께, 활동 연차에 따라 세분화된 전문영역에 맞는, 보다 체계적인 활동가교육의 필요성이 제기되고 있다. 더욱이 환경교육활동가들뿐 아니라 환경운동가의 역량강화 프로그램의 필요성이 더 강조되고 있으며, 이 또한 환경교육운동의 주요 과제로 인식되고 있다. 이는 앞으로 환경교육센터가 시민사회에서 환경교육운동의 역할과 장기적 전망 속에서 고민해야 할 과제이기도 하다.

8. [2004년~] 지역민-NGO-지자체 협력의 성공적 모델을 만든, '도봉환경교실'[47]

① 개요

지속가능발전교육에서 '이해당사자 간의 활발한 의사소통과 강한 연대'는 중요한 목표 중의 하나이다. 초기 민간단체의 환경교육은 환경단체들을 중심으로 이루어지는 경향이 두드러졌으나, 1990년대 들어서면서 기존 민주화운동에서 시민운동으로 변화되면서 기업이나 지자체 등과의 협력과 연대활동이 나타나기 시작했다.

민간단체의 환경교육에서 지자체와의 협력은 중요한 의미를 갖는다. 1992년 리우회의 이후 지자체별로 민관협력기구인 의제21이 설치되었고, 이를 계기로 지자체와 민간단체의 협력이 강화되었다. 하지만 이들 협력 사업은 대부분 단기 지원 사업에 머무르는 경향이 있었다.

한편 물적 기반이 약한 민간단체의 환경교육은 지역자원의 활용이 중요하다. 그런 측면에서 지역민-NGO-지자체 협력의 지속가능한 모델을 만들어가고자 했던 도봉환경교실 시도는 의미 있다. 지자체의 물적 자원, 지역민 참여를 통한 인적 자원에 민간단체의 내용이 더해지면서 도봉환경교실의 실험은 2013년 현재 9년을 넘어섰다. 이제 도심 속 아파트촌에서 지역의 물적 자원을 재활용하면서 만들어진 도봉환경교실의 실험은 기초단위 민·관 협력의 구체적 모델을 제시했다는 점에서 좋은 사례로 평가받고 있다. 지역민의 역량강화와 실행 및 참여의 과정, 협력과 네트워크를 통해 환경교육을 매개로 지역의 원활한 소통의 장이 되고 있다는 점, 그리고 지속 가능한 도시촌락, 실행과 참여, 성과와 효과, 연대와 협력이 이뤄지고 있다는 점에서 지속가능발전교육의 좋은 사례로 볼 수 있다.

② 과정

도봉환경교실은 "지역자원(환경자원, 인적 자원 등)을 활용한 환경교육의 활성화 및 체계화, 대중화에 기여하고, 교육을 통한 친환경적인 인식의 고취와 생활 속 실천을 목적으로 한다(도봉환경교실, 2007)." 도봉구청이라는 구 단위 지자체, 환경교육센터라는 NGO, 자연해설단이라는 지역민 등 세 주체가 협력하여 프로그램을 기획, 운영한다. 현

---

47) 장미정(2010) 재구성.

재 30여 명의 자연해설단이 강사로 활동하고 있다. 프로그램은 자연체험교육, 생활환경교육, 과학체험교육, 방학특별교육, 단체환경교육 프로그램으로 구성되며, 주로 체험을 중심으로 진행된다.

도봉환경교실은 2003년 도봉구의 발바닥공원 내에 방치되어 있던 폐 갤러리를 시민참여 교육공간으로 용도 변경하게 되면서 시작되었다. 당시 녹색후보로 출마하여 구의원이 된 지역의 젊은 구의원들과 NGO가 함께 건의하였고 지자체에서 이를 받아들였다. 그렇게 시작한 것이 이제 10년을 넘어섰다. 여타의 다른 지자체 협력은 단기사업 지원에 그치는 반면, 본 사업은 지속적인 파트너십을 이어갔다는 점에서 주목할 만하다. 그 원인은 무엇일까? 우선 이 사례의 성공요인 중의 하나는 효율적인 협력이다. 지역민-NGO-지자체의 적극적인 소통과 참여 속에서 활동이 전개되고 있다. 협력의 기본은 신뢰이다. 초기부터 지자체와 NGO가 함께 기획하였던 것은 중요한 의미를 갖는다. 실행단계에서는 적절한 역할분담이 이루어졌으며, 프로그램 내용에 대한 독립성이 유지되었다. 그러면서 참여주체들 간의 정기적인 평가회는 물론, 위탁사업 연장 결정 시마다 냉정한 평가도 이루어졌다. 또 다른 하나는 운영의 효율성을 꾀했다는 점이다. 다른 센터들의 경우 하드웨어에 초기비용을 많이 투자하는 반면, 이후 관리가 되지 않는 것이 문제로 드러나지만, 도봉환경교실의 경우 재활용 시설을 이용함으로써 초기 투자비용도 크지 않으면서, 지역 주민들이 이용하기에 좋은 아파트촌의 공원 안에 위치하여 접근성을 높임과 아울러 체험교육 공간으로서의 가능성, 운영의 효율성을 꾀한 것이 성공적이었다. 때문에 환경이나 체험활동에 관심이 없는 지역주민들도 도서관을 이용하거나 쉼터로 활용할 수 있었고, 그러면서 서서히 지역의 문제, 환경문제에도 관심을 갖게 되었다. 더욱이 다양한 체험프로그램들이 이루어지고, 지역민들이 직접 교육자로 활동하게 되면서 스스로의 자부심도 높아졌다. 지역민들은 환경교육의 주체로 성장하였다. 다음으로 중요한 것은 협력을 이끌어가야 할 주체들의 역량이다. 협력과정에 어려움이 없었던 것은 아니다. 지자체의 경우, 담당자가 수시로 교체되고 단체장이 교체되기도 한다. 그때마다 운영의 필요성 자체에서부터 방향까지 갑작스러운 변화가 요구되기도 한다. 지역민과 NGO의 경우에는 밀착하여 프로그램을 운영하기 때문에 소통의 문제는 없지만, 지자체와의 협력은 수평적이기보다는 수직적인 경우가 많다. 수직적 체제에서 오는 지역민들의 불만이나 운영의 어려움을 NGO가 어떻게 조율하고 지자체가 얼마나 받아들이느냐에 따라 결과가 달라진다. 때문에 이러한 사업이 성공하기 위해서는 협력주체들의 역량강화가 중요한 요인이 된다. 장기적인 협력을 통한 학습과정은 이들의 지속 가능한 파트너십을 유지할 수 있는 단단한 버팀목이 되었다고 볼 수 있다.

③ 의미/시사점

본 사례는 계획수립 과정에서부터 실행 및 평가 과정까지 지역민－NGO－지자체의 적극적인 협력을 기반으로 지속 가능한 도시의 모델을 만들어내는 활동을 장기적으로 전개해왔다는 점에서 의미를 갖는다. 또한 도심에서의 지역기반 교육활동이라는 점, 작은 생태적 공간을 적절히 활용하여 프로그램형으로 다양한 가능성을 만들어냈다는 점, 가장 가까운 곳에서 지역민들과의 소통의 공간으로 만들었다는 점에서도 중요하다.

환경교육진흥법이 통과되고 정부와 지자체를 중심으로 지역별 환경교육센터 건립 등이 추진될 예정이다. 지역 환경교육의 거점을 통해 환경교육을 활성화할 수 있는 좋은 기회이다. 이를 위해 본 사례는 중요한 몇 가지 시사점을 준다. 첫째, 초기 기획단계에서부터 실행주체들을 참여시켜 자기들의 센터가 되도록 만드는 것이 중요하다. 둘째, 지역의 특성을 잘 살리는 지역맞춤형 센터가 되어야 한다는 것이다. 그간 만들어진 센터들 중에는 초기 시설이나 하드웨어에 대한 막대한 투자가 이루어지고 나면 관리 운영에 어려움을 겪게 되는 경우가 많았다. 먼저 지역 자원과 물적 기반을 최대한 활용하면서 그 지역에 꼭 맞는 맞춤형 센터가 되어야 할 것이다. 셋째, 각 주체의 역량강화에의 투자이다. 성공적인 협력을 이끌어내기 위해서는 물적 투자 못지않게 인적 자원에 대한 투자가 중요하다. 지역형 환경교육을 실현하기 위해서는 협력을 이끌어내고 지속시킬 수 있는 주체들의 역량이 절실하다.

9. [2005년~] 연대와 협력을 통해 한 단계 나아가기, '환경연합 환경교육네트워크'와 '아시아 시민환경교육네트워크'

① 개요

환경교육운동의 전개기에 해당하는 2000년대는 시민 참여형 환경교육이 전개되고 전문 환경교육단체들이 조직되었으며, 풀뿌리 및 지역기반의 환경교육을 중심으로 한 환경단체들이 생겨나면서 환경교육운동의 전문화, 분화, 다양화가 전개된 시기이다. 이 과정에서 연대와 협력의 필요성은 필연적으로 강조되었다.

이제는 사회의 모든 영역에서 한 개체나 조직은 타 개체나 조직과의 연계와 협력 없이는 자신의 역할을 잘 수행할 수 없는 시대가 되었다(양흥국, 2007). 즉, 네트워크에 참여하는 둘 이상의 주체 간의 인적·물적 자원의 교류를 통해 교육의 효율성과 효과를 증진시킬 수 있다는 것이다. 2000년대 들어서면서 환경교육센터는 전국 환경운동연합(이하 환경연합) 지역조직들과 협력과 연대를 위한 네트워크를 구축하고, 소통과 연대를 통한 환경교육의 활성화를 꾀하였다. 또한 아시아 환경교육 네트워크 구축과 활동가 교류, 공동연구 활동 등을 통해 지속가능발전교육을 중심으로 아시아지역에서의 교육역량 강화 활동을 이어오고 있다.

② 과정

2005년 6월 정식 출범한 전국 51개 지역조직이 참여한 <환경연합 환경교육네트워크>는 환경교육의 중요성을 인식하고 실행하는 지역 환경연합과 활동가들의 자생적 네트워크 조직으로 환경연합 환경교육의 조직적 비전 만들기, 환경교육 정보교류와 소통의 활성화, 환경교육 정책개발과 제안 등을 목적으로 만들어졌다. 이는 <한국환경교육네트워크>의 출범과 시기를 같이 하고 있으며, <경기민간환경교육네트워크>와 같은 광역별 환경교육네트워크나 <환경과생명을지키는전국교사모임> 등과 같이 서로 다른 성격의 다양한 네트워크와 함께, 전국조직에서 환경교육운동의 비전 만들기와 내부 역량강화에 기여한 것으로 평가된다.

<환경연합 환경교육네트워크>는 매해 전국적인 환경교육 현황 기초조사 연구를 비롯해 생태안내자 전국 모임 조직과 연대, 환경교육포럼과 환경교육활동가 재교육, 지역현안 및 환경교육활동 공유 등의 활동을 꾸준히 전개해왔다. 네트워크 활동은 2007년에 들어서면서 <아시아 시민환경교육네트워크>로 확장되었는데, 일본, 중국, 필리핀, 말레이시아, 홍콩 등의 아시아 10여 개국의 환경교육단체들이 참여하였다. 2007년 개최된 '아시아시민환경교육 국제워크숍; 만남과 연대'에서는 각국의 우수 사례를 발굴 및 공유하고 연대와 발전방향을 모색하는 계기를 만들었다. 이후 이 네트워크를 기반으로 한 각국 단체 간의 교류활동이 활발해졌는데, 환경교육단체 LEAF(Learning and Ecological Activities Foundation for Children)의 환경학습도시 현장연수를 비롯해, 말레이시아 연수, 필리핀과 태국을 중심으로 한 아시아 환경교육가들의 기후변화교육 연수 등 아시아 환경교육활동가 공동연수와 아시아 지속가능발전교육 현황연구 등으로 이어오고 있다.

③ 의미/시사점

연대와 이를 통한 협력은 함께함으로써, 주체들의 각 역량의 합 이상을 이뤄낼 수 있다는 점에서 의미를 갖는다. 성공적인 협력은 적절한 재원과 효과적인 리더십과 관리, 상호신뢰와 협력적 참여에서 기인한다(Leach et al., 2002; 김희경 외, 2009 재인용).

환경연합의 환경교육네트워크는 상호신뢰와 협력적 참여라는 조직 내 네트워크가 갖는 장점이 리더십과 만나서 만들어낸 성과로 이해된다. 또한 외부적으로 환경교육진흥법의 쟁점논의 등 환경교육정책과제와 관련해 전국적인 이슈가 있었던 것도 연대를 강화하는 데 기여했다. 따라서 당시의 시대적 과제는 조직 외부적으로도 다양한 환경교육네트워크가 활성화하는 계기가 되었다. 최근 환경교육진흥법 시행과정의 문제가 제기되면서 환경교육네트워크가 다시 힘을 받기 시작한 것도 이러한 맥락으로 해석될 수 있다.

아시아의 시민사회 연대 강화 역시 국제적인 흐름의 영향을 받았다고 볼 수 있다. 1997년 IMF 이후 한국 시민사회는 세계화에 대응하기 위한 노력으로 아시아 지역 단위의 연대틀에 대한 다양한 논의에 참여하기도 했다. 그런 가운데 국제사회연대의 가장 기본이라고 할 수 있는 인적 자원의 육성과 휴먼 네트워크는 중요한 과제이다. 아시아 시민환경교육단체들과의 역대는 유사한 환경적 경험을 해온 아시아 국가들의 소통과 연대를 통해 전 지구적 환경이슈에 대응할 수 있는 교육역량 강화를 중심으로 지속되고 있다.

이처럼 사회적 맥락에서 출발한 연대와 협력이 개별 단체들이 할 수 없는 총합을 넘어서는 힘을 발휘할 수 있음은 지금까지 경험에서 이미 확인된 바 있다. 바람직한 사회변화를 위한 환경교육운동의 역할은 앞으로도 바람직한 연대와 협력의 체계 속에서 한 단계 나아갈 수 있을 것이다.

10. [2006년~] 관광지를 공평과 나눔의 환경교육의 장으로, '남이섬 환경학교'

① 개요

'남이섬 환경학교' 프로그램은 '아이들을 자연으로', '나 그리고 자연'을 모토로 자연에서 소외되고 있는 아이들을 자연으로 보내고, 나와 자연과의 관계 속에서 상상력-다양성-공평-보살핌-치유-공생의 가치를 나누는 것을 목표로 2006년 9월 개교하였다.

관광지를 환경체험학습장으로 만든 이곳은 교육시설을 기반으로 하는 학교가 아니라 '작은 학교, 큰 꿈'을 지향하는 환경교육의 거점으로서 환경, 문화, 예술을 접목한 교육을 시도해왔다. 남이섬은 아름다운 자연경관과 문화, 예술의 공간으로 많은 사랑을 받고 있지만, 이보다도 섬 내에서의 자원순환 시스템 구축과 재활용을 테마로 한 예술 활동은 숨겨진 보물이다. 국내외 많은 관광객들이 이런 문화와 예술, 자연을 소비하는 것도 나쁘지 않지만, 불특정 다수가 남이섬이라는 공간에서 더 큰 환경적 의미를 만나게 될 때, 그들이 얻게 되는 감동도 적지 않다.

한편 '남이섬 환경학교'는 관광객들을 대상으로 한 교육수입의 일부를 저소득층이나 장애우 프로그램에 지원하면서 환경교육을 통한 나눔의 가치실현을 위해 노력해오고 있다.

② 과정

2006년 9월 개교한 '남이섬 환경학교'는 일반인들은 물론 환경교육에서 소외되어 왔던 저소득층과 장애인, 외국인 노동자 등을 아우르는 환경교육의 공평한 접근을 시도하고자 설립되었다. 환경학교의 교육활동 수익금은 공부방과 지역아동센터 어린이 초청 환경캠프, 환경피해지역 어린이 초청 환경캠프, 위탁가정 어린이 초청 캠프 등과 같이 교육을 통해 나눔과 공평의 가치를 실현하고자 하는 활동에 사용되고 있다. 한편 지금까지 90여 개의 사회복지시설에서 환경학교 프로그램에 참여하기도 했다.

2007년에는 남이섬의 생태 이야기를 담은 '남이섬 생태가이드북'을 개발하였고, 계절별 다양한 체험프로그램과 계절별 테마환경캠프를 상설 프로그램으로 운영하고 있다. 1일 체험프로그램은 '환경교육 영상강의', '천연허브비누와 나무액자 만들기', '생태놀이'의 총 2시간이 소요되는 1일 환경교실과 '나무공예', '패브릭공예', '로하스체험', '에너지체험', '남이섬 생태벨트 탐방', '생태놀이', '실내 환경강의' 등의 개별 체험프로그램으로 구성되어 있다. 현재까지 연간 평균 100회 이상의 단체체험과 3,000명 이상이 참여해온 것으로 보고된다. 또한 건전하고 친환경적인 여가문화를 즐기기 위한 방법으로 주목받고 있는 환경캠프는 에너지, 재활용, 숲, 기후변화 등 주제별로 맞춤형 프로그램을 기획하여 운영하였다. 또한 2010년에는 환경뮤지컬 공연, 북-아트 전시 등의 특별 프로그램을 기획 운영하기도 했다. 2011년부터 개최된 '남이섬 버듀 페스티벌'은 탐조교육 워크숍과 행사로 자리를 잡았다. 이 프로그램은 까막딱따구리, 호반새 등 희귀종과 천연기념물이 서식하는 생태공간으로서 남이섬의 가치를 재발견할 수 있는 계기가 되었다. 또한 자연생태교육과 탐조교육의 소중한 공간으로 남이섬이 환경교육의 장으로서도 의미 있는 공간임을 재확인할 수 있었다.

③ 의미/시사점

'남이섬 환경학교'는 환경교육의 장(場)에 대한 기존의 개념을 확대시켰다는 데 중요한 의미를 갖는다. 처음 남이섬 환경학교 개교 소식은 상업화된 교육으로 오인받기도 했다. 하지만 관광지를 찾는 불특정 다수에게 체험환경교육을 통해 문화소비의 과정에서 바람직한 생태문화를 접하고 새롭게 인식하도록 함으로써, 사회 환경교육 분야를 확장시킬 수 있었다. 기존의 거점형 환경교육의 범위를 잘 가꾸어진 숲이나 공원이 아닌 문화 예술적 공간이나 관광 목적의 공간으로 확대시킬 수 있었다.

한편 다양한 유형의 자연소외계층(도시인, 저소득층 어린이, 장애우, 환경피해지역 어린이 등)이 자연을 접하는 통로를 마련해주고 그 속에서 환경의 가치를 느끼게 해주었다는 점에서도 중요한 의미를 갖는다. 때때로 자연에서 치유될 수 있는 환경교육의 가능성을 발견할 수 있었다. 또한 생태체험뿐난 아니라 문화, 예술의 영역까지 결합된 프로그램, 자원순화시스템 체험 등 공간적 장점을 살린 프로그램을 개발해내는 등 생태적 상상력을 키울 수 있는 교육공간으로 자리를 잡았다.

마지막으로 '남이섬환경학교'는 기업과의 장기적 협력을 통해 이뤄낸 모델로서도 중요한 의미를 갖는다. 기업이나 지자체가 물적 기반을 제공하고, 시민단체가 내용을 만들어내는 상생의 협력을 통해, 공평과 나눔의 가치까지도 실현할 수 있는 협력형 환경교육의 모델로서 시사하는 바가 크다고 할 수 있다.

이러한 노력들은 보다 폭넓은 대상의 환경인식 확산에 기여함으로써 긍정적인 사회변화를 이끌어낸다는 점에서 환경교육운동의 중요한 영역으로 이해할 수 있다.

11. [2007년~] 전문 교재교구 발행, '환경아, 놀자', '지구촌 힘씨' 외

① 개요

환경교육센터는 그간 대상별·주제별 환경교육 프로그램 운영을 통해 축적된 활동성과를 바탕으로 환경교육 현장에서 필요한 환경교육 교재교구 개발과 보급에 힘써 왔다.

초기에는 자료정리와 안내의 수준에서 제작되거나 개발되었던 자료집 수준의 교재개발이나 수작업을 통한 교구개발에 머물러 있었지만, 활동내용과 성과가 누적되면서 주요 주제 중심의 전문도서와 교구를 발행하기 시작했다. 2007년 환경교육동화 단행본 『푸름이와 떠나는 환경여행, 환경아 놀자』를 시작으로, 후속권으로 제작된 플레이북 『깨끗한 물이 되어줘』와 『맑은 공기가 필요해』, 에너지 보드게임 『지구촌 힘씨』, 2011년 『지구사용설명서』에 이어 2014년 발행된 『지구사용설명서2』 등은 출판사를 통해 발행된 도서와 교구들이다. 또한 자체 발행하고 있는 책자로는 격월간 『어린이환경놀이책』이 대표적이다.

대중서는 불특정 다수가 자신의 선택에 의해서 정보를 접하고 자기화할 수 있기 때문에, 좋은 기획 도서는 효과적인 환경교육운동의 방식으로 활용될 수 있다.

② 과정

사회 환경교육용 전문도서 발행의 물꼬를 튼 것은 2007년 개발된 『환경아 놀자』이다. 체계적 교육 영역으로 집중적인 환경교육 학습 자료를 만들어왔던 유아와 어린이(초등학생) 분야의 책으로 공기, 물, 숲, 땅, 에너지, 건강 등 주요 환경주제를 전반적으로 다루었다. 이전의 『생각지기와 함께하는 유아환경교육』을 모델로 당초 교사용 지도서를 기획하였으나 집필과정에서 사회 환경교육 현장에서 효과적으로 활용될 수 있는 스토리텔링과 정보지, 체험활동으로 구성된 어린이용 환경교육동화교재로 완성되었다. 이후 후속권으로 이 책의 장점을 극대화한 주제별 플레이북으로 『깨끗한 물이 되어줘』, 『맑은 공기가 필요해』가 개발되었다. 이 결과물들을 바탕으로 정기간행물로 개발되었는데, 2014년 5월 현재 49호까지 발행된 격월간 『어린이환경놀이책』은 매호 1,500명의 어린이들과 교사들에게 보급되어 활용되고 있다.

한편 청소년들을 위한 도서로는 2011년 발행된 『지구사용설명서』가 있다. 지구인들이 지켜야 할 환경수칙을 유쾌하고 흥미롭게 제시한 『지구사용설명서; 외계인 막쓸레옹 쓰레기별에서 탈출하다』는 많은 어린이와 청소년들에게 사랑을 받아 왔다. 이에 2014년 1월에는 후속편으로 『지구사용설명서2; 막쓸레옹 가족의 지구 생존 세계 일주』가 발행되었다. 외계인 막쓸레옹 가족이 지구에서 쫓겨나지 않기 위해 지구촌 곳곳에 찾아가 미션을 수행해가는 이야기이다. 또한 청소년들을 위한 『키워드 환경역사사전(가칭)』도 발행을 앞두고 있다. 청소년들에게 꼭 필요한 환경의 주요 키워드들을 역사적 맥락에서 살펴보면서 지식과 정보, 가치를 함께 담은 책이다.

교구로는 2000년에 개발 보급되었던 『철새놀이교구』가 있다. 당시로써는 놀이를 통해 철새의 특징과 서식지를 이해할 수 있는 좋은 매개가 되었다. 2006년 시제품 개발 이후 2008년에 발행된 에너지보드게임 『지구촌 힘씨』는 기후변화와 재생가능에너지 교육을 위해 널리 활용되고 있다. 다소 어려운 주제 영역을 보다 쉽고 재미있게 접할 수 있도록 개발된 『지구촌 힘씨』는 사회 환경교육에서뿐 아니라 학교 환경교육 현장에서 지금까지도 적극적으로 활용되고 있다. 이 외에도 보급형은 아니지만 교육용으로 자체 제작된 다양한 교구들이 교육현장에서 활용되고 있다.

③ 의미/시사점

대중도서발행은 교육의 내용과 자료의 질을 한 단계 상승시키면서, 독자들의 자발적인 선택을 통해 환경인식을 증진시킬 수 있다는 점에서 효과적인 환경교육운동의 방식이 될 수 있다. 직접적 체험환경교육이 그간의 환경교육을 담당해왔다면, 전문성이 축적된 발행도서는 간접적인 경험을 통해, 현장 환경교육의 질을 업그레이드시킬 수 있기 때문에 교육의 질적 향상을 가져올 수 있다.

하지만 사회 환경교육의 현장에서 자료를 모으고 축적된 내용을 성과물로 완성시키는 일은 만만치 않다. 우선 재정적으로나 물리적으로 여유가 없기 때문이다. 사회 환경교육 분야의 질적 향상을 염두에 둔다면, 정부나 기업의 환경교육에 대한 투자나 지원 분야가 다양해져야 한다. 일회성의 행사성 프로그램에 대한 지원에 한정하지 않고, 이를 넘어서 그간의 성과들을 가공하고 축적해내는 개발자나 연구자들에 대한 투자와 지원이 꼭 필요한 시점이다.

12. [2008년~] 과거를 통해 미래를 본다, '환경교육운동 아카이브 구축'

① 개요

우리나라에서 사회 환경교육은 환경교육의 활성화를 주도하며 지난 30여 년에 걸쳐 형성되고 활발하게 전개되어 왔음에도 불구하고, 이 분야의 연구는 매우 미흡한 것으로 보고된다(장미정, 2011). 1990년도부터 2008년까지 환경교육학회지에 실린 418개의 논문 중, 사회 환경교육(경영, 소비, 가정, 시민단체, 동아리 활동 등)을 주제로 한 논문은 36개(8.6%)에 불과한 것으로 나타났다(신동희 · 이지희, 2009). 이러한 연구들도 내용적 측면에서는 현황연구나 사례연구, 프로그램연구에 한정되어온 것으로 파악된다.

환경교육센터는 2008년부터 사회 환경교육과 환경교육운동이 한 단계 더 성장하기 위해서 그간의 활동들에 대한 정리와 평가, 본질적 특질과 정체성을 밝히는 연구가 필요하다는 인식에서 기록 연구를 시작하였다. 이 과정에서 2010년부터 3년간은 아름다운

재단의 공익활동 지원 사업의 지원으로 '기억과 구술을 통한 한국 환경교육운동의 역사적 재구성 및 공익아카이브 구축-아래로부터의 목소리로 환경교육의 희망을 쏘다!'라는 사업을 통해 환경교육운동을 기록할 수 있었다. 최근 아카이브의 중요성에 대한 인식이 확산되어 가는 추세이긴 하지만 시민사회의 경우 상대적으로 기록물이 부족하며, 특히 운동적 성격을 갖는 시민사회 환경교육 분야의 기록물은 찾아보기 어려웠다. 1차년에는 운동주체들의 구술기록 연구, 2차년에는 참여자들의 구술기록 연구, 3차년에는 그간의 자료들을 자료화하는 작업에 중점을 두었다. 그간의 연구 성과로 단행본 『환경교육운동가를 만나다』와 본서를 발간하게 되었다.

② 과정

환경교육운동의 기록사업은 환경교육운동의 성과와 평가를 통해 이후 운동을 준비하는 데 교훈을 얻고자 수행되었다.

1차년에는 환경교육운동의 주체인 환경교육운동가들의 기억과 구술, 역사적 증언 자료를 구축하는 데 역점을 두면서 기록된 자료를 모아나갔다. 이 과정에서 환경교육운동가, 관련 학자, 기업인까지 29명과 36회 구술면담을 진행, 총 888쪽의 녹취기록을 만들었다. 한편 문헌자료로는 환경연합 창립과 함께 발행해온 환경운동 전문잡지 월간 『함께 사는 길』 221권(1993~2009)에서 환경교육운동 관련 기사와 광고 내용 등을 비롯해 언론기사 내용(1990년 이후)과 기타 구술자들과의 만남을 통해 얻게 된 현지 자료들을 수집할 수 있었다.

2차년에는 1차년 기록내용의 단행본 발행 작업과 함께, 환경교육에 참여했던 시민이 자신의 삶에서 어떤 변화를 겪었는지에 중점을 두어 구술기록을 작성했다. 이 과정에서 환경교육 참가자 10명을 만나 구술면담을 진행하면서, 총 300쪽 분량의 녹취기록을 얻을 수 있었다. 환경교육 참가자들과의 만남을 통해 알게 된 이들 삶의 변화는 환경교육운동의 구체적인 성과와 의미, 이와 함께 가능성과 한계에 이르기까지 새로운 발견을 할 수 있게 했다. 운동가들은 사회적·시대적 소명감 때문에 의도적 변화를 맞이하거나 학습된 변화를 경험하는 경향이 많이 있었다면 참가자들의 경우에는 뜻하지 않은 기회를 통해 삶의 방식, 가치관, 사회참여로 나아가는 등 다양한 변화들을 경험하고 있었다. 이들은 환경교육 영역 안에서만이 아니라 자신의 삶을 중심으로 변화를 고민하기도 한다. 때문에 바람직한 변화를 향해 보다 다양한 생활세계를 만들어가고 있었다.

구술기록은 양이 방대하고 객관성·일반성보다는 주관성·고유성을 갖는 자료로서의 의미가 있기 때문에, 이를 재현하고 분석하고 해석하는 과정이 기록의 가치를 높여줄 수 있다. 3차년에는 1~2차년에 구축된 기록들을 공익적 기록물로 재구성하고 시민사회에 적극적으로 교감하는 일에 중점을 두었다. '환경교육운동사 연구와 자료집 발간'과 '환경교육운동 심포지엄과 기록사업 결과발표회' 개최를 통해, 그간의 기록을 대중과 시민사회와 공유하고, 아울러 기록사업의 중요성을 알리는 활동을 통해, 시민사회와 환경교육운동의 기록물들이 소중하게 인식되는 계기를 만들고자 하였다.

③ 의미/시사점

환경교육운동은 일반적으로 사회 환경교육의 한 영역으로 인식되어 왔지만, 기업, 공공기관, 혹은 가정 등에서 이루어지는 학교 이외의 모든 교육을 포함하는 사회 환경교육의 성격만으로 설명하기에는 한계가 있다. 본 연구과정을 통해 환경교육과 환경운동의 경계에 위치하는 환경교육운동의 특질과 형성과정을 이해할 수 있었던 것이 가장 큰 성과라고 할 수 있다. 또한 환경교육운동의 역사와 사회적 의미를 재구성하고 교육적 의미를 탐색할 수 있었다. 한편으로 이와 같은 비주류의 자기기록은 스스로의 학습과정임과 동시에 역사의 민주화 실현의 의미를 함께 갖는다.

인간은 스스로 자신들의 역사를 만들지만 오직 특정한 상황에서 그러하다(Abrams, 1982). 우리는 개인의 삶으로부터 사회를 이해하고, 사회적 맥락 속에서 개인을 이해할 수 있다. 또한 과거를 통해 현재를 이해하고 미래를 준비할 수 있다. 구술기록은 그 자체로서 환경교육운동의 역사적 기록물로서 의미를 갖지만, 동시에 이후 연구 자료로 활용함으로써 과거로부터 미래를 준비하고 배우는 데 중요한 매개가 될 수 있다.

13. [2010년~] 자연소외계층과 함께 나누는 공부방 환경교육

① 개요

환경교육센터는 생명, 평화, 참여, 나눔의 가치를 지향하며, 창립과 함께 장애우, 사회복지시설, 공부방과 지역아동센터 등의 사회소외계층을 자연소외계층으로 보고 '공평'과 '나눔'의 가치를 실현할 수 있는 활동을 지속적으로 해왔다. 그럼에도 특별히 2010년을 기점으로 지역아동센터 환경교육 지원 사업을 사례로 제시한 이유는 지속적인 활동을 통해 대상에 대한 보다 깊은 이해를 진전시켜 가고 있다는 점에서 중요한 사례로 평가

할 수 있기 때문이다.

예전에 공부방으로 일컬어지던 지역아동센터는 현재 지역 내에서 어린이·청소년의 방과 후 학습과 활동의 거점이 되고 있다. 지역아동센터를 주로 이용하는 대상은 사회적 관심과 배려를 필요로 하는 어린이·청소년이다. 지역아동센터에서 이뤄지는 프로그램을 살펴보면 '생활(보호) 프로그램, 학습지원 프로그램, 놀이 및 특별활동 지원 프로그램, 이용자 사례관리, 지역사회 자원연계 프로그램'으로 구분할 수 있다(오수옥, 2011).

1977년 트빌리시에서 개최된 국제회의가 환경교육에서 지향하는 목표로서의 '지식, 가치, 태도, 참여, 기능'을 획득할 수 있는 기회를 모든 사람에게 제공해야 한다고 말하고 있는 것처럼 지역아동센터의 어린이·청소년이 환경교육에서 소외받지 않게 하는 것은 무엇보다 중요하다. 그 이유는 첫째로 환경파괴의 피해와 영향은 사회적·경제적·생물학적 약자에게 집중되는 경향이 있기 때문이며(김지연, 2011), 둘째, 경제적인 어려움을 느끼고 있는 가정의 경우 당장의 생계에 대한 관심 때문에 환경파괴와 오염으로 인한 직간접적인 피해를 고스란히 받고 있으면서도 본의 아니게 환경파괴와 오염에 동참하게 되기 때문이다.

② 과정

2010년 5월 여수지역아동센터 10개소를 대상으로 진행했던 환경교육지원 활동은 소외계층을 대상으로 하는 사회공헌 활동에 새로운 변화를 시도한 프로그램이었다. "찾아가는 기후변화교실"이라는 제목으로 진행되었던 이 프로그램은 여수지역 대기업의 임직원이 자원봉사활동을 해오던 지역아동센터 어린이·청소년에게 환경교육을 지원하는 방식이었다. 이렇게 기업이 교육활동을 통해 사회공헌활동을 진행할 경우 기업 임직원이 교육활동에 참여할 수 있는 기회는 많지 않다. 이 프로그램은 후원기업의 임직원이 지역아동센터 어린이·청소년을 대상으로 하는 교육활동에 보다 능동적으로 참여할 수 있도록 하기 위해서 동영상 교육과 에너지 보드게임 교육을 병행해 진행하는 방식을 택했다. 그리고 이를 위해 동영상 교육은 환경교육센터가 진행하고 에너지 보드게임 교육은 사전에 환경교육센터로부터 교육을 받은 임직원이 담당해 교육을 진행했다. 이처럼 지역아동센터 어린이·청소년을 대상으로 하는 기업과의 파트너십 사업에서 기업의 자원봉사자가 적극적으로 참여할 수 있는 기회를 최대한 보장하는 환경교육 프로그램을 활성화할 필요가 있다.

2012년에는 생명보험사회공헌위원회와 교보생명의 후원으로 "그린디자인 프로젝트: 초록공간과 교육을 짓다"를 진행하였다. 이 사업은 서울 시내 지역아동센터 10개소를 대상으로 친환경 청소년 공간을 위한 시설개선 활동과 환경교육 프로그램을 지원하는 것을 주요 활동으로 한다. 흔히 시설개선이라고 하면 러브하우스를 떠올리는 경우가 많은데, 이러한 것은 이미 공간을 이용하고 있는 사람은 배제하고 외부의 시각과 입장에서 바라본 시설이나 물품을 일방적으로 공급하는 방식이라고 할 수 있다. 이렇게 될 때 지역아동센터 어린이·청소년은 단순한 수혜자로 그치게 되고, 외부의 도움에 대해 무감각해지기 쉽다. 그린디자인 프로젝트는 이런 점을 극복하기 위해 본격적인 사업을 앞두고 10개 지역아동센터 실무자가 참여하는 사전워크숍을 통해 사업의 취지와 목적을 설명하는 자리를 가졌다. 또한 지역아동센터의 센터장과 실무자를 대상으로 하는 면담과정을 통해 시설개선의 요구를 파악하고, 교육활동 과정 속에서 해당 지역아동센터 어린이·청소년이 직접 참여해 시설개선 활동을 진행하는 방식을 택했다.

환경교육 프로그램을 지원할 때는 이론적인 교육을 지양하고, 다양한 환경교육 주제를 지역아동센터 내부여건과 외부환경을 고려해 체험활동 방식으로 진행될 수 있도록 사전에 각 지역아동센터와 조율하고 협력하여 진행하는 방식을 택했다.

③ 의미/시사점

지역아동센터 또는 사회적 소외계층을 대상으로 하는 환경교육 활동을 해마다 진행해 왔지만 방향성이나 내용에서 커다란 흐름을 만들어가는 데 다소 부족한 점도 있다. 재정적인 이유로 파트너십 구축을 통해 진행되는 데 따른 부정기성 또한 극복해야 할 문제이기도 하다.

그럼에도 불구하고 다음의 몇 가지 점에서 긍정적인 평가를 얻을 수 있었다. 첫째, 다양한 내용의 사업 진행을 통해 지역아동센터 실정과 지역아동센터를 이용하는 어린이·청소년에 대한 이해가 깊어졌다. 이를 통해 향후 진행되는 사업을 보다 내실 있게 준비할 수 있게 되었다. 둘째, 지역아동센터의 열린 구조를 통해 환경교육의 효과를 높일 수 있었다. 지역아동센터의 강점은 학교나 기타 청소년 시설에 비해 활동시간이나 장소에 제약이 덜하다는 것이다. 이로 인해 환경교육지도자와 학습자가 충분히 만족할 만한 교육을 진행할 수 있었다. 셋째, 지역아동센터의 센터장과 실무자에게 환경교육의 중요성을 인지시킬 수 있었다. 대다수의 지역아동센터 실무자가 갖는 가장 큰 관심은 이용자에 대한 학습지원이다. 따라서 환경문제는 관심 밖의 영역이거나 특별활동으로 치부되는 편이다. 하지만 지역아동센터 어린이·청소년을 대상으로 하는 환경교육 활동을 통해 지역아동센터 실무자들이 자연스럽게 환경에 대해 관심을 두게끔 유도할 수 있었다.

14. [2011년~] 새와 인간의 공존을 생각하는 환경교육 축제, '버듀(탐조교육) 페스티벌'

① 개요

탐조교육은 환경교육 분야에서도 특화된 분야로 많은 교육가, 전문가, 시민들까지 관심을 갖고 참여해온 분야이다. '남이섬 버듀 페스티벌'은 새(Bird)와 교육(Education) 두 단어를 합성하여 만든 주제어로, 말 그대로 탐조교육한마당이다. 2011년을 시작으로 환경교육센터와 <환경과생명을지키는전국교사모임>이 공동주최하고 <남이섬환경학교>가 주관하여, '새와 인간의 공존'을 꿈꾸며 함께 만들어가고 있는 축제이다. 군산 세계철새축제, 주남저수지 철새축제 등 철새 도래지에서 지자체가 주도하는 철새축제는 몇몇 사례가 있었지만, '남이섬 버듀 페스티벌'이 특별한 것은 탐조를 전문 환경교육의 차원에서 접근하면서도 대중들과 소통할 수 있었기 때문이다. 탐조 전문가와 환경교육가, 그리고 새를 사랑하는 시민들의 만남과 소통, 그리고 공동의 경험과 나눔은 향후 전문적인 시민환경교육 분야의 실천적 모델이 될 수 있다.

② 과정

버듀페스티벌은 새의 생태를 이해하는 주제 강연과 함께 각 지역에서 개별적으로 진행되어 오던 탐조 프로그램의 경험을 함께 나누는 공유의 장이자, 참여자들이 프로그램을 만들어가는 협력의 장, 그리고 '새'를 주제로 사람들을 이어주는 네트워크의 장으로 기능한다.

버듀페스티벌은 2011년에는 호반새를, 2012년에는 까막딱따구리를 주제로 하였다. 새의 특성과 새의 서식환경에 대해서 이해하는 강연과 함께 각 지역과 단체에서 어떻게 탐조교육을 진행하는지 사례를 공유하고, 소리를 통해 새를 만나고 관찰하고 그림을 그리는 등 새와 관련한 다양한 교수학습방법도 배울 수 있다. 또한 우리의 탐조문화에 대해 논의하고, 새와 관련한 개인의 에피소드를 가진 사람들의 살아 있는 경험적 지식을 나누면서 전문가와 시민이 탐조를 매개로 소통할 수 있는 프로그램으로 자리매김하고 있다. 참가자들은 새들의 활동이 활발한 새벽, 동이 틀 무렵에 이뤄지는 탐조에서 단순히 유명한 관광지라고만 생각했던 남이섬에 다양한 새들이 사람 가까운 곳에서 새로운 생명을 품고, 키워내며, 우리네의 삶처럼 그들의 삶을 살아가고 있음에 경이로움을 느끼고, 그들을 따스하게 품어주고 있는 남이섬의 생태적인 가치를 새롭게 인식하게 된다.

버듀 페스티벌이 진행되고 있는 남이섬은 많은 부분이 사람의 손으로 조성된 섬이다. 인위적으로 나무를 심고 재배치한 곳이지만, 2000년에 들어서면서 농약을 치지 않으면서, 농약으로 인한 오염이 사라지자 자연스레 곤충들이 많아지고, 자연의 자생력이 높아지면서 호반새, 흰눈썹황금새와 같은 희귀 새와 까막딱따구리 등 멸종위기에 처한 새들도 찾아오는 곳이 되었다. 버듀 페스티벌의 참가자들은 책에서 혹은 브라운관에서 만나던 희귀종이나 멸종위기에 처한 새들을 남이섬에서 만나게 되면 처음에는 그 '새' 자체에 주목을 하지만, 나중에는 '그 새들이 왜 남이섬을 선택했을까?'를 고민하게 되면서 새들에게 어떤 환경을 제공해야 그들이 우리 곁에서 안전하게 살아갈 수 있을지에 대한 고민에 이른다. 새는 흔히 생태계의 정점에 있다고 표현된다. 자연이 건강할수록 새가 찾아오고, 자연이 훼손될수록 새는 멀리 도망을 간다. 남이섬 버듀 페스티벌은 생태계의 정점으로서 새를 인식하고, 새들이 살아갈 수 있는 환경에서 살아갈 때 인간들도 보다 행복하게 살아갈 수 있음을 이야기하는 '새와 인간의 공존을 꿈꾸는 축제'가 되어가고 있다.

③ 의미/시사점

남이섬 버듀 페스티벌은 탐조를 환경교육의 전문적 영역으로 접근하면서도 대중과 만나는 시민과학의 형태를 접목한 새로운 시도라는 의미를 갖고 있다. 탐조전문가, 환경교육전문가 그리고 탐조에 관심 있는 사람들이 모여 '새'를 통해 어떻게 환경을 이야기할 것인지를 고민하고, 탐조의 다각적인 접근을 모색하고, 새로운 프로그램을 시도하고, 프로그램을 유형화했다는 점에서도 의미가 있다.

2011년과 2012년 두 번의 행사로 남이섬 버듀 페스티벌을 평가하기엔 아직 채워가야 할 부분이 더 많다. 지금까지 주로 전문가와 교육가 참여 중심의 프로그램으로 구성되었다면, 앞으로는 새에 관심을 갖는 일반인들의 참여를 보다 확장할 수 있는 활동으로 기획해서 우리 시민들이 새를 통해서 환경에 관심을 갖고, 생태적인 감수성을 높일 수 있는 참여의 장으로 확대해가고자 한다.

4부

마치며

7장 결론

지금까지 "환경교육과 환경운동의 양면적, 통합적, 혹은 초월적 성격을 지니는 '무엇'의 실재를 어떻게 보아야 할 것인가?" 즉, "환경교육운동의 고유한 정체성을 무엇으로 보아야 할 것인가?"라는 질문에서 출발하여, 실재(entity)로서의 환경교육운동의 형성과정과 전개과정을 탐구하였다. 이를 통해 환경교육운동의 본질적 특질, 즉 고유의 정체성을 이해하고자 하였다.

연구결과를 토대로 환경교육과 환경운동의 정체성을 비교했을 때, 환경교육운동은 다음과 같은 정체성을 가진다. 첫째, 교육의 맥락에서 환경교육운동은 '환경에 대한(about), 환경 안에서의(in), 환경을 위한(for)' 교육의 통합적 차원의 목적을 추구하면서 사회 비판적이며, 변혁 지향성을 내재하고 있다. 환경교육운동은 사회 현실에 대한 비판적 시각과 민중 지향적인 교육운동에 뿌리를 두고 있다. 따라서 사회 변혁적 지향과 실천적 교육의 성격이 강하다. 이러한 점에서 기업체나 정부에서 하는 환경교육과 구분되는 특유의 정체성을 가진다. 둘째, 운동의 맥락에서 환경교육운동은 운동의 흐름 속에서 사회변화를 위한 환경교육을 통해 시민들의 참여를 이끌어내고, 대중들을 조직해내는 역할을 한다. 환경교육운동 형성 초기에는 환경운동의 한 방편으로 출발했지만, 환경 담론과 시민 담론이 지배하기 시작한 1990년대에 환경 담론의 적대적 성격의 약화와 유연화가 진행되면서 환경교육운동은 고유한 영역을 확보해나갔다.

다음으로 환경교육운동의 변천과정에서 나타나는 정체성을 살펴보았다. 환경교육운동은 운동참여과정을 통해 서서히 정체성을 획득해왔는데, 1990년대 이전 '전사(前史)' 시기의 환경교육운동은 교육적 목적보다는 운동의 메시지를 전달하고 민중을 계몽하기 위한 수단이었다. 1990년대 '형성' 시기의 환경교육운동은 전문 환경운동의 영역에서 교육적 목적이 강화된 교육 중심 환경운동으로 나타났고, 독자적인 환경교육운동의 역할이 강화되었다. 2000년대 '전개' 시기의 환경교육운동은 시민 참여형 환경교육이 본격화되고, 전문 환경교육단체들이 등장하면서 저마다의 환경교육운동이 구현되는 등 전문화, 다양화가 전개되었다. 이 전개과정을 사례를 통해 구체적으로 살펴보았다. 그 결과, 시민사회단체의 교육활동은 1990년대 초중반 초창기 환경운동의 확대재생산과 계몽의 역할에서 생태적 감수성으로 대중의 눈을 뜨게 하는 역할로 서서히 변화해왔다. 1990년대 후반에 접어들면서는 다양해진 환경문제를 중심으로 한 주제 기반 혹은 지역적 특성을 살린 장소 기반의 환경교육운동의 분화로 나타났다. 이와 함께 2000년대 중반으로 접어들면서는 각 영역의 통합적 접근과 마을과 공동체 중심의 교육운동으로 확장되었다. 때문에 협력과 연대의 지평이 보다 확대되었다. 이 과정이 때로는 환경갈등에서 화해의 결과를 가져오기도 하고, 지속가능발전교육의 담론의 수용으로 나타나기도 했다.

한편 이러한 환경교육운동의 변천과정을 통해 형성된 환경교육운동은 환경교육과 환경운동의 정체성 간 상호 관련성을 가지고 다시 다양한 유형의 정체성을 가진 영역으로 분화되었는데, 이는 운동 참여자들의 환경교육과 환경운동의 관계 인식에 따라 크게 세 가지로 나타났다. 첫째, 환경운동과 환경교육의 통합을 추구하는 경우 환경운동과 환경교육은 동일한 것을 추구하기 때문에 환경교육운동은 환경운동이자 환경교육이 된다. 둘째는 환경교육운동을 환경운동의 여러 영역 중의 하나로 인식하는 경우 환경교육운동은 효과적인 환경운동을 위해 전략적으로 선택하고 집중하는 하나의 운동방식이 된다. 셋째는 환경교육운동을 환경운동의 영역보다는 교육운동의 주제 영역으로 인식하는 경우 환경교육운동은 삶 자체를 변화시키는 교육운동으로 보다 넓은 차원의 환경적 가치를 추구한다. 환경교육운동은 이와 같은 환경교육과 환경운동의 관계 인식에 따라 성격이 변화하는 특질을 지니며, 이 또한 환경교육운동이 갖는 독특한 정체성으로 이해된다.

이처럼 다양하게 분화되어 나타나는 환경교육운동의 정체성 형성이 갖는 의미를 살펴보면 다음과 같다. 첫째, 교육의 맥락에서 강한 가치 지향성을 가지면서도 교육과 운동의 통합을 추구하는 환경교육운동은 사회변화를 위한 적극적 의미의 환경교육이라는 특화된 영역을 담당할 수 있다. 둘째, 운동의 맥락에서 환경교육을 환경운동의 효과적인 전략으로 인식하여 선택하고 집중해가는 환경교육운동은 시민사회라는 넓은 영역으로 교육의 장을 확장함과 동시에, 교육주체로서의 운동가가 전문성을 갖추고 체계화해갈 수 있는 기회를 제공한다. 셋째, 환경운동의 영역이나 환경교육의 영역에만 머무르지 않고 삶 자체의 변화를 추구하는 환경교육운동은 제도화된 운동 영역 내에서도 실현 가능한 대안적 전략으로 모색될 수 있다는 점에서 중요한 의미를 갖는다.

마지막으로 본 연구결과를 토대로 환경교육, 환경운동, 환경교육운동의 현장과 연구 분야에 몇 가지 제언을 하면 다음과 같다. 첫째, 환경교육의 운동적 측면과 환경운동의 교육적 측면을 해석하고 의미를 부여하려는 노력이 지속되어야 한다. 교육과 운동이 만나는 지점에서 각각의 역할과 의미를 초월하는 새로운 정체성과 특질을 가진 창의적 교육과 운동이 탄생할 수 있으며, 그 정체성은 계속해서 변화할 수 있기 때문이다. 이 연구는 환경교육운동 나름의 특질과 정체성을 밝히고 있지만, 이것은 구별하거나 분리하려는 시도가 아니다. 사회운동에서 거대한 운동으로의 수렴에서 차이의 운동으로 분화와 연대라는 흐름이 나타나고 있는 것처럼, 환경운동과 환경교육이 성장하면서 다양한 성격의 교육과 운동으로 분화될 수 있다. 따라서 다양한 차원의 교육과 운동이 갖는 차이를 존중하고, 각각의 영역을 발전시키는 원동력으로 삼을 때 보다 높은 차원의 교육과 운동으로 의미가 더해질 수 있을 것이다. 둘째, 환경교육 영역에서 사회변화에 보다 민감해지고 그 변화를 적극적으로 반영하여야 한다. 환경교육이 개인의 변화와 함께 사회의 변화를 추구하는 것은 주지의 사실이지만, 전통적으로 환경교육 현장에서는 사회적 변화와 현안에서 일정한 거리를 두는 가치중립이나 가치 자유적인 교육의 성격을 지향해온 것도 사실이다. 이 때문에 이론과 실재의 간극이 생기거나 때로 모호한 입장을 취하게 되는 경향도 존재해왔다. 교육은 반성적 성찰을 통해 바람직한 방향으로 나아가게 하는 과정이다. 환경교육의 주체들이 사회변화에 민감하고 변화를 적극적으로 반영할 때, 보다 나은 방향으로 개인과 사회가 나아가도록 만드는 힘을 갖게 될 것이다.

참고문헌

구도완(1993). "한국 환경운동의 역사와 특성". 『1993년 **후기사회학대회 발표자료집**』. 사회학회.

구도완(2007). "6월 항쟁과 생태환경". 『**역사비평**』, 78. pp.159~174.

권기남(2004). 「**유아환경교육프로그램이 지식, 정서적 태도, 행동 통제감 및 행동에 미치는 효과**」. 서울대학교 대학원 아동가족학과 박사학위논문.

김남수(2007). 「**환경교육 프로그램의 회고적 평가**; 1997년 '**지역사회단체 지도자를 위한 시범환경교육**' **참여자의 내러티브 연구**」. 서울대학교 박사학위논문.

김동춘 외(2010). 『**거대한 운동에서 차이의 운동들로: 한국 민주화와 분화하는 사회운동들**』. 파주: 한울아카데미.

김지연(2011). 「**도덕과 환경교육에서 환경정의의 적용에 관한 연구**」. 한국교원대 대학원 석사논문.

김희경・장미정(2009). "NGO・지자체・지역민 협력을 통한 사회 환경교육 프로그램 평가; 도봉환경교실을 사례로". 『**한국교과서연구학회지**』, 3(1). pp.27~39.

나정숙(2009). 「**시화호 유역의 지역 여성 환경운동에 관한 연구**」. 성공회대학교 NGO대학원 석사학위논문.

남상준(1995). 『**환경교육론**』. 서울: 대학사.

노아미(2011). 「**환경교육교사운동의 전개과정과 특성 분석; 환경과생명을지키는전국교사모임을 중심으로**」. 서울대학교 대학원 석사학위 논문.

노일경(2000). 「**한국 사회교육학의 성립과정과 이념적 지향성에 관한 연구**」. 서울대 석사학위논문.

녹색연합(1998). 『**녹색연합 제1회 청년생태학교 자료집**』.

도봉환경교실(2007). 『2007년 **도봉환경교실 활동보고서**』.

문순홍 편저(2001). 『**한국의 여성 환경운동: 그 역사, 주체 그리고 운동유형들**』. 서울: 아르케.

박태윤 외(2001). 『**환경교육학개론**』. 파주: 교육과학사.

아시안브릿지(2009). "이주민여성과 함께하는 색깔 있는 여행학교; 이주민 여성 생태관광 통역 안내사 양성 프로그램". 『2008년 **한국여성재단 지원사업(다문화) 최종보고서**』.

안병환(2009). "다문화교육의 현황과 다문화교육 접근방향 탐색". 『**한국교육논단**』, 8(2). pp.155~177.

양흥권(2007). "지역사회 평생학습 네트워크 활성화 방안". 『**인력개발연구**』, 9(1). pp.27~40.

에코피스아시아(2009). 『**해피무브 글로벌 청소년봉사단 오리엔테이션 교육자료집**』. 현대기아자동차그룹・에코피스아시아.

에코피스아시아(2010). 『2009 **차깐노르 사막화 방지 프로젝트 사업보고서**』.

오수옥(2011). 「**지역아동센터 프로그램이 이용아동의 심리・사회적 적응에 미치는 영향**」. 가톨릭대 대학원 석사논문.

오욱환 편저(2005). 『**사회변화를 위한 교육**』. 서울: 교육과학사.

오혁진(2010). "사회교육의 일반적 발달단계에 기초한 한국 사회교육사. 시대구분 연구". 『**평생교육학 연구**』, 16(4). pp.81~105.

유정길(2000). "생태위기의 극복을 위한 전일적 사고"; 한국불교환경교육원(2000). 『**생명운동아**

카데미 제13맥 자료집; 생태적 각성을 위한 수행과 깨달음 · 영성』.
유창복(2009). 「도시 속 마을공동체운동의 형성과 전개에 대한 사례연구; 성미산 사람들의 '마을하기'」. 성공회대 석사학위논문.
이성희(2001). 「학교 환경교육과 사회 환경교육의 효과적인 연계방안 연구」. 연세대학교 교육대학원 환경교육 석사학위논문.
이성희 · 최돈형(2010). "학교 환경교육의 시기 구분과 시기별 특성". 『한국환경교육학회 2010년 하반기 정기학술대회 자료집』, 2010(12). pp.67~70.
이유진(2010). 『태양과 바람을 경작하다』. 이후.
이은정(2010). 「시민교육활동가들의 교육에 대한 관점 변화와 실천양상 탐색」. 서울대학교 석사학위논문.
이재영(2001). "환경교육 패러다임 변천과 학교숲의 환경교육적 활용". 『광주지역 학교숲운동 워크숍 자료집』.
이주영(2006). 「참여자의 경험세계를 통해 본 지역시민운동; 마포구 성미산 살리기 운동을 중심으로」. 성공회대 석사학위논문.
장미정(2010). "시민사회(NGO)에서의 지속가능발전교육 사례"; 이선경 · 김남수 · 김찬국 · 장미정 · 주형선 · 권혜선(2010). 유엔지속가능발전교육10년(DESD) 중간 평가를 위한 실태 조사 연구. 유네스코한국위원회.
장미정(2011). 「환경운동가의 정체성 변화를 통해 본 환경교육운동가 형성과정; 환경교육운동가의 기억과 구술을 중심으로」. 서울대학교 박사학위논문.
장미정 · 윤순진(2012). "한국 환경교육운동의 형성과정과 정체성". 『한국지리환경교육학회』, 20(2). pp.85~105.
전의찬(1992). "환경문제에 대한 주민참여와 사회 환경교육; 현황과 개선대책". 『환경교육』. 3. pp.47~54.
정지웅 · 김지자(1986). 『사회교육학개론』. 서울: 교육과학사.
조명래(2001). "한국의 환경의식과 환경운동". 『한국지역개발학회지』. 13(3). pp.141~154.
조희연(2010). "'거대한 운동'으로의 수렴에서 '차이의 운동들'로의 분화: 한국 민주화 과정에서의 사회운동의 변화에 대한 연구"; 김동춘 외(2010). 『거대한 운동에서 차이의 운동들로: 한국 민주화와 분화하는 사회운동들』. 파주: 한울아카데미. pp.25~137.
최돈형 외(2007). 『환경교육교수학습론』. 파주: 교육과학사.
최돈형 외(2009). "국내외 환경사 및 환경교육사(연표)". 『학회 창립 20주년 기념 연구사업 결과보고서』. 한국환경교육학회.
최우석(2009). 「Free-choice environmental learning 개념의 새로움과 개념적 가치 검증」. 서울대학교 박사학위논문.
하민철 · 진재구(2009). "환경보호운동과 지역공동체 형성에 관한 고찰; 산남두꺼비마을의 사회자본 형성과정을 중심으로". 『한국지방자치연구』, 11(3). pp.245~266.
한국불교환경교육원(2000). 『생명운동아카데미 제13맥 자료집; 생태적 각성을 위한 수행과 깨달음 · 영성』.
한국환경교육네트워크(2012). 『2012년 환경교육한마당 자료집』.
한국환경교육학회(2003). 『우리나라 사회 환경교육 발전방안 연구』.
한살림(2010). 『논살림 2009년 활동자료집』.
한숭희(2001). 『민중교육의 형성과 전개』. 교육과학사.
환경교육센터(2002). 『민주시민교육 시범커리큘럼과 일반시범연수자료개발 연구보고서 "느끼고 ·

체험하고 · 행동하는 환경교육: 환경교육편"』. 민주화운동기념사업회.
환경교육센터(2005). **『환경운동연합 환경교육 사명과 비전』**. 환경운동연합환경교육네트워크 준비위원회.
환경교육센터(2007). **『아시아 시민환경교육 국제 워크숍; 만남과 연대』**. 환경교육센터 · 환경운동연합환경교육네트워크.
환경교육센터(2012). **『시민단체 활동가 재교육 프로그램 현황과 요구조사 결과보고서**(미발행)**』**
환경부(2002). **『체험환경교육의 이론과 실제』**. 환경부.
환경운동연합(2008). **『사막화 방지와 초원보전; 희망의 풀씨 보내기』**.
황만익(1990). "환경문제와 환경교육." **『환경교육』**. 1. pp.17~28.

Castells, M.(1997). *The Power of Identity*. Blackwell Publishing Ltd.; 정병순 역(2008). **정체성 권력**. 한울아카데미.
Fien, J.(1993). *Education for the environment: critical curriculum theorizing and environmental education*. Geelong. Victoria. Australia: Deakin University Press.
Fien, J. & Gough. A.(1996). *Environmental Education*. In R. Gilbert. (Ed.) *Studying Society and Environment*. pp.200~216.
Freire, P.(1973). *Education for critical consciousness*. New York: Seabury Press; 채광석 역(1978. 2007). **교육과 의식화**. 서울: 중원문화.
Freire, P. & Horton. M.(1990). *We Make the Road the Walking*:
Freire, P. Translated by Ramos. M. B.(1970). *Pedagogy of the oppressed*. New York: Seabury Press; 성찬성 역(1995). 페다고지: 억눌린 자를 위한 교육. 한마당.
Gough, A.(1997). *The Emergence of Environmental Education: A 'History' of the field. Education and the Environment: Policy. Trends and the Problems on marginalisation*. Australian Council for Educational Research Ltd.
Huckle, J.(1983). "Environmental Education". In Huckle. J. (Ed.) *Geographic education: Reflection and action*. UK: Oxford University Press. pp.99~111; Strife, S.(2010) 재인용.
Huckle, J.(1983). "Environmental Education". In Huckle. J. (Ed.) *Geographic education: Reflection and action*. UK: Oxford University Press. pp.99~111; Strife, S.(2010) 재인용.
Sauve, L. (1996). "Environmental Education and Sustainable Development: A Further Appraisal". *Canadian Journal of Environmental Education*. 1. pp.7~34.
Mappin, M. J. & Johnson. E. A.(Eds.)(2005). "Changing perspectives of ecology and education in environmental education". *Environmental Education and Advocacy*. UK: Cambridge University Press. pp.1~27.
UNESCO.(1977). *Final Report: Tbilisi. UNESCO, 14-26 Oct 1977*. DOC: UNESCO/UNEP/MP/U9 (Paris, UNESCO).

<**기타 자료**>
굿바이아토피사업 홍보자료.
굿바이아토피사업 소개자료(PPT). "굿바이아토피 캠페인 3년; 평가와 향후과제".
도봉환경교실 연도별 활동보고서.

두꺼비친구들 소개책자. "두꺼비 보금자리 구룡산과 두꺼비생태공원".
원흥이두꺼비생태공원 홍보자료.
월간 환경 창간준비호. 1993년 6월호.
월간 환경운동. 1994년 10월호.

뉴스와이어. 2012년 8월 8일자.
동아일보. 1993년 1월 19일자.
서울신문. 1992년 7월 6일자.
한국일보. 2003년 1월 7일자.
한겨레. 1990년 10월 2일자.

<웹사이트>
(사)환경교육센터 홈페이지 http://www.edutopia.or.kr
남이섬환경학교 홈페이지 http://www.ecoschool.or.kr
도봉환경교실 홈페이지 www.ecoclass.or.kr
마중물 다음 블로그 http://blog.daum.net/yespeace
부안시민발전소 http://buanpower.tistory.com
생명의숲국민운동 홈페이지 http://www.forest.or.kr
생명평화마중물 홈페이지 http://www.yespeace.or.kr
성미산 마을극장 홈페이지
http://blog.naver.com/s_theatre?Redirect=Log&logNo=50040174640
시민모임 두레 카페(좋은사람들 두레) 홈페이지 http://cafe.daum.net/ngodoore
시화호생명지킴이 홈페이지 http://www.shihwalake.org
시화호 홈페이지 http://www.shihwaho.kr
아시안브릿지 홈페이지 www.asianbridge.asia
에코붓다 홈페이지 http://www.ecobuddha.org/
에코피스아시아 홈페이지 www.ecopeaceasia.asia
여성환경연대 굿바이아토피 홈페이지 http://www.goodbyeatopy.or.kr
여성환경연대 홈페이지 http://ecofem.or.kr
판교생태학습원 http://www.pecedu.net
풀빛문화연대 홈페이지 http://gcnet.or.kr
한국환경교육네트워크 http://www.keen.or.kr
한살림 홈페이지 www.hansalim.or.kr

부록

(사)환경교육센터
Korea Environmental Education Center

2000~2013년 주요 활동 요약

■ 단체 개요

(사)환경교육센터는 1993년 지구의 벗 환경운동연합의 교육팀에서 시작, 2000년 교육전문기관(현재는 협력기관)으로 설립되었습니다. 센터는 환경교육의 대중화와 체계화를 통해 시민들의 친환경적인 가치관과 실천적 참여를 이끌어냄을 목적으로 합니다. 설립 이래 대상별·주제별 환경교육 프로그램 개발운영, 지역기반 협력형 환경교육장 운영, 시민환경지도자와 환경교육활동가 양성, 국내외 환경교육네트워크 구축과 파트너십 개발, 교재교구 개발보급, 사회 환경교육 기반 연구, 환경교육정책개발 등의 활동에 주력해왔습니다.

- 설립일: 2000년 1월
- 설립목적(정관상): (사)환경교육센터는 환경교육의 체계화와 대중화를 추구하며 청소년을 비롯한 일반 대중의 친환경적인 가치관을 형성하여 시민들의 실천적 참여를 이끌어냄을 목적으로 한다.
- 교육장: [자체운영] 서울 종로구, 환경센터 내 <생태교육관>(2001~2008)
  [자체운영/기업협력] 강원도 춘천시, 남이섬 내 <남이섬 환경학교>(2006~현재)
  [자체운영] 서울 영등포구 <강마을환경배움터>(2012~현재)
  [위탁운영/지자체협력] 서울 도봉구, 발바닥공원 내 <도봉환경교실>(2004~현재)
  [위탁운영/지자체협력] 경기 판교, <판교생태학습원>(2012~현재)
- 회원모임: 생태환경 시민강사모임 <초록뜰>(2001~현재)
  유아환경교육 연구모임 <생각지기>(2002~현재)
  환경책읽기회원모임 <반박자>(2002~현재)
  사회적 멘토모임 <순비기>(2012~현재)
  유아환경교육 전문기관회원 <푸름이 유아환경교육 지정원>(2002~현재)

■ 성장 이야기

제1기 공해문제연구소, 공해추방운동연합 환경교육활동(1982~1993년 3월)
공해와 환경에 대한 계몽의 시기로 환경교육활동이 곧 환경운동이었던 시기이다. 환경문제에 대한 인식이 사회 전반적으로 전무했던 시기로 환경운동의 주요한 목표는 환경문제를 많은 사람들에게 알리는 것이 관건이었다. 환경문제에 사회적으로 폭넓은 관심과 이해가 없었기 때문에 환경에 대한 문제제기와 정보의 전달이 주목적이었다. 많은 시민들과 학생, 주부, 노인에 이르기까지 다양한 대상에게 환경오염에 대한 문제와 심각성을 깨닫게 하는 형태의 교육으로 실내강좌의 교육이 주를 이루었다. 현장교육은 지역운동과 연계해 골프장 공사를 위해 훼손이 심각한 삼림 등 오염이나 파괴의 정도가 심한 곳을 방문했다. 환경교육을 실시하는 단체도 몇 단체 없었던 시기로 공해추방운동연합의 교육활동은 당시 선도적으로 이루어졌고 점점 더 많은 사람들이 열의를 갖고 교육에 참여하기 시작했다.

제2기 환경운동연합 창립 이후 환경교육(1993년 4월~1999년 12월)
환경운동연합 창립 이후 환경문제가 본격적인 사회문제로 인식되기 시작하였다. 많은 시민들이 단체에 회원으로 가입하고 언론에서도 환경문제를 본격적으로 다루었다. 이 시기에는 환경강좌의 내용이 더 심화되었고, 교육기회를 확대하여 보다 더 많은 사람들의 참여를 독려하였다. 특징적인 환경교육의 형태를 살펴보면, 환경지식을 구두로 전달하는 실내 강의 방식보다 자연으로 다가가 생태적 감수성을 자극하여 환경의 소중함을 느끼고 아름다운 자연을 보호해야 한다는 인식을 심어주는 현장체험 중심으로 변화가 나타났다. 어린이 환경캠프, 가족이 참여하는 생태기행, 환경 이슈가 있는 지역의 현장체험, 푸름이 국토환경대탐사 등 다양한 대상과 내용으로 프로그램이 진행되었다. 대상에 맞는 교육프로그램의 개발, 교육이 이루어지는 적절한 현장 찾기, 교육프로그램을 함께 진행할 자원교사의 모집과 교육, 효과적인 교육방법 개발이 주요한 과제가 되었다.

제3기 최초의 사회환경교육기관 (사)환경교육센터 설립(2000년 1월~2009년 1월)
환경운동연합의 교육팀에서 교육전문기관인 환경교육센터로의 독립은 이전의 교육활동의 지속성을 담보하면서, 환경교육의 체계화와 전문성을 향상시킨 기점이 되었다. 생태기행, 환경캠프 등의 체험환경교육과 함께, 시민지도자 양성교육, 환경교육 활동가 교육, 환경교사 교육 등 전문적 영역에서의 환경교육과 교재교구 개발 사업을 비롯하여 유아환경교육의 체계화 연구 등 체계적인 환경교육 연구에 박차를 가했다. 특히 지역사회 환경교육의 거점으로서도 중요한 유아환경교육은 부모-교사-유아가 함께하는 프로그램을 개발하고, 유아환경교육 전문기관 회원을 운영해오는 동안 전문교재 등의 성과물을 만들어내고 있다. 또한 시민들을 환경교육가로 만들고, 일선 교사 대상 환경교육 전문가과정 진행 등의 지도자교육에 중점을 두어 학교-사회를 연계한 환경교육 활성화에 주력해왔다. 한편 환경교육활동가 재교육과 국내뿐 아니라 아시아 시민환경교육네트워크 구축과 교류활동을 통해 환경교육 내용을 긴밀하게 공유하면서 환경교육을 통한 환경운동의 확대재생산과 역량강화로 환경교육운동을 지속시키는 힘을 만드는 데 중심을 두었다. 이와 함께 도봉환경교실과 남이섬환경학교와 같은 작지만 지역에 거점을 둔 체험환경교육 활성화의 새로운 모델들을 만들 수 있었다. 이는 프로그램형 환경교육센터의 가능성을 보여주는 사례이기도 하다.

제4기 (사)환경교육센터의 새로운 도전(2009년 2월~현재)
2009년 (사)환경교육센터는 대내외적 영향과 조직적 상황, 내부적 고민이 맞물려 환경운동연합의 부설기관에서 협력기관으로 위치를 변경하고, 2012년에는 교육장 중심의 장소로 공간을 옮겼다. 이를 통해 몇 가지 의미 있는 변화를 동반하게 된다. 첫째, 환경교육센터가 우리 사회에서 어떤 가치를 지향하며, 어떤 역할을 해나갈 것인가의 고민을 심화시키는 계기가 되었다. 환경교육센터는 그간의 환경교육활동을 역사적 재구성과 기록연구를 통해 정리해나가면서 앞으로의 비전설정과 존재가치를 고민하고 있다. 둘째, 환경운동에서 환경교육운동으로 무게중심을 옮기면서 더 다양한 주체들과의 적극적인 협력과 연대를 통해 환경교육의 영역을 확장해가고 있다. 물교육 전문가 양성, 어린이·청소년 주도의 실천역량강화와 프로젝트 중심의 활동성과를 공유하는 환경탐구대회 등의 기업협력형 사업은 체질개선과 함께 도전적 과제들을 만들어냈다. 다양한 주제 중심의 시민환경교육지도자 양성과정은 지자체와의 지속적 파트너십을 만들어냄으로써 지역기반 환경교육의 새로운 가능성을 만들어가고 있다. 셋째, 환경교육운동의 전문영역에 집중하고 심화시키고 있다. 환경교육 전문영역을 심화시킬 수 있는 환경교육 센터링이나 사회환경교육 아카데미, 탐조교육전문가와 시민들이 함께 하는 탐조교육축제, 사회운동가의 교육역량강화 프로그램, 환경교육콘텐츠 기반 시설형 전문환경교육센터인 판교생태학습원 운영 등 전문 환경교육의 심화과정은 앞으로 환경교육센터의 활동지향을 엿볼 수 있게 해준다. 넷째, 사회 정의적 차원에서 환경교육운동의 역할에 무게를 두고 있다. 지역아동센터의 이해를 바탕으로 현실적인 방안을 모색한 지속적 연대와 교육지원활동은 환경교육운동의 사회적 역할을 구체화해 준다.

1. 교육·양성

(사)환경교육센터(이하 '교육센터')는 유아, 어린이부터 시작해 청소년, 대학생, 성인 일반에 이르기까지 다양한 대상과 주제(기후변화와 에너지, 숲과 식물, 물과 하천, 습지, 녹색소비, 야생동물, 먹을거리, 국제 이해 등)에 적합한 프로그램을 개발 운영해오고 있다.

가. 유아

1) 지속 사업

가) 푸름이 유아환경교육 지정원 사업

푸름이 유아환경교육 지정원은 유치원, 어린이집, 관련 기관 등이 회원으로 참여하여 "자연존중, 생명평화"의 가치를 교육과정과 원 운영에 담아낼 수 있도록 유아·교사·학부모를 위한 환경교육 내용과 활동을 지원하는 프로그램이다.

[표 1] '푸름이 유아환경교육 지정원' 프로그램 운영

연도	주요 활동
2001	'푸름이 유아환경교육 시범운영' 준비
2002	'푸름이 유아환경교육 시범운영원' 운영
2003~현재	'푸름이 유아환경교육 지정원' 운영

[표 2] '푸름이 유아환경교육 지정원' 연도별 지역별 회원 현황

지역	02년	03년	04년	05년	06년	07년	08년	10년	11년	12년	13년
서울	11	7	8	6	8	8	30	5	9	11	9
부산			1		1			1			
인천	3						7				
강원								1			1
경기	7	8	8	3	5	17	11	2	1	3	5
충남	1	1	1				9				
충북	1	2	2		1						
경남	2	1	1						1	2	1
미확인						9					
계	22*	16	20	9	15	25**	57**	9***	11	16	16

* 2002년 한우리 정보통신과 협력운영
** 2007~2008년 한솔교육 사업국과 협력운영
*** 2010년 자체 사업으로 재정비(기관회원제에서 유아회원제로 변경)

푸름이 유아환경교육지정원에 참여하는 기관의 경우 다음과 같은 권리와 의무를 지니게 된다.

[표 3] 푸름이 유아환경교육 지정원의 권리

권리	02	03	04	05	06		07	08	09	10 ~11	12		13
					정보 회원	교육 회원					정보 회원	교육 회원	
① 연간 유아환경교육과정 제공	◎	◎	◎	◎	◎	◎	◎	-	-	-		◎	◎
② 월 1회(4주차) 학부모소식지 제공	◎	◎	◎	◎	◎	◎	◎	-	-	-	◎	◎	◎
③ 원아대상 푸름이 배지 제공	◎	◎	◎	◎	◎	◎	◎	◎	◎	-	-	-	-
④ 현판과 인증서 제공	◎	◎	◎	◎	-	◎	◎	◎	◎	◎	-	◎	◎
⑤ 유아교사환경교육 워크숍 제공, '학부모 교육' 및 '교사 교육' 참여 시 우선 참여와 할인혜택	◎	◎	◎	◎	◎	◎	◎	◎	◎	◎	◎	◎	◎
⑥ 환경교육센터 각종 프로그램 참여 시 할인	◎	◎	◎	◎	◎	◎	◎	◎	◎	◎	◎	◎	◎
⑦ 연1회 환경체험교육 기획지원	◎	◎	◎	◎	◎	◎	◎	◎	◎	◎	◎	◎	◎
⑧ 연1회 환경체험활동 강사 지원	◎	◎	◎	◎	-	◎	◎	◎	◎	◎	-	◎	◎
⑨ 월1회 수업지도안 제공	◎	◎	◎	◎	◎	◎	◎	-	-	-	-	◎	◎
⑩ 교육센터 발행 '유아환경교육 프로그램 교재' 무료 발송	◎	◎	◎	◎	◎	◎	◎	◎	◎	◎	◎	◎	◎
⑪ 유아환경신문 제공					-	◎	◎	◎					
⑫ 어린이환경놀이책 제공									◎	◎	◎	◎	◎

[표 4] 푸름이 유아환경교육 지정원의 의무

권리	02	03	04	05	06		07	08	10	11	12		13
					정보 회원	교육 회원					정보 회원	교육 회원	
① 프로그램 운영에 관한 설문평가 참여	◎	◎	◎	◎	◎	◎	◎	-	-	-	◎	◎	◎
② 연간 환경교육 프로그램 적용	◎	◎	◎	◎	-	◎	◎	◎	◎	◎	-	◎	◎
③ 교사 50% 이상 유아교사교육 의무참여	◎	◎	◎	◎	-	◎	◎	◎	◎	◎	-	◎	◎
④ 환경체험활동 연 1회 이상 실시	◎	◎	◎	◎	-	◎	◎	◎	◎	◎	-	◎	◎
⑤ 유아교사 환경교육 연구모임 '생각지기' 참여	◎	◎	-	-	-	-	-	-	-	-	-	-	-

나) 유아환경교육 연구모임 '생각지기'

교사와 학부모가 직접 참여하는 연구모임(생각지기)은 2002년에 전・현직 유아교사와 학부모가 참여하는 연구모임 '생각지기'를 결성한 후에 현장에 기반을 둔 유아환경교육 프로그램을 개발, 운영, 모니터링 해오고 있다. 그리고 이를 통해 현장체험활동 프로그램 교육안을 개발 보급해오고 있다.

[표 5] 유아환경교육연구모임 '생각지기'의 연도별 활동 개요

연도	주요 활동	비고
2002	・'1, 2기 유아환경교육워크숍' 참가자 출신들을 중심으로 모임 구성 ・'푸름이 유아환경교육 지정원' 프로그램 개발과 운영	-격주간 정기모임
2003~2010	・'유아환경교육 학습지도안'과 '학부모소식지' 개발 ・'유아교사 환경교육 워크숍'의 교육지원 ・'생각지기가 함께하는 유아환경교육' 교재 발행(2003) ・푸름이와 함께 떠나는 '환경아, 놀자' 환경교육동화 교재 발행(2007) ・환경아, 놀자 플레이북 시리즈1 '깨끗한 물이 되어줘', 시리즈2 '맑은 공기가 필요해' 발행(2010) ・월간 '어린이환경신문' 발행	-격주/매월 정기모임 * 2008~2010년에는 정기모임 없음.
2011~현재	・격월간 '어린이환경놀이책' 개발 ・유아환경교사 워크숍 교육 강의 지원 ・유아용 기후교재 개발(2012) ・'찾아가는 유아환경교실' 강의 지원	-격월간 정기모임

2) 단기 사업

가) 토론회/좌담회

환경교육의 중요성이 인식되고 유아기에서부터의 체계적인 환경교육 필요성 제기에 따라 '푸름이 환경교육 지정원' 프로그램을 마련하여, 유아환경교육 프로그램개발과 보급, 교사교육과 학부모교육을 연계하는 내용을 기획 운영하였다. 또한 이에 따른 유아환경교육의 현황과 발전방향을 모색하는 토론회를 개최하였다. 이는 ① 유아환경교육의 필요성 공유, ② 푸름이 환경교육 지정원 사업 홍보, ③ 센터 내 유아환경교육 기반 마련을 목적으로 하였다.

※ **프로그램 예시1 – 유아환경교육 토론회** "유아환경교육의 현재와 발전방향"

[표 6] 프로그램 예시. 유아환경교육 토론회 개요

주제	유아환경교육의 현재와 발전방향
일시	2002.2.7(목) 14:30
장소	어린이도서관 시청각실
내용	사회: 송상용(한림대 인문대학장, 환경연합 환경교육센터 이사장) 발제: 생태유아교육의 현재와 발전방향 / 임재택(부산대 유아교육학과 교수, 생태유아교육 연구모임 유아환경교육사업 실천사례; 유아의 눈높이에 맞는 환경체험교육 / 차수철(천안아산환경운동연합 사무국장) 토론: 소혜순(다음을 지키는 엄마모임 교육분과장) 김정희(이화여대 한국여성연구원, 공동육아연구원) 신동석(환경부 민간환경협력과 주사) 심화섭(해바라기재능 유치원 원장) 주선희(환경교육센터 사무국장)

※ **프로그램 예시2 – 유아환경교육 좌담회** "유아환경교육 10년, 성찰과 도전"

유아환경교육 사업 10년을 맞이하여, 그간의 성과와 한계를 짚어보고, 다음을 준비하는 사업평가 간담회를 진행하였다. 좌담회를 통해, 유아환경교사 워크숍의 활성화와 어린이환경놀이책의 집필방향에 대해 구체화할 수 있었다.

[표 7] 프로그램 예시. 유아환경교육 좌담회 개요

주제	"유아환경교육 10년, 성찰과 도전" – 유아환경교육 사업평가 좌담회
일시	2012.2.29(수) 11:00
장소	(사)환경교육센터 강마을환경배움터
대상	지정원 원장님, 환경생태강사, 사무국 활동가
내용	Ⅰ. 2002~현재. 유아환경교육 사업 개요 – 푸름이 유아환경교육 지정원 운영(2002~2011) – 유아환경교육워크숍(1~11기) – 어린이환경놀이책(1~35호) Ⅱ. 2012년 (사)환경교육센터 유아환경교육사업 계획 – 유아환경교육워크숍 & 유아생태지도자 양성과정(12~15기) – 푸름이 유아환경교육 지정원, 어린이환경놀이책, 어린이환경놀이학교 Ⅲ. 2012년 유아환경교육 활성화 방안 논의 – 푸름이 유아환경교육 지정원 운영 평가와 제언 – 유아교사환경교육 워크숍 평가와 제언 – 어린이환경놀이책 평가와 제언, 활용방안 논의

나) 지정원 체험교육

유아환경교육에서는 유아, 어린이집(유치원) 교사, 학부모가 모두 중요한 교육주체이기 때문에 함께 참여할 수 있는 교육프로그램이 중요하다. 교육센터에서 진행한 지정원 체험교육은 유아환경교육의 주체들이 지역의 생태, 환경적 특성을 이해하고 환경보전의 중요성을 인식할 수 있도록 기획 운영된 프로그램이다.

지정원에서 신청하는 경우, 연간 수시로 진행하였다.

※ 프로그램 예시 – 푸름이 지정원 현장체험교육

[표 8] 연도별 푸름이 유아환경교육 지정원 현장체험교육 개요

연도	주요 내용	대상	기간	장소
2002	갯벌 체험교육 – 갯벌 생태계, 자연에 대한 예절(주의사항) – 갯벌탐사 – 소나무 숲에서의 자연놀이	강남유치원 원아 41명, 아빠 36명, 교사 5명	2002.3.6	경기도 궁평리 (갯벌, 염전)
		성수 아름유치원 원아 38명, 학부모 26명, 교사 3명	2002.6.12	
		선경유치원 원아 96명, 학부모 91명	2002.6.18	
2012	찾아가는 어린이환경놀이학교 – 어린이환경학교에 입학했어요! – 판교생태학습원 견학 – 열매, 물, 기후변화 주제수업	성수동 어린이집 연합 회당 20~30명	2012. 5~11 매달 1회	성덕어린이집, 성원어린이집, 성수어린이집, 성일어린이집, 진터마루어린이집
2013	찾아가는 유아환경놀이교실 – 어린이환경놀이책 활용 주제별 수업(자연에너지, 녹색소비, 물 등)	서울, 경기권 내 지정원 회당 20~35명	2013.7~11	성산어린이집, 성덕어린이집, 성원어린이집, 성수어린이집, 성일어린이집, 진터마루어린이집, 금사어린이집, 해바라기재능유치원

나. 어린이 · 청소년

1) 지속 사업

가) 푸름이 환경캠프

어린이 환경캠프는 환경운동연합에서 1995년부터 여름, 겨울 연 2회로 시작되었으며, 교육센터가 발족하면서 고유사업으로 현재까지 지속되고 있다. 2005년에는 생태환경캠프의 바람직한 방향을 모색하는 토론회와 워크숍을 개최하는 등 지속 가능한 교육활동과 질적 향상을 위해 노력해왔다.

[표 9] 푸름이 환경캠프 연도별 활동 개요

연도	사업명	주요 내용	기간	장소	비고
1993	제1기 공해추방운동연합,어린이환경학교 "어린이와 환경"	봄 캠프, 내가 먹은 음식 얼마나 해로운가? 내가 버린 쓰레기 다시 찾는 기쁨	1993.3.13/3.27/4.10/4.11/4.24/5.8/5.22/6.4/6.24		
	제2기 어린이, 자연과 과학의 만남		1993.7.26~29(3박4일)/8.~12(3박4일)	전원 주말학교	
1994	제3기 어린이환경학교-봄환경캠프	자연은 우리 친구	1994.2.25~26(1박2일)	한터 어린이 농장	
	제4기 어린이환경감시단 여름환경캠프	자연의 소리 듣기, 물고기와 수생식물 관찰하기	1994.7.26~29(3박4일)/8.~5(2박3일)	초원 농원(가평)	
	제5기 겨울환경캠프	자연 속의 우리	1994.12.27~29(2박3일)	영종도 안젤라 캠프장	
1995	제6기 봄환경캠프	우리 환경 어린이 손으로	1995.2.23~25(2박3일)	삼봉리 교육원 (남양주)	
	제7기 여름환경캠프	도시에서 벗어난다는 것은	1995.7.25~28(3박4일)	환경연수원(홍천)	
	제8기 겨울환경캠프	도시에서 벗어난다는 것은	1995.12.27~29(2박3일)	환경연수원(홍천)	
1996	제9기 어린이 여름환경캠프	함께 느끼는 자연	1996.7.23~26(3박4일)	초원농원(가평)	
1996	제10기 어린이 여름환경캠프	함께 느끼는 자연	1996.8.6~8(2박3일)	환경연수원(홍천)	
	제11기 어린이 겨울환경캠프	소중한 우리 환경・우리 문화	1996.12.26~28(2박3일)	환경연수원(홍천)	
1997	제12기 봄환경캠프	소중한 우리 환경・우리 문화	1997.2.25~27(2박3일)	환경연수원(홍천)	
	제13기 어린이 여름환경캠프	함께 가꾸어야 할 세상	1997.7.22~25(3박4일)	나무터 캠프(가평)	
	제14기 어린이 여름환경캠프	함께 가꾸어야 할 세상	1997.7.28~31(3박4일)	환경연수원(홍천)	
	제15기 어린이 여름환경캠프	함께 가꾸어야 할 세상	1997.8.4~7(3박4일)	환경연수원(홍천)	
1998	제16기 어린이 겨울환경캠프	소중한 우리 자연, 우리 문화	1998.1.8~10(2박3일)	환경연수원(홍천)	
1999	제17기 어린이 봄환경캠프	손쉽게 배우는 신 나는 환경 과학 캠프	1998.2.23~25(2박3일)	너리굴 문화마을 (경기도 안성)	
	제18기 어린이 여름환경캠프	자연아, 우리 친구 되자!	1998.8.4~7(3박4일)	환경연수원(홍천)	
	제19기 어린이 여름환경캠프	자연아, 우리 친구 되자!	1998.8.11~14(3박4일)	환경연수원(홍천)	
	제20기 어린이 겨울환경캠프	겨울 생태와 우리 문화 배우-자연아, 우리 친구 되자!	1999.1.12~14(2박3일)	환경연수원(홍천)	
	제21기 어린이 겨울환경캠프	겨울 생태와 우리 문화 배우기-자연아, 우리 친구 되자!	1999.1.19~21(2박3일)	환경연수원(홍천)	
2001	제22기 여름환경캠프/ 한화환경캠프	우리가 지켜야 할 환경, 숲 느끼기, 월악산 국립공원 야생화 탐사 등	2001.7.25~27(2박3일)	수안보 한화리조트	
	제23~30기				자료 누락
	제31기 겨울환경캠프	철새도 쉬어가는 강화에서 조상의 숨결 느끼기: 옛 놀이문화 느끼고 경험하기	2001.12.27~29(2박3일)	강화도 흙벽돌 집, 김포 교육박물관, 김포 덕포진, 강화 여차리, 강화 역사관, 강화 광성보	초등생 67명
	제32~33기				자료 누락
2003	제34기 푸름이 겨울환경캠프	생태마을탐사	2003.1.7~10(3박4일)	서천 일대 (서천 철새탐조대, 아리랜드, 희리산 휴양림)	초등생 40명
	제35기 푸름이 환경캠프	제주의 자연 체험, 제주의 역사 문화, 숲-오름-습지체험	2003.2.18~21(3박4일)	제주도	

2004	제36기 푸름이 겨울환경캠프	생명의 땅, 부안에서 여는 에너지 생태학교	2004.1.6~9(3박4일)	전북 부안 일대	초등생 46명
	제37기 푸름이 봄환경캠프	백창우와 함께하는 환경동요 캠프	2004.2.24~26(2박3일)	우이동 봉도 청소년수련원	초등생, 취학예정자 49명
	제38기 푸름이 물사랑환경캠프	도심 속에서 배우고 실천하는 환경 물사랑 캠프	2004.5.8(사전교육) / 5.21~23(캠프, 2박3일)	서울시 난지캠프장 (환경캠프)	초등생 12명
	제39~40기				자료 누락
2005	제41기 푸름이 봄환경캠프	노래와 만나보는 초록 세상	2005.2.22~24(2박3일)	충남 홍성 문당리 환경농업교육관	42명
	제42기 푸름이 환경캠프	어린이 물 절약 실천프로그램	2005.8.19~21(2박3일)	가평 약속의 섬 허브밸리 청소년 수련원	34명
	제43기				자료 누락
2006	제44기 푸름이 겨울환경캠프	발바닥아, 똥아, 깃털아!	2006.1.3~6(3박4일)	강원도 철원 꺽지문화마을, DMZ 일대	33명
2006	45기 푸름이 국제이해환경캠프	푸름이 국제이해환경교실	2006.9.23~24/ 10.2~29/11.24~26	춘천남이섬 서울 봉도수련원 정동프란치스코 회관	
2008	제46기 푸름이 겨울환경캠프	동화 속 주인공들과 떠나는 "에코빌리지(Eco-Village) 체험여행"	2008.1.3~5(2박3일)	충북 단양 한드미 마을	
2010	제47기 남이섬 어린이환경 동화캠프	콩닥콩닥, 환경아 놀자와 함께 동화나라로 퐁당	2010.8.19~20(1박2일)	남이섬 환경학교	초등 전 학년 28명
	제48기 푸름이 겨울환경캠프	우리같이 배우는 환경가치학교	2011.1.3~8(5박6일)	평창 어름치학교	구제역으로 취소
2011	제49기 푸름이 겨울환경캠프	리더십 환경캠프	2012.1.3~8(5박6일)	강원도 평창군 어름치캠프학교	
2012	제50기 여름환경캠프	옥수수가족환경캠프	2012.7.21~22	홍성 문당리	가족 125명
2012	제51기 어린이 여름환경캠프	뗏목 타고 맴맴! 옥수수 먹고 맴맴!	2012.7.28~31	무주 호롱불마을	

※ 프로그램 예시1 – 푸름이 환경캠프

[표 10] 프로그램 예시. 푸름이 환경캠프 프로그램 개요

연도	내용
	• 주제: 발바닥아, 똥아, 깃털아! • 일시: 2006.1.3(화)~6(금) • 장소: 강원도 철원 꺽지문화마을, DMZ 일대 • 대상: 초등학생 1~6학년 • 참석인원: 초등학생 33명 / 모둠교사 4명, 진행교사 3명 • 주요 프로그램: 민통선 철새탐조, 내 별명 네 별명, 두루미 강의, 새집 만들어 달아주기, 야생동물 흔적 찾기, 겨울운동회, 행복한 동물원, 동물들아, 놀자! 등

2006	

시간 \ 날짜	1.3(화)	1.4(수)	1.5(목)	1.6(금)
07:00~08:00		일어나기, 체조	일어나기, 체조	일어나기, 체조
08:00~09:00	모이기	아침	아침	아침
09:00~10:00	오리엔테이션 출발	새집 만들기 새 모이통 만들기	동물들아, 안녕?	동물들아, 놀자!
10:00~11:00	철원 가기			
11:00~12:00				
12:00~13:00	점심	점심	점심	점심
13:00~14:00	민통선 철새 탐조	산으로 새집, 새 모이통 달기 동물 흔적 찾기	겨울 운동회	모둠모임
14:00~15:00				전체모임
15:00~16:00				그리운 집으로
16:00~17:00	꺽지마당으로, 휴식		행복한 동물원	
17:00~18:00	공동체 놀이	돌아오기		
18:00~19:00	저녁	저녁	저녁	
19:00~20:00	두루미 이야기	동물 흔적 만들기	모둠별 발표회	
20:00~21:00	두루미 이야기	동물 흔적 만들기	모둠별 발표회	
21:00~22:00	모둠모임	모둠모임		
22:00~23:00			모둠모임	

2008

- 주제: 동화 속 주인공들과 떠나는 "에코빌리지(Eco-Village) 체험여행"
- 일시: 2008.1.3(목)~5(토)
- 장소: 충북 단양 한드미 마을
- 대상: 초등학생 1~6학년
- 참석인원: 초등학생 54명 / 모둠교사 6명, 진행교사 5명
- 주요 프로그램: 반달이네 '늘푸른' 마을체험, 깃털이네 '연기 없는' 마을체험, 방울이네 '빛고운' 마을체험, 봄이네 '싱싱한' 마을체험 등

시간	1.3(목)	1.4(금)	1.5(토)
7:00~8:00		아침산책, 마을길 만나기 눈사람 만들기	자연놀이, 마을인사
8:00~9:00	접수	아침식사	짐정리, 아침식사
9:00~9:30	오리엔테이션, 출발	"반달이네, 깃털이네, 방울이네, 봄이네 마을에는 ○○이 있다! 없다?" 동화책 속 지령을 따라, 마을탐사 수행 마을지도 그리기, 에코 빌리지 상상하기 * <1단계> 회의, 기획 <2단계> 준비 <3단계> 탐사, 미션수행 <4단계> 정리	(9:00~12:30) 우리는 생명의 밥상을 먹어요~! (바른 먹거리) (색소실험, 밥상 만들기 체험) 모둠 시상
9:30~12:30	이동, 차내 활동 (세부 오리엔테이션, 환경 애니메이션)		
12:30~14:00	짐 풀기, 점심식사		(12:30~13:30) 건강한 밥상
14:00~15:00	모둠활동_ (인사 나누기, 이름 정하기)		(14:00~) 작별인사, 출발 (슈퍼사이즈 미 영화보고 이야기 나누기)
15:00~16:30	전통놀이체험 삼굿체험		
16:30~18:00	이장님 특강 (마을소개, 먹을거리 등)	마을 전체 활동지도 그리기	(17:00) 도착
18:00~19:00	저녁식사	저녁식사	
19:00~20:00	"책이랑 놀자, 환경이랑 놀자!" _ 동화 속 환경이야기	발표준비	
20:00~21:00		'에코빌리지 체험여행' 발표회, UCC	
21:00~22:00	환경아, 놀자 퀴즈쇼!		
22:00~23:00	별 헤는 밤 산책, 모둠모임	모닥불 축제	
23:00~24:00	취침, 교사모임	취침, 교사모임	

※ 프로그램 예시2 – 생태환경캠프 진단 워크숍

[표 11] 프로그램 예시. 생태환경캠프 진단 워크숍 개요

<table>
<tr><th>사업명</th><th>생태환경캠프 진단 워크숍 "지속 가능한 생태환경캠프를 위하여"</th></tr>
<tr><td>사업 목적</td><td>· 현재까지 사회 환경교육에 있어서의 생태환경캠프의 진단을 통하여 바람직한 생태환경캠프의 상을 재정립하고 지속 가능한 생태환경캠프의 방향을 설정할 수 있다.
· 생태환경캠프의 현황 조사하고 전반적인 상황을 인지할 수 있도록 공유한다.
· 지속 가능한 생태환경캠프를 주제로 한 주제발표 및 사례발표를 통하여, 현황을 진단하고 향후 활동방향에 대해 토론을 진행한다.
· 부대행사를 통하여 환경교육의 내용을 시각적 · 직접적으로 공유한다.</td></tr>
<tr><td>사업 내용</td><td>· 일시: 2005.6.10(금) 9:00~12:00
· 장소: 정동프란치스코회관 교육실
· 주요 프로그램: 생태환경캠프의 의미와 방향
생태환경캠프의 사례 발표
지정토론 및 자유토론 등
· 세부 프로그램
① 생태환경캠프 현황조사 및 분석
–연구팀 구성, 기획회의
–캠프의 정의, 역사, 종류, 유형, 사례 등 조사 및 분석, 원고작성
② 주제별 워크숍
<table>
<tr><th>2005.6.10</th><th>"지속 가능한 생태환경캠프를 위하여"</th><th>시간</th></tr>
<tr><td rowspan="6">09:00~11:00</td><td>사회: 이대형(춘천교대)</td><td></td></tr>
<tr><td>1) 생태환경캠프의 의미와 방향
/ 황선진(마리학교)</td><td>15분</td></tr>
<tr><td>2) 생태환경캠프의 현재
/ 민여경 · 환경교육센터</td><td>15분</td></tr>
<tr><td>3) 생태환경캠프의 사례 발표
–정명숙(부산환경연합 교육부장)
–임양혁(바라기닷컴 실장)
–이광재(즐거운학교 체험교육팀장)</td><td>30분
(각 10분)</td></tr>
<tr><td>4) [지정토론]
–김현덕 친구샘(교육문화연구소 또랑)
–김종필(문화연대)
–윤지선(녹색연합 시민참여국)
–오창길(환경을 생각하는 교사모임)</td><td>30분
(각 10분)</td></tr>
<tr><td>5) [자유토론] 참석자</td><td>30분</td></tr>
<tr><td>11:00~12:00</td><td>–자연의 소리 오카리나 공연 / 나무샘
–부대행사로 전국 사회환경교육 교재 · 교구 전시회 및 환경교육센터 포스터 전시회 등 진행</td><td></td></tr>
</table>
③ 부대행사
–환경교육 교재 및 교구 전시회: 각 지역에서 만들어진 각종 교재 및 교구 전시, 배포 및 판매가능. 사전신청 받아 목록화하기(교재명, 출판연도, 후원, 판매 여부 및 가격)
–유형별 환경교육센터 포스터 전시회(사진자료 외): 환경교육센터가 건립된 지역을 중심으로 환경교육센터의 사진과 설명을 포스터로 만들어 전시, 직접 가보지 못하더라도 간접 체험의 기회를 갖는다. 사전 참여 독려 작업 필요
–체험환경교육 사진 및 포스터 전시회(사진자료 외): 체험교육활동사진전시 혹은 포스터 전시, 역시 간접 체험의 기회를 갖는다. 사전 참여 독려작업 필요
–환경교육 홍보물 전시회(브로셔 및 포스터 외): 각종 행사 관련한 홍보물들을 전시. 홍보물 제작의 아이디어와 활동사례를 공유할 수 있다.</td></tr>
</table>

나) 푸름이 국토환경대탐사

푸름이 국토환경대탐사는 교육센터에서 매년 여름에 진행했던 프로그램으로서 1997년에 시작해 14년째 이어온 교육센터의 대표적인 체험환경교육 프로그램이다. 정기적이고 지속적으로 진행해온 프로그램의 성과는 국토환경대탐사의 참가자가 성인이 되어 다시 자원봉사자로 참여하는 사례로 나타나기도 하였으며, 특별히 일주일 동안의 긴 체험활동을 통해 생활습관의 변화, 자아성장의 계기 마련 등 긍정적인 효과를 기대할 수 있는 프로그램이다.

[표 12] 푸름이 국토환경대탐사 연도별 활동 개요

연도	주제	기간	장소	대상
1997	제1기 생명의 젖줄, 한강을 따라서	1997.7.29~8.8(10박11일)	한강	초등4년~중등2년(122명)
1998	제2기 살아 있는 강 섬진강 대탐사	1998.7.19~26(7박8일)	전북 진안 섬진강 발원지 데미샘~전남 광양만 섬진강 끝	학생 160명, 교사 60명
1999	제3기 태고의 신비 동강 대탐사	1999.7.18~25(7박8일)	동강	152명
2000	제4기 생명의 갯벌, 삶의 갯벌, 희망의 갯벌	2000.7.23~29(7박8일)	서해안	
2001	제5기 땅 끝을 따라 남도 섬마을까지	2001.7.23~29(6박7일)	진도군, 완도군, 강진군, 해남	초등4년~중등
2002	제6기 체험 제주도! 걸어서 한라까지	2002.7.22~28(6박7일)	제주도	초등3년~중등3년(85명)
2003	제7기 생명이 살아 숨 쉬는 섬, 남해대탐사	2003.7.22~28(6박7일)	경남 남해	초등3년~중등3년(85명)
2004	제8기 백두대간의 축, 지리산 850리 생태문화 대탐사	2004.7.22~28(6박7일)	지리산	초등3년~중등3년(85명)
2005	제9기 강원도 굽이굽이, 다시 자연의 시대로	2005.7.26~8.1(6박7일)	강원도(고성, 속초, 양양, 강릉, 정선, 영월)	초등3년~중등3년(59명)
2006	제10기 한반도 생태 축을 따라 금강산까지 -DMZ(민통선)국토횡단 -DMZ(민통선)국토횡단+금강산 생태기행	2006.7.22~26(4박5일) 2006.7.22~28(6박7일)	DMZ(민통선 지역)를 따라 금강산까지	초등(75명)
2007	제11기 생명의 숨결 따라 낙동가람대탐사-궁금이와 푸름이가 함께하는 국토환경대탐사	2007.7.24~30(6박7일)	낙동강 천삼백 리 하류지역 일대	초등3년~중등3년(44명)
2009	제12기 다 같이 돌자, 통영 한바퀴	2009.7.26~31(5박6일)	통영시 및 연대도	초등3~6년(35명)
2010	제13기 지구를 위한 한 걸음, 지리산 둘레길 탐사	2010.7.25~30(5박6일)	지리산	초등4년~중등1년(41명)
2011	제14기 느영나영 놀멍쉬멍 제주도 오름탐사	2011.8.1~6(5박6일)	제주도	초등3년~중등1년(44명)

※ 프로그램 예시 - 푸름이 국토환경대탐사

[표 13] 프로그램 예시. 푸름이 국토환경대탐사 개요

사업명	제6기 푸름이 국토환경대탐사-체험 제주도! 걸어서 한라까지!
사업 취지	· 도시가 주는 인공적 물질의 경계를 넘어 대자연과의 풍성한 만남의 장 마련 · 제주도가 갖는 지형적 지리적 특색과 '섬'으로서 갖는 뭍과 다른 다양한 생태와 정경을 경험, 이를 통해 '환경적 감수성'과 '생태적 상상력'을 북돋우는 참여의 장 마련 · 섬과 바다가 갖는 생태적 가치와 사람과 '공존'하는 생명에 대한 깊은 안목 배양, 미래세대에게 올바른 국토이해의 기회

사업 취지	• 공동체의 생활을 통해 '나'와 더불어 있는 '친구들'에 대한 일상에서의 배려와 공동체의식의 강화, 자연환경과 조화를 이루며 살아온 '이웃'들의 삶을 통해 친환경적 삶의 태도를 배움. • 체험적이며 종합적인 환경교육을 통한 새로운 교육의 자리를 마련하며, 동시에 학생이 주체적으로 프로그램에 참여하며 개발하는 장으로 활용 • 자연에 대한 생태적 감수성뿐만 아니라 지역의 역사문화 교육의 현장
사업 내용	• 일시: 2002.7.22(월)~28(일) (6박7일) • 장소: 제주도 • 대상/인원: 초등학교 3학년~중학교 3학년 85명, 자원교사 15명 • 주최: 환경운동연합, 환경교육센터, 제주환경운동연합
프로그램 운영	• 모둠구성: 푸름이 10명, 모둠 지도자 1인, 11인으로 구성한다. • 모둠활동: 답사기간의 모든 개별, 단체행동 및 교육 프로그램 등은 모둠단위로 움직인다. • 전체진행: 진행총괄대표(1인)가 지도자들을 총괄하고, 전체 진행 담당(5인)이 모둠 지도자와 협력하여 운영한다. • 교재개발: 차례→답사지도→(일정)순서→모둠편성표→식사식단표→답사지역 자료정리(사진첨부)→개별평가양식→메모장 등 첨부 • 양호교사(간호대학교 협조) / 전문강사(제주지역협조) • 앰뷸런스 협찬: 제주 소방서 • 모둠지도교사 지도안 만들기 • 진행팀 운영: 간사+모둠교사 4인
프로그램 세부일정	• **1일 차**–7.22(**월**) 09:30~10:30 (환경운동연합) 모이기 10:30~11:30 (공항으로) 이동시간, 점검, 도착 11:30~12:30 공항–수속, 점검 12:30~13:40 이동, 서울→제주, 점심식사 13:40~14:00 한라수목원 도착(차량이동) 14:00~14:30 한라수목원 교육–제주도 생태를 알자(수목의 특징) 14:30~15:00 동귀바닷가 도착(차량이동) 15:00~16:00 동귀바닷가 교육–제주의 생태를 알자(수생생태 교육) 16:00~17:30 곽지해수욕장 도착(차량, 도보 병행) 17:30~19:00 곽지해수욕장 해수욕 및 용천수 체험 19:00~19:50 무릉자연생태체험골 도착 19:50~21:00 저녁식사 및 방 배정 21:00~21:30 제주의 자연생태 교육(슬라이드 상영) 21:30~22:00 모둠별 모임–모둠별 하루 생활 평가 22:00~23:00 취침 준비 및 취침 23:00~24:00 교사모임 • **2일 차**–7.23(**화**) 07:00~08:00 기상 및 세면 08:00~09:00 아침식사 09:00~10:00 영실 도착(차량이동) 10:00~16:00 제주의 생태를 알자–한라산 체험(영실~위세오름 도보) 16:00~17:00 금릉해수욕장 도착(차량이동) 17:00~18:00 금릉해수욕장에서 해수욕 18:00~18:30 무릉자연생태체험골 도착(차량이동) 18:30~19:30 몸 씻기 19:30~20:30 저녁식사 20:30~21:30 한라산 자연생태교육, 모둠별 모임 21:30~22:30 모둠별 모임–모둠별 하루 생활 평가 22:30~23:00 취침 준비 및 취침 23:00~24:00 교사모임

프로그램 세부일정	·3일 차-7.24(수) 07:00~08:00 기상 및 세면 08:00~09:00 아침식사 09:00~09:30 자구내포구 도착(차량, 도보 병행) 09:30~11:30 제주의 생태를 알자-자구내 교육 및 수월봉 등반 11:30~13:00 점심식사(무릉자연체험골) 13:00~14:00 알뜨르 비행장 교육 및 송악산 도착(도보이동) 14:00~16:00 제주의 생태를 알자-송악산 교육 16:00~16:30 무릉자연체험골 도착 16:30~18:30 모둠별 자연체험시간(나무액자 만들기, 천연염색) 18:30~19:30 저녁식사 19:30~21:00 공동체놀이(전문놀이패 섭외) 21:00~22:30 모둠별 모임(모둠별 하루 생활 평가) 및 취침완료 22:30~23:30 교사모임 ·4일 차-7.25(목) 07:00~08:00 기상 및 세면 08:00~09:00 아침식사 09:00~10:00 예래동 도착(차량이동) 10:00~12:00 제주의 생태를 알자-예래동 내 교육 12:00~13:30 점심 및 여미지 도착(도보이동) 13:00~15:30 제주의 생태를 알자-여미지 교육(제주의 자생식물) 15:30~16:00 천지연 도착(16:00 차량이동) 16:00~16:30 제주의 생태를 알자-천지연 교육 16:30~18:00 숙소(비자림 청소년수련원)(차량이동) 18:00~19:00 저녁식사 19:00~20:00 비자림 숲 산책 22:00~23:00 모둠별 모임(모둠별 하루 생활 평가) 및 취침완료 23:00~24:30 교사모임 ·5일 차-7.26(금) 07:00~08:00 기상 및 세면 08:00~09:00 아침식사 09:00~10:00 표선민속박물관 도착(차량이동) 10:00~12:00 제주의 생태를 알자-표선민속박물관 교육 12:00~13:00 박물관 내에서 점심 13:00~13:30 신양 섭지코지 도착(차량이동) 13:30~14:30 제주의 생태를 알자-신양 섭지코지 교육 14:30~16:00 성산일출봉 도착(도보이동) 16:00~17:00 제주의 생태를 알자-성산일출봉 등반 17:00~17:30 행원 풍력발전단지 도착(차량이동) 17:30~18:30 풍력발전단지 교육 18:30~19:00 저녁식사 19:00~21:00 비자림 청소년수련원 도착(차량, 도보 병행) 21:00~22:30 모둠별 모임(모둠별 하루 생활 평가) 및 취침완료 22:30~23:30 교사모임 ·6일 차-7.27(토) 05:30~06:00 기상 06:00~08:30 아끈다랑쉬 오름 등반(도보이동) 08:30~09:30 아침식사 09:30~10:30 비자림 숲체험 10:30~11:00 와흘굴(본향당) 도착(차량이동)

프로그램 세부일정	11:00~12:30 제주의 생태를 알자-와흘굴 탐사 및 본향당 교육 12:30~13:00 비자림 도착(차량이동) 13:00~14:00 점심식사 14:00~16:00 종달리 도착(차량, 도보 병행) 16:00~18:00 제주의 생태를 알자-체험어장 교육 및 해수욕 18:00~19:00 비자림 도착 및 몸 씻기 19:00~20:00 저녁식사 20:00~22:00 모둠별 발표 준비 22:00~24:00 모둠별 발표 24:00~00:30 취침완료 및 교사모임 · **7일 차**-7.28(**일**) 07:30~08:30 기상 및 세면, 짐정리 08:30~09:30 아침식사 09:30~10:30 제주도민속자연사박물관 도착(차량이동) 10:30~11:10 제주의 생태를 알자-박물관 교육 11:10~11:40 이동시간, 공항도착(차량이동) 11:40~12:20 점검, 공항-수속 12:20~13:25 이동 시간(제주→서울), 점심식사 13:25~14:00 수속, 점검, 서울 도착 14:00~15:00 이동 시간 공항→환경연합 15:00~전체 모임 후 집으로

다) 지구촌 공정여행

2012년에는 그간의 사업을 평가하면서 오랫동안 진행해온 '푸름이 국토환경대탐사'의 후속 프로그램으로 '지구촌 공정여행'으로 새롭게 출발하였다. 청소년 대상으로 지속가능발전 차원에서 자연과 생명, 나눔과 배려, 공정하고 윤리적인 소비, 개발과 보전, 전통과 혁신, 국제이해 등 보다 폭넓은 가치와 여행문화를 체험할 수 있는 방식의 공정여행을 시도하였다.

[표 14] 프로그램 예시. 지구촌 공정여행 개요

사업명	제1기 지구촌 공정여행: 청소년+청년 멘토 편 "라오스, 메콩의 고도(古都)에서 구름도 머물러가는 강마을까지"
사업 개요	제1기 지구촌 공정여행은요…… -길 위에서 만나는 모든 생명을 존중하는 여행 -라오스인의 삶과 문화를 존중하고 친구가 되는 여행 -느리게 걸으며 자기 자신을 만나는 여행 -배운 만큼 나누고 고마움을 표현하는 여행 -청년 멘토들과 함께 지혜와 경험을 나누며 성장하는 여행 -라오스의 산골학교에 희망의 빛을 전하는 여행 -속 깊고 친절한 "싸바이디 라오스" 저자와 함께 떠나는 여행입니다. 지구를 생각하는 개념 있는 여행자가 되고 싶은 생기발랄 청소년들과 청년들의 관심과 참여를 기다립니다. * 여행경비의 일부(교통비의 10%)는 "햇빛기금"으로 적립되어 라오스 산골마을에 태양광발전기를 지원합니다.

사업 내용	○ 일시: 2012.8.13~21(7박9일) *7월 중, 사전모임과 저자초청 특강 ○ 장소: 라오스 루앙파방(유네스코세계문화유산, 문화도시), 싸이냐부리 마을 ○ 대상: 지구를 생각하는 공정여행자를 꿈꾸는 청소년(중고생) 8명, 공정여행이나 국제개발원조사업에 관심 있는 청년 4명 ○ 참가비: 회원 148만 원, 비회원 158만 원 (여행경비, 교육비, 햇빛기금 일체 포함; 유류할증료는 별도) ○ 주최: (사)환경교육센터, 에너지기후정책연구소
사업 내용	**여행 엿보기** ○ **생명존중 · 마을탐사 · 환경보호** –구름이 머무는 마을체험, 길 위에서 만나는 자연 그대로의 생태체험, 메콩 강 탐사 –발전과 보전 현장(댐 공사 현장) 탐방, 기후변화와 아시아 주민들의 삶 엿보기(에너지광산국 탐방, 생활체험) –탄소배출을 최소화하고, 배출한 만큼 지역 환경을 위해 기부하기(탄소상쇄기금) ○ **공정한 소비 · 공정한 여행** –공정한 거래를 배우고, 지속 가능한 여행에 대해 배우고 생각하고 실천하기 (공정한 사회 만들기 수다모임, 공정여행자가 되기 위한 10가지 약속 지키기) –야시장에서 만나는 공정무역 제품들 (라오스인들의 한 땀 한 땀으로 완성해낸 수공예 제품과 고산커피 등) ○ **국제이해 · 문화교류** –유네스코 세계문화유산에 등재된 루앙파방, 메콩 강 탐사 –라오스의 작은 마을 청소년, 주민들과 지구촌 친구들과 관계 맺기(현지가정 홈스테이) –라오스–한국 간 문화체험 프로그램(전통춤 배우기, 부채 만들기 외) –현지 학교와 문화센터 견학과 교류 ○ **나눔 · 봉사** –여행하는 동안 발생하는 탄소상쇄기금을 적립하여 햇빛기금을 적립 (산골학교의 태양광발전기 지원예정) –댐건설로 인한 수몰 예정 학교에 도서와 학용품 지원 활동

프로그램 세부일정

날짜	시간	세부내용	장소
7월 말		오리엔테이션, 싸바이디 라오스(저자 강연)	환경교육센터
8/13 (여행, 문화)	15:00~	집결, 인원점검	인천→베트남 하노이
	18:05~20:35	인천공항→베트남 하노이 공항	
	20:35~22:00	숙소로 이동, 짐 풀기 라오스 오리엔테이션(언어, 문화 학습, 공정여행)	
	22:00~	취침	
8/14 (여행, 자연)	08:00~	아침식사, 짐정리	인천→라오스 루앙파방
	09:50~11:15	베트남 하노이→라오스 루앙파방	
	11:15~14:00	숙소 이동, 점심, 휴식	
8/14 (여행, 자연)	14:00~18:00	유네스코 지정 세계문화유산지역 설명 유네스코지정 세계문화유산 둘러보기(1)–라오스의 자연환경 탐방: 푸씨(남산), 메콩 강의 노을	인천→라오스 루앙파방
	18:00~	저녁식사	
	19:00~21:00	공정무역과 공정여행 이야기, 하루 나누기, 취침	
8/15 (마을)	06:00~07:00	탁발, 아침식사	라오스 싸이냐부리
	07:00~08:00	정리 및 터미널로 이동	
	08:00~13:00	루앙파방→싸이냐부리(버스 이동)	
	13:00~15:00	점심식사, 숙소로 이동	
	15:00~18:00	마을 탐사 (설명, 미션이 있는 마을 자율탐사) 장보기	
	18:00~20:00	저녁식사	
	20:00~21:00	숙소로 이동, 짐 풀기, 하루 나누기, 취침	

프로그램 세부일정	8/16 (문화, 생활)	06:00~09:00	탁발, 아침식사, 짐정리	라오스 싸이냐부리
		09:00~12:00	문화교류의 시간1 -라오스전통의상 입기 & 전통춤 배우기	
		12:00~13:00	점심식사, 음식교류 -홈스테이 가족과 함께	
		13:00~15:00	문화교류의 시간2 -대안 생리대, 부채 만들기 -생태발자국 스토리텔링 프로그램	
		15:00~	홈스테이 가정으로 이동 -현지 가정에서 숙식	
	8/17 (환경, 나눔)	10:00~12:00	숙소에 집결, 현지 가정체험 나눔	라오스 싸이냐부리
		12:00~13:00	점심식사	
		13:00~16:00	댐건설 이야기 싸이냐부리 댐 건설현장 방문 에너지 광산국 탐방 메콩 강 탐방 강나루 마을 학교 견학	
		18:00~19:00	저녁식사	
		19:00~21:00	숙소로 이동, 하루 나누기, 취침	
	8/18 (생태, 역사, 문화)	06:00~08:00	기상, 탁발, 짐정리	라오스 루앙파방
		08:00~13:00	싸이냐부리→루앙파방 이동(버스이동)	
		13:00~15:00	점심식사, 숙소로 이동, 휴식	
		15:00~18:00	유네스코지정 세계문화유산 둘러보기(2)-라오스의 역사와 문화 탐방: 왕궁박물관, 사원 등, 저녁식사	
		18:00~20:00	춤극 관람	
		20:00~21:00	공정무역 체험: 라오스 야시장 즐기기	
		21:00~	숙소로 이동, 하루 나누기, 취침	
	8/19 (여행)	06:00~09:00	탁발, 아침식사	라오스 루앙파방
		09:00~18:00	공정여행 체험: 테마가 있는 자유여행	
		19:00~21:00	숙소로 이동 여행내용 발표, 전체 여정 돌아보기	
	8/20	06:00~09:00	탁발, 아침식사	라오스 루앙파방→인천
		09:00~11:00	짐정리	
		11:00~13:00	점심식사, 공항으로 이동	
		13:00~15:00	베트남 하노이 공항으로 이동	
		15:00~	환승대기, 베트남→인천공항행	
	8/21	~07:00	인천공항 도착 집으로	인천

라) 환경교실

매월 주제별 환경교실 프로그램을 운영, 1~16기까지는 어린이·청소년 대상 프로그램으로, 이후 17~25기까지는 회원 및 가족 대상 체험교육 프로그램으로, 26기부터는 현재 고등학교 태양에너지 연구반의 재량활동으로 대기를 주제로 정기적으로 운영하였다.[48]

48) 장미정(2005). 환경운동연합 환경교육 사명과 비전-'사회환경교육에 있어서 환경운동연합 환경교육 현황과 과제'. 환경운동연합 환경교육네트워크 준비위원회·환경운동연합 (사)환경교육센터.

[표 15] 환경교실 기수별 활동 개요

연도	기수	주제 – 교육내용	기간	교육생 인원
2001	1	–초등 1학년~중등 3학년	12월부터 진행	
2002	2	재생 가능한 에너지 이야기 –환경비디오 감상, 생태교육관 견학, 물에너지란? 수차 만들기, 태양에너지란?, 태양광 장난감 만들기, 풍력에너지란?, 호러크래프트 만들기	1월, 매주 수, 목, 금, 회별 2시간, 총 12회 진행	41
	3	야생동물 이야기 –환경비디오 감상, 생태교육관 견학, 새 이야기, 철새 이야기, 새 피리 만들기, 동물원 이야기, 동물원 탐사, 임진각	2월 매주 일, 회별 2시간, 총 4회 진행	22
	4	재활용 이야기 –환경비디오 감상, 생태교육관 견학, 폐형광등 이야기, 재생비누 만들기, 비닐봉투 안 들고 다니기, 우유팩 재생용지 만들기, 1회용품 안 쓰기, 재활용품 만들기, 그린제지 방문	2월 매주 토, 회별 2시간, 총 4회 진행	12
	5	재활용 이야기 –환경비디오 감상, 생태교육관 견학, 폐형광등 이야기, 재생비누 만들기, 비닐봉투 안 들고 다니기, 재활용 액자 만들기, 우유팩 재생용지 만들기, 환경생활기록 만들기, 재활용 반성문 쓰기, 환경일지 쓰기	3월 매주 일요일, 회별 2시간, 총 8회 진행	22
	6	봄의 하천 이야기(중랑천) –환경비디오 감상, 관찰통 만들기, 봄의 하천 이야기, 중랑천 탐사, 하천 지도 만들기	4월 매주 토, 회별 2시간, 총 4회 진행	11
	7	봄의 숲 이야기 –환경비디오 감상, 생태교육관 견학 및 교육, 별자리 탐사, 봄의 숲 이야기, 정원 만들기, 돌 곤충 만들기, 경복궁 탐사, 숲의 산물 이야기, 천연염색(치자)	4월 매주 토, 회별 2시간, 총 4회 진행	9
	8	건강한 먹을거리 이야기 –환경비디오 감상, 음식은 어디서 올까?, 우리가 먹는 음식은(패스트푸드 이야기), 유기농산물로 음식 만들어 나누어 먹기, 머리에는 사과가 뿌리에는 감자가 달리는 괴물 농산물은, 슈퍼 탐방, 우리나라 밀 이야기, 천주교 한몸한살림운동본부 생활협동조합 현장 교육	5.4 현장교육, 매주 일, 회별 2시간, 총 5회 진행	8
	9	다시 보면 재활용, 버리면 쓰레기 –우리가 만들어가는 쓰레기 제로 세상, 분리 수거함 만들기, 쓰레기 분리수거하기, 재활용 현장을 찾아서, 우리가 다시 그려요!, 재활용 광고 찍기, 내가 살고 싶은 세상 만들기, 우유팩 저금통, 양초 만들기, 재활용 통장 만들기, 아름다운 세상을 위한 우리의 다짐, 계란껍질 모자이크	6월 매주 일, 6.15(토) 현장교육, 회별 2시간, 총 5회 진행	13
	10	우리가 만드는 생태마을 –환경과 나, 생태교육관 프로그램, 자연의 사진사, 태양열 조리기 만들기, 내가 살고 싶은 생태마을 만들기	7월 매주 토, 회별 2시간, 총 5회	9
	11	송파구청과 함께하는 제1기 꿈나무 푸른교실 –생태교육관 체험, 자연생태계란?, 재활용 이야기, 에너지 이야기, 현장체험학습, 야생동물 이야기	8월 매주 화, 금, 회별 2시간, 총 7회	59
	12	우리가 사는 지구에는		20
	13	도심 속 환경교실 –자연! 우리가 만나는 신비의 세계, 가을에 보는 우리 식물 이야기, 숲체험, 하천탐사	9월 매주 토요일	20

<table>
<tr><td rowspan="2">2002</td><td>14</td><td colspan="2">가족과 함께 떠나는 가을 여행
－도심 속 생태체험, 숲해설가와 만나는 가을 북한산 탐사, 곤충박사와 떠나는 북한산 곤충나라, 도봉산에서 보는 나무~나라~, 도봉산에서 해보는 가을 체험, 숲해설가와 보는 청계산 자연체험</td><td>9.28/10.5/10.6/10.19/
10.20/11.2/11.3
총 7회, 북한산, 도봉산, 청계산</td><td>39</td></tr>
<tr><td>15</td><td colspan="2">책 한 권으로 배우는 자연학교: 열려라! 곤충나라!－곤충박사의 100문 100답, 아무 데서나 살진 않아요, 늘보 곤충 이야기(곤충의 일생)</td><td>11.9/11.30,
11.17 현장교육</td><td>19</td></tr>
<tr><td></td><td>16</td><td colspan="2">한강 따라 철새 보기</td><td></td><td></td></tr>
<tr><td rowspan="4">2003</td><td>17</td><td colspan="2">가족과 함께 생태공원의 봄
－인왕산에서 나무이름표 만들기, 난지도생태공원&길동자연생태공원&선유도생태공원의 봄생태학교</td><td>3.15/3.22/3.29/4.5
(4강)</td><td>22</td></tr>
<tr><td>18</td><td colspan="2">가족과 함께 떠나는 여름들꽃 기행
－꽃이 있는 풍경, 홍릉수목원의 6월 이야기, 김태정 박사와 함께하는 여름들꽃 기행, 경복궁에서 만나는 우리 꽃</td><td>6.14/6.15/6.22/6.28</td><td>38</td></tr>
<tr><td>19</td><td colspan="2">가족과 함께 자연사박물관을 찾아서
－이화여대 자연사박물관, 서대문자연사박물관, 서울대공원</td><td>10.11/10.18/10.26
/11.01(4강)</td><td>31</td></tr>
<tr><td>20</td><td colspan="2">“겨울철새 탐조”－한강・임진강에서 만나는 새들과의 대화
－팔당에서 한강하류와 반구정에서 임진강 하류</td><td>11.15/11.16/11.23(4강)</td><td>26</td></tr>
<tr><td rowspan="5">2004</td><td>21</td><td colspan="2">가족과 함께 느끼는 생태공원의 봄
－강서습지 생태공원, 월드컵 공원 일대</td><td>3.20/3.27/4.3(3강)</td><td>16</td></tr>
<tr><td>22</td><td colspan="2">고궁에서 만나는 우리 꽃・우리 나무
－창경궁, 경복궁</td><td>4.24/5.1/5.8(3강)</td><td>16</td></tr>
<tr><td>23</td><td colspan="2">가족과 함께 떠나는 자연사박물관 기행</td><td>9.4/9.11/9.12(3강)</td><td>40</td></tr>
<tr><td>24</td><td colspan="2">가을 숲 산책－인왕산, 아차산, 대모산</td><td>10.9/10.16/10.30(3강)</td><td>16</td></tr>
<tr><td>25</td><td colspan="2">우리 주변에도 새가 있다
－한강하구와 임진강에서 새 만나기, 중랑천</td><td>11.20/11.21/11.27(3강)</td><td>19</td></tr>
<tr><td rowspan="5">2005</td><td>26</td><td rowspan="5">그린스쿨, 고등학교와 연계, 대기주제 환경교실 진행</td><td>대기오염과 지구 이야기</td><td>5.21/6.11</td><td>20</td></tr>
<tr><td>27</td><td>지구온난화! 누구의 문제일까</td><td>7.9</td><td>20</td></tr>
<tr><td>28</td><td>대기오염, 다르게 보기</td><td>8.13~14</td><td>20</td></tr>
<tr><td>29</td><td>대기오염, 우리의 해결책은</td><td>8.27</td><td>20</td></tr>
<tr><td>30</td><td>깨끗한 공기로 시작하자</td><td>10.15/10.29</td><td>20</td></tr>
<tr><td>2006</td><td></td><td colspan="2">2006 어린이 환경교실 ‘초록~터!’</td><td>4~11월 월 2회</td><td></td></tr>
<tr><td>2012</td><td></td><td colspan="2">학교로 찾아가는 환경교실 프로젝트 WET</td><td>4월~11월, 65회</td><td>1,697</td></tr>
<tr><td>2013</td><td></td><td colspan="2">학교로 찾아가는 환경교실 프로젝트 WET</td><td>4월~11월, 84회</td><td>2,067</td></tr>
</table>

※ 프로그램 예시 - 푸름이 환경교실

[표 16] 프로그램 예시. 푸름이 환경교실 개요

구분	내용
사업명	2005년 환경교실 - 그린서울 청소년 대기 프로그램 청소년 대기 캠프 "푸른 하늘 은하수는 어디 갔을까" 제3강 청소년 대기 캠프
사업 목적	· 환경감수성과 실천력이 가장 높을 청소년시기에 실제적인 환경체험교육을 통해 몸과 정신이 건강한 환경지킴이로서의 역할을 할 수 있다. · 환경문제 중 일상생활에서 매일 느끼지만 쉽게 지나칠 수 있는 대기오염을 중심으로 환경의 중요성을 알리고 깨끗한 대기를 지키기 위한 여러 가지 방법을 청소년 스스로 모색하고 실천하여 궁극적으로 친환경적인 삶을 살아가는 것을 목적으로 한다. · 현행 진행되고 있는 일회성, 행사성 환경교육과는 차별을 두며, 지속적으로 환경문제를 인식하며 실천할 수 있도록 기획된 프로그램이다. 참가자는 연속적으로 프로그램에 참여하여 점차 심화된 체험교육을 경험하는 기회를 갖는다.
사업 내용	· 일시: 2005.8.13~14(1박2일) · 장소: 서울 도심(광화문 일대), 경기도 양평 명달리 · 대상: 중학교 2학년~고등학교 2학년 30여 명, 지도자 6명 · 주요 프로그램: 광화문 자동차 시대 - 길거리 모니터링, 대기 질 측정 도심 가로수 어떻게 지내나 - 가로수 관찰, 조사 및 자원봉사활동 에너지 이야기 - 태양열 VS 원자력 대기 오염과 숲 - 숲의 역할, 숲 가꾸기 별자리 관찰, 삼림욕, 나무이름표, 나무 열쇠고리 만들기, 토론, 느낌정리 등 · 문의: 환경교육센터 꿈꾸다(박민영) 간사 02-735-8677, dream@kfem.or.kr · 세부 프로그램

8.13 - 도시에 살고 있는 우리		8.14 - 우리는 숲으로 간다	
09:00	모이기 - 환경운동연합으로	06:30	몸 깨우기
09:00~09:30	환경운동연합 견학	06:30~07:00	아침산책
09:30~12:00	광화문 자동차 시대 - 대기 질 측정, 길거리 모니터링	07:00~08:00	아침식사
12:00~13:00	맛난 점심	08:00~09:00	대기오염과 숲 이야기
13:00~15:00	도심 가로수 어떻게 지내나?	09:00~12:00	숲 가꾸기
15:00~16:00	명달리로 이동	12:00~13:00	점심
16:00~16:30	방 배정 및 휴식	13:00~13:30	마무리 모임
16:30~17:30	모여 놀자!	13:30	서울로
17:30~19:00	저녁식사, 산책		
19:00~20:30	에너지 이야기		
20:30~21:00	전체모임 - 이야기 나누기		
21:00~22:00	별자리 관찰		
22:00~23:00	모둠모임		

마) 지역아동센터 환경교육

2011년 서울시 녹색서울시민위원회 공모사업으로 서울시 관내 지역아동센터 약 11개소의 어린이·청소년 약 230명에게 4회 차의 환경교육을 진행하였으며, 2012년에는 생명보험사회공헌위원회 공모사업으로 금천구, 관악구, 구로구에 위치한 10개 지역아동센터 청소년 300명을 대상으로 친환경 청소년 공간 만들기 프로그램을 운영해왔다. 이전에도 공부방 어린이들이나 장애우, 사회복지시설과 연계해 환경교육지원 활동을 해왔지만, 소통과 지속적 협력을 통해 보다 실질적인 지원의 모델을 만들어가고 있다.

[표 17] 지역아동센터 나눔 환경교육 활동 개요

<table>
<tr><td>사 업 명</td><td>그린디자인 프로젝트: 초록공간과 교육을 짓다!</td></tr>
<tr><td>사업내용</td><td>지역아동센터의 구성원인 학생들 스스로 마음이 담겨 있는 공간을 만들어 내고, 그 공간에서 삶의 모습을 긍정적으로 만들어 갈 수 있도록 디자이너와 교육가들이 함께 참여한 프로젝트이다. 자연친화적이고 인간친화적인 디자인으로 아동, 청소년의 공간 개선과 환경교육을 지원했다.</td></tr>
<tr><td>사업방향</td><td>■ 초록 공간을 짓다
성장기 아이들과 청소년들이 맘껏 뛰어놀고 꿈꿀 수 있도록 그린디자인개념을 바탕으로 공간을 효율적으로 재구성하고, 아이들의 상상력으로 공간에 초록색을 입혔다.
■ 초록 실천을 심다
지구와 삶을 사랑하는 마음이 자리할 수 있도록 생활 속 실천을 돕는 환경교육을 통해 아이들 마음에 초록 실천을 심다.</td></tr>
<tr><td>주요활동</td><td>■ 2012년
· 일정: 2012. 1.~11. (11개월)
· 장소: 서울시 금천구, 관악구, 구로구 지역아동센터
· 대상: 10개소 지역아동센터 어린이 청소년 약 300명
· 교육내용
<table>
<tr><th>주제</th><th>교육&체험 내용</th></tr>
<tr><td>기후변화</td><td>재생가능 에너지 알기
-태양광 자동차 만들기</td></tr>
<tr><td>재활용</td><td>재활용 이해하기와 실천하기
-재활용 화분 만들기 / 재활용 장식품 만들기</td></tr>
<tr><td>안전한 먹을거리</td><td>모르고 먹는 식품첨가물과 GMO식품 알기
-색소실험과 블라인드 테스트
-친환경 간식 만들기</td></tr>
<tr><td>물</td><td>교재와 교구를 활용한 물 교육
-하나의 힘 / 생명의 상자 / 물의 놀라운 여행 등</td></tr>
<tr><td>숲/생태계</td><td>건강한 숲과 생태계 이해 교육
-숲 체험 / 자연놀이 / 먹이피라미드 카드 게임</td></tr>
<tr><td>그린디자인-
공간을 짓다</td><td>그린디자인 개념을 배우고 직접 지역아동센터에 필요한 시설물 만들기
-사물함 디자인 / 벽화그리기 / 벽로고 제작 / 나무자석 만들기 / 낚싯줄 게시판 꾸미기</td></tr>
<tr><td>그린디자인-
생활을 짓다</td><td>재활용 재료를 활용하여 지역아동센터에 필요한 소품 만들기
-쿠션&방석 만들기 / 무대 커튼 만들기</td></tr>
<tr><td>로하스 체험</td><td>로하스의 개념을 이해하고 천연제품 만들기
-천연 비누 / 모기퇴치 스프레이 / 모기 연고</td></tr>
</table>
※ 상기 프로그램 중 센터의 상황을 반영하여 각 6회씩 진행</td></tr>
</table>

주요활동	■ 2013년 • 일정: 2013. 1.~11. (11개월) • 장소: 서울시 전 지역의 지역아동센터 • 대상: 9개소 지역아동센터 어린이 청소년 약 250명 • 교육내용: 센터 상황에 맞게 프로그램을 조정하여 진행함

센터명	초록 공간	초록 교육
광진꿈나무	다람쥐 놀이터	친환경 먹거리, 에너지 교육 남이섬 자연캠프, 그린디자인적용(간판, 쿠션, 방석 만들기)
송파꿈나무	꿀벌 놀이터	EM, 에너지 교육, 전래놀이 양재숲 일일캠프, 텃밭 교육
구립유스 광현	감성 꽃밭	마을사랑 프로젝트 (마을 꽃밭, 마을지도 만들기)
도깨비 방망이	도깨비 숲	센터 사랑 프로젝트 (센터 상징물, 실내외 게시판 등)
랜넌트	랜넌트의 숲	마을사랑 프로젝트 (마을꽃밭, 마을지도 만들기)
샘	물 놀이터	물 교육, 뚝도아리정수센터 견학, 에너지 교육 외
송파 희망세상	희망 무지개	친환경 먹거리, 에너지 교육 남이섬 자연캠프, 숲 속 자연놀이 그린디자인(환경나무, 센터꾸미기)
새날	새날의 나무	서울 숲 캠프, 전래 자연놀이, 에너지교육, 자원재활용, 그린디자인(이름나무, 실내벽화)
조은아이들	비밀 도서관	하천탐사, 자원재활용, 친환경 먹거리

2) 단기 사업

가) 사막화 방지를 위한 초원보전 생태투어

사막화 방지를 위한 초원보전 생태투어는 지구적 환경이슈를 이해하는 국제이해 환경교육 프로그램이면서 동시에 환경보전과 봉사활동이 결합된 체험환경교육 프로그램이라 할 수 있다. 환경운동연합 사막화방지위원회와 공동으로 진행하였으며, 사업의 성과를 바탕으로 내몽고 사막화 방지를 위한 에코피스아시아 설립, 기업과의 지속적인 파트너십 구축 등이 이뤄졌다.

※ 프로그램 예시-사막화 방지를 위한 초원보전 생태투어

[표 18] 프로그램 예시. 초원보전생태투어 개요

사업명	제1, 2차 사막화 방지를 위하여 현지인과 함께하는 초원보전 생태투어 "초원에 살어리랏다!"
사업 취지	·사막화 문제의 근본적인 해결을 위한 한국과 중국과의 긴밀한 협력체계 구축의 필요성 증가 ·사막화와 황사문제를 초원보전의 차원에서 재해석하고 현지주민과의 교류를 통해 해결하려는 인식증대 ·현지 목축민들의 초원보전 욕구를 생태관광 및 국제교류를 통해 발전시키고 초원파괴를 유발할 수 있는 각종 개발 및 개간을 억제해야 한다는 공감대 형성 필요
사업 목적	·초원보전의 중요성에 대한 공감대 형성 ·현지 목축민에게 직접적인 경제적 혜택 제공 ·초원보전을 위해 한국인과 함께 협력할 수 있는 지속적인 기회 제공 ·초원보전과 사막화 방지에 대한 국내외 네트워크를 형성하고 초원보전 기금 조성
주요 프로그램	·초원체험: 초지복원 현장방문, 게르 짓기, 우유 짜기, 유목민식 치즈 만들기 등 ·유목민 문화체험: 몽고요리 만들어보기, 마두금 배우기, 양치기 체험, 유목민차 체험 ·생태체험: 에코라이프 체험, 자연에너지 체험, 친환경 교통수단 체험
사업 장소	베이징, 시린호트, 만뚜, 동우치 등
일시 및 대상	구분 / 1차 초원체험 / 2차 초원체험 일시 / 2007.7.13~20(7박8일) / 2007.8.9~16(7박8일) 대상 / 시민단체 활동가 또는 성인 30명 / 중·고등학생 17명

다. 대학생·성인

1) 지속 사업

가) 환경전문강좌

환경전문강좌는 공추련의 '배움마당'에서 출발해 환경연합-환경교육센터로 이어온 시민대상 프로그램이다. 초기부터 환경운동가와 적극적 자원활동가들을 배출해내면서 대표적인 환경교육 사업으로 자리를 잡았다. 그러나 환경교육의 대중화와 함께 전문적 주제영역에서 생활환경 주제영역으로 옮겨갔으며, 생태기행, 체험교육이 활성화되면서 환경전문강좌의 성격변화를 꾀하게 된다. 최근에는 사회 환경교육 아카데미와 환경교육 활동가 교육 프로그램을 통해 초기 환경전문강좌의 역할을 대신해오고 있다.

[표 19] 환경전문강좌 연도별 활동 개요

연도	주제	기간	장소	비고
1993	환경과 철학－환경문제에 대한 철학적 접근, 생태학적 윤리학의 과제, 생명철학과 환경문제, 그리스도교와 환경위기, 중국 철학에서 본 환경문제, 불교의 자연관, 동서의 자연개념과 생태학, 마르크스주의의 환경관, 자유주의 정치철학과 환경문제, 하이데거의 현대기술비판, 환경문제의 포스트모더니즘적 이해	9.17～12.10 (12강)	환경교육관	85명
1995	(제5기) 환경문제와 화학－생태계 내 물질순환의 화학, 산성비, 지구온난화, 광화학 스모그, 오존층파괴, 산업폐기물, 핵분열과 핵폐기물, 음식물 속의 인공합성물질, 화학연구실의 환경오염, 새로운 에너지－수소, 연료전지, 생물자원	4.10～6.19 (11강)	프란치스코 수도회	93명
	(제6기) 환경과 경제－환경문제의 원인과 성격, 경제법칙과 환경파괴, 환경규제의 필요성, 경제논리를 이용한 환경정책, 그린 GNP, 그린라운드, 산업구조와 환경문제, 에너지 이용과 환경문제, 경제성장－환경보전－소득분배의 고려, 지속 가능한 사회와 경제, 환경친화적 기업경영	9.18～11.27 (11회)	프란치스코 수도회 교육회관	98명
1996	(제7기) 환경운동의 이념	9.18～11.25	프란치스코 수도회 교육회관	93명
2002	(제8기) "환경운동, 그 현장 속으로……"－환경 활동가와 함께 하는 이유 있는 만남, 그리고 여정 －국토와 환경, 핵과 환경 불평등, 핵발전소 답사 및 지역주민 간담회, 에너지와 환경, 환경과 정치, 환경호르몬 추방 및 먹거리 운동, 유기농 및 생태공동체 체험	9.18.～11.2 (12강)	정동 프란치스코 교육회관 및 각 현장	35명
2003	(제9기) 생기발랄, 생태도시에 가다!－발바닥으로 만나는 우리 안의 생태도시 －보전과 개발, 생태적 토지이용과 생태건축, 도시 순환체계의 생태적 재구성, 건강한 먹거리와 유기농 체험, 재생가능 에너지, 대안교육, 생태공동체	5.3～6.7 (5강, 워크숍)	생태교육관 및 각 현장	30명
2004	(제10기) 환경이 아프면 몸도 아프다 －오염된 공기에 몸도 아프다, 건강한 먹거리와 환경, 기후변화, 불평등한 물, 전자파, 화학물질, 환경권리는 인권이다	10.12～11.30 (8강)	환경센터 3층 회의실	23명

※ 프로그램 예시－환경전문강좌

[표 20] 프로그램 예시. 환경전문강좌 개요

연도	내용
1993	1993년 (**월간 "환경운동", 1993년 9월호 재구성**) **제2기 환경전문강좌 '환경과 철학'** ・환경문제에 대한 철학적 접근(이태수) ・생태학적 윤리학의 과제(진교훈) ・생명철학과 환경문제(윤구병) ・그리스도교와 환경위기(박종대) ・중국철학에서 본 환경문제(이광호) ・불교의 자연관(허우성) ・동서의 자연개념과 생태학(박상환) ・마르크스주의 환경관(이상훈) ・자유주의 정치철학의 환경문제(박정순)

연도	내용
1993	· 하이데거의 환경기술 비판(이기상) · 환경문제의 포스트모더니즘적 이해(윤평중) · 종합토론(송상용)

2002

제8기 환경전문강좌

· 주제: "환경운동, 그 현장 속으로" – 환경 활동가와 함께하는 이유 있는 만남, 그리고 여정
· 일시: 2002.9.18~11.2, 매주 수요일 오후 7:00~9:00
 토요일 현장체험(총 12강, 현장체험 및 워크숍 5회)
· 대상: 환경을 생각하는 대학(원)생, 활동가, 시민(30명)
· 프로그램

	일자	주제
1강	9.18	오리엔테이션, 도입 – 환경문제를 바라보는 시각 공유, 주제선택, 친밀감 형성, 민주시민교육 소개
2강	9.25	국토와 환경(1) – 동강댐 백지화 및 북한산 국립공원 관통도로 저지, 골프장 반대운동
3강	9.28	동강댐 현장방문 및 들꽃생태기행(강원 영월)
4강	10.2	국토와 환경(2) – 새만금 등 간척사업반대운동
5강	10.5	새만금 방조제 견학 및 갯벌체험(전북 부안)
6강	10.16	핵과 환경불평등
7강	10.19	핵발전소 답사 및 지역주민 간담회(경북 월성)
8강	10.23	에너지와 환경 – 생태사회와 재생가능에너지
9강	10.26	풍력발전시설 현장방문(난지도 생태공원)
10강	10.30	환경과 정치 – 녹색자치운동
11강	11.1~2 (워크숍)	환경호르몬 추방 및 먹거리 운동
12강		유기농, 생태공동체 체험(홍성풀무학교)
		평가회 및 수료식

2003

제9기 환경전문강좌

· 주제: 제9기 환경전문강좌, "생기발랄, 생태도시에 가다!"
· 대상: 환경을 생각하는 대학생, 대학원생, 시민(30명)
· 일정: 실내 및 현장 – 5/3, 5/10, 5/17, 5/24, 5/31
 워크숍 – 6/6~7(금 – 공휴일, 토)
· 장소: 환경센터 생태교육관 및 각 현장
· 참가비: 대학생 및 회원 50,000원/ 일반 70,000원(현장체험교육 포함)
· 프로그램

	일자	주제	비고
		[생태도시의 희망을 찾아서]	
1강	5.3	<마음 열기> 서로 알기, 도시환경문제를 바라보는 시각 공유하기 – 인터뷰 게임, 거리 두기, 브레인스토밍	
		<기조강연> 생태도시의 희망을 찾아서…… – 도시환경문제 접하기 – 생태도시 만들기, 도시에서 생태적으로 살아가기	
		[현장] 한강일대, 선유도 공원	도시개혁센터
		[발바닥으로 만나는 생태도시]	
2강	5.10	지워진 우리 도시는 원래 미인이다: 보전과 개발	서울 환경연합
		[현장] 성미산	서울 환경연합

연도	차시	날짜	내용	진행
2003	3강	5.17	연필과 자를 넘어서면 풀 내음이 난다: 생태적 토지이용과 생태건축	이장
			[현장] 판교 생태건축 현장	이장
	4강	5.24	건강하게 순환하면 아프지 않단다: 도시 순환체계의 생태적 재구성	쓰시협
			[현장] 난지도 일대	쓰시협
	5강	5.31	역사가 쉼 쉬게 하라!: 역사와 문화를 통해 보는 콘크리트 속 생명 읽기	문화연대
			[현장] 북촌 한옥마을 답사	문화연대
	[오래된 미래, 대안사회를 찾아서……]			
	워크숍	6.6 ~ 6.7	건강한 먹거리와 유기농 체험	환경농업시범마을
			재생가능 에너지, 귀농 친환경농가 방문	에너지대안센터
			대안교육	풀무학교
			생태공동체, 위대한 평민이야기	주형로

· 프로그램 구성 및 특성

프로그램 구성	· 실내 –[1차시] 실내강연 –[2차시] 문제제기→민주시민교육 토론→전문 활동가와의 면담 및 마무리 토론→팀별 현장답사 기획	· 답사 현장전문가와 함께 다시 보는 도시 생태기행, 서로 나누기
프로그램 특성	· 참가자가 기획 및 진행단계에서부터 결합하도록 하여 자발적 프로그램의 성격을 갖도록 유도한다. · 다양한 방법적 시도 –민주시민교육방법론의 접목, 활발한 토론이나 팀별 답사 프로젝트 수행 등 적극적인 참여 유도 · 환경갈등 상황에 놓인 지역에서의 이유 있는 생태체험! –단순한 현장견학이 아닌 생태체험을 병행함으로써 생태적 감수성을 통해 사안을 바라볼 수 있는 시각을 가질 수 있고, 현장전문가나 운동가와의 만남을 통해 정확한 이해를 도모할 수 있다.	

나) 대학생 환경캠프

1990년대부터 2000년 초기까지만 하더라도 대학생들이 환경운동에 직접 참여하는 활동이 활발했으나, 최근에는 기업의 사회공헌 사업 등 다양한 프로그램들이 많아지면서, 주로 협력 사업으로 진행되고 있다. 따라서 정기적인 프로그램으로 운영되고 있지는 않다. 또한 대학생만을 대상으로 한 자체캠프는 많이 사라졌지만, 대신에 환경캠프 등에 자원교사로 꾸준히 참여하고 있다.

[표 21] 대학생 환경캠프 연도별 활동 개요

연도	사업명	기간	장소	비고
2003	제1기 겨레사랑 청소년 탐방단 "환경탐방단"–나와 자연, 그리고 대안 사회 찾아서	2.11~14 (3박4일)	충남서천 (금강하구, 아리랜드), 홍성(문당리)	40명
2004	BYEE(Bayer Young Environmental Envoy) Eco-Camp "한강하구 철새 캠프"	10.22~24 (2박3일)	김포, 강화도 일대	30명
2003~2007	중국여름워크캠프	매년 여름 (한 달간)	중국 호남성 소석촌	한국팀 5명

2007	초원보전 생태투어 "초원에 살어리랏다!" (*구체내용은 어린이청소년 부문 참조)	7.13~20 (7박8일)	베이징, 시린호트, 만뚜, 동우치 등	대학생, 성인 30명
2012	제1기 지구촌 공정여행: 청소년+대학생멘토편 (*구체내용은 어린이청소년 부문 참조)	8.13~21 (8박9일)	라오스	대학생, 청소년 12명
2013	환경NGO 인턴 양성프로그램 - 제1기 초록을 만드는 청년학교	7.9~7.28 (워크숍 1박2일)	홍대 씽크카페, 광덕산환경교육센터	대학생, 청년 15명

※ 프로그램 예시 – 대학생 환경캠프

[표 22] 프로그램 예시. 대학생 환경캠프 개요

연도	내용
2003	[2003 **대학생 환경캠프 – "나와 자연, 그리고 대안사회를 찾아서"**] · 주제: 자연과 교감하고 더불어 살아가는 지혜로운 대학인 스스로 참여하고 책임을 다하는 정의로운 대학인 자연을 보듬고 세계를 인식하는 존엄한 대학인 · 목적: 대학생들이 스스로 참여하여 자연과 사회에 대한 생태적 감성을 일깨우고 친환경적인 시각을 형성함으로써, 지속 가능한 사회를 이끌어갈 수 있는 계기로 동력을 마련한다. · 주최: (사)겨레사랑 청소년 탐방단 · 주관: (사)환경교육센터 · 대상: 신청(추천)을 받아 선발한 대학생 40명과 진행 및 지도자 5~8명 · 장소: 충남 서천(금강하구, 아리랜드) 및 홍성(환경농업시범마을, 농업교육관) · 일정: 2003.2.11(화)~2.14(금) · 세부 프로그램

	11일(화)	12일(수)	13일(목)	14일(금)
06:00~07:00			기상 및 세면 짐정리 일출장소로 이동	
07:00~08:00		기상, 세면	일출	기상, 짐정리
08:00~09:00			홍성으로 이동 및 짐정리	
09:00~10:00	출발~!!	자연을 찾아서Ⅱ –숲 생태 탐사		다시 나를 찾아서 –가장 소중한 것 –나에게 쓰는 편지
10:00~11:00 11:00~12:00			대안사회를 찾아서Ⅱ –위대한 평민 이야기	
12:00~13:00				
13:00~14:00	나무이름표 만들기 인터뷰게임		대안사회를 찾아서Ⅲ –친환경농가, 생협 방문 –대안학교, 대안에너지 이야기	서울로 돌아오기

2003

<table>
<tr><td>14:00~17:00</td><td>자연을 찾아서 I
–철새탐조활동</td><td rowspan="2">내안사회를 찾아서 I
–전통문화와 먹거리</td><td rowspan="2">대안사회를 찾아서 III
–친환경농가, 생협 방문
–대안학교, 대안에너지 이야기</td><td rowspan="9">서울로 돌아오기</td></tr>
<tr><td>17:00~18:00</td><td>이동 및 짐정리</td></tr>
<tr><td>18:00~19:00</td><td></td><td></td><td></td></tr>
<tr><td>19:00~20:00</td><td rowspan="3">나를 찾아서
–몸으로 말하기</td><td>나와 사회의
관계 알기
–생태마을과 먹거리</td><td>주제발표
준비</td></tr>
<tr><td>20:00~21:00</td><td rowspan="2">'거꾸로 보는 세상'</td><td>모둠별 주제발표</td></tr>
<tr><td>21:00~22:00</td><td rowspan="3">공동체 마당
–대동놀이
–모닥불축제</td></tr>
<tr><td>22:00~23:00</td><td>모둠별 토론 및 취침</td><td>모둠별 토론 및 취침</td></tr>
<tr><td>23:00~24:00</td><td>진행팀 모임</td><td>진행팀 모임</td></tr>
</table>

2004

BYEE(Bayer Young Environmental Envoy) Eco-Camp "**한강하구 철새 캠프**"

- 목적: 본 교육에 참가한 학생들은 한강하구 생태계 조사활동에 직접 참가하며, 조사활동을 통해 생태계를 경험하고 이해하며, 생태적 감수성을 키우는 환경지도자로 성장한다.
- 일시: 2004.10.22~24(2박3일)
- 장소: 서울 환경센터, 김포, 강화도 일대
- 대상: 대학생(바이엘, 환경연합 시민사업국 모집)
- 인원: 참가자 30명, 지도자 및 진행자 15명(총 45명)
- 주요 프로그램: 오리엔테이션, 공동체놀이, 한강하구 생태계의 중요성(시청각 교육), 자유로 철새 탐조, 곡릉천, 장항벌 탐조, 갯벌 생태계 교육(시청각 교육), 모둠별 모임 및 발표, 분오리 돈대, 선두리 갯벌 철새 탐조 등
- 세부 프로그램

<table>
<tr><th>날짜</th><th>22일(금)
강–자연, 사람과 몸·마음 나누기</th><th>23일(토)
강 이야기–임진강과 한강하구</th><th>24일(일)
갯벌이야기–강화남단 갯벌</th></tr>
<tr><td>7:00~8:00</td><td></td><td>아침 산책 또는 인라인스케이트 타기</td><td>아침 산책이나 체조</td></tr>
<tr><td>8:00~9:00</td><td rowspan="3"></td><td>아침</td><td>아침</td></tr>
<tr><td>9:00~12:00</td><td>반구정, 오두산전망대
탐조</td><td>분오리 돈대, 선두리 갯벌 탐조</td></tr>
<tr><td>12:00~13:00</td><td>점심</td><td>점심</td></tr>
<tr><td rowspan="2">13:00~18:00</td><td>서울 집합</td><td rowspan="2">곡릉천, 장항벌 탐조</td><td rowspan="7">서울로 출발</td></tr>
<tr><td>고양으로 이동
오리엔테이션
(환경연합 소개, 사업취지 소개 등)</td></tr>
<tr><td>18:00~19:00</td><td>저녁</td><td>저녁</td></tr>
<tr><td>19:00~21:00</td><td>마음 열기
(공동체 프로그램)
–아자작, 그대로 선생님</td><td>갯벌 생태계 시청각 교육
–김인철 선생님</td></tr>
<tr><td rowspan="2">21:00~23:00</td><td rowspan="2">한강하구 생태계의 중요성
"한반도 생태축의 1번지,
한강하구"
–한동욱 선생님</td><td>모둠별 모임 II</td></tr>
<tr><td rowspan="2">취침</td></tr>
<tr><td>23:00~</td><td>모둠별 모임 I</td></tr>
</table>

2013	[제1기 초록을 만드는 청년학교: 새로운 초록희망을 꿈꾸는 청년들의 사회진출 프로젝트]

[제1기 초록을 만드는 청년학교: 새로운 초록희망을 꿈꾸는 청년들의 사회진출 프로젝트]

- 목적: 교육과정을 통해 청년들의 사회적 일자리 진출을 돕는다.
  환경단체에 장기적으로 훈련된 인적 자원을 제공한다.
- 주최/주관: (사)환경교육센터
- 후원: 기브투아시아 / 스타벅스재단
- 대상: 환경NGO활동에 관심 있는 만 19~29세의 청년
- 장소: 홍대 씽크카페, 광덕산환경교육센터
- 일정: 2013. 7.9(화)~19(금), 매주 화, 금 2시~6시-강의
  2013. 7.20(일)~25(목)-사회환경교육 현장 탐방
  2013. 7.27(토)~28(일) 졸업 워크숍
- 세부 프로그램 1-강의

일정	강의명	강사
7.9(화) 2~6시	[특강] "초록 공감" '환경', '환경교육', '시민운동' 이야기 주제1. 한국 시민운동의 과거와 미래 주제2. 한국 환경 운동과 담론 주제3. 환경교육과 생태적 감수성	박상필-성공회대 NGO학과 교수 하승창-싱크카페 대표 염형철-환경운동연합 사무총장 오창길-KEEN 운영위원장
7.12(금) 2~6시	[초록과 교육이 만나다] [강의] 한국 사회환경교육의 현황 따라잡기	임윤정-환경교육센터 사무국장
	[케이스 스터디] "청출어람" -환경운동의 새로운 지평을 여는 선배들	강희영-여성환경연대 사무국장 차수철-광덕산환경교육센터 사무국장 박선미-시화호생명지킴이 사무국장
7.16(화) 2~6시	[강연] 한국의 환경 철학과 담론	구도완-환경사회연구소 소장
	[환경NGO알기] 환경NGO 실무자를 만나다.	고대현-판교생태학습원 팀장 마은희-도봉환경교실 실장 사은혁-에코피스아시아 간사 안재훈-환경운동연합 간사 이계숙-한국환경교육네트워크 사무처장
7.19(금) 2~6시	[강의] 청년, 나의 꿈, 내 삶 속에서 운동과 교육 기획하기	김남수-아시아에너지환경지속가능발전연구소 연구원
7.20(일) ~ 7.25(목)	[현장체험] 사회환경교육 현장을 가다! 주제1. 장소중심형 환경교육 주제2. 시설중심형 환경교육 주제3. 프로그램중심형 환경교육	참가자들이 기관을 직접 섭외하여 방문, 실무자 인터뷰 진행
7.26(금)~ 7.27(토)	[광덕산 환경교육센터 1박 2일 워크숍] 환경교육 현장 방문 보고서 발표 & 환경교육 강의	장미정-환경교육센터 소장 임윤정-환경교육센터 사무국장 강효주-환경교육센터 간사

- 세부 프로그램 2_졸업 워크숍

시간	7월 26일(금)	7월 27일(토)
08:00~09:00	* 9시 30분까지 환경교육센터로 집결 & 출발~♫	아침식사
9:30~11:30		광덕산 환경교육센터 둘러보기
11:30~12:00		시계 한바퀴
12:00~13:00	점심식사	점심식사 후 집으로 돌아가기~♫

2013	13:00~13:30	오리엔테이션
	13:30~15:30	체험, NGO의 현장! -NGO 현장 방문기
	15:30~16:30	NGO에 대한 나의 생각 -PMI
	16:30~18:30	[강의] 환경교육 활동가란? (장미정 환경교육센터 소장)
	18:30~20:00	저녁식사
	20:00~22:00	세상을 바꾸는 시간 시민참여 프로그램 기획 W/S
	22:00~	하루나누기

다) 반박자 모임

2002년 제8기 환경전문강좌 수강자들의 후속모임으로 월 1회 환경 관련 책을 읽고 토론하는 모임을 조직하였다. 이는 건강한 환경의식을 갖고, 토론을 통해 환경에 대한 정보나 지식을 나누고 교환하는 자리가 되었다. 책을 매개로 한 정기 토론모임의 형태로 진행되는 반박자 모임은 2003년 저자초청 이야기마당을 3회(7, 9, 10월)에 걸쳐 진행하기도 했다. 2012년 현재까지 활동을 지속적으로 이어오고 있다. 근 2~3년간 활발한 모임을 갖지 못했으나 이번 11월에는 저자와 함께 떠나는 지리산 생태소풍을 다녀오는 등 다시 활발한 활동을 시작했다.

※ 프로그램 예시-반박자 이야기마당

[표 23] 프로그램 예시. 반박자 이야기마당 개요

사업명	환경교육센터 시민강좌, 반박자가 제안하는 저자초청 이야기마당-'머리맡의 책으로 만나는 환경 이야기'			
대상	일반시민			
일정	월 1회(6월, 7월, 9월, 10월, 11월), 총 5회			
프로그램 세부내용	회	월	책(저자)	으뜸 마당지기
	첫 번째 마당	6월	'블루골드' (모드 발로 & 토니 클라크 지음, 이창신 옮김)	강구영 (한국외대 교수)
	두 번째 마당	7월	'세계화는 어떻게 지구환경을 파괴하는가' (힐러리 프렌치 지음, 주요섭 옮김)	주요섭 (생명민회 사무국장)
	세 번째 마당	9월	'환경은 세계사를 어떻게 바꾸었는가' (이시 히로유키 외 지음, 송상용 덧붙이는 글)	송상용 (한양대 석좌교수)
	네 번째 마당	10월	'야생초 편지' (황대권 지음)	황대권 (생태공동체 운동가)
	다섯 번째 마당	11월	'녹색평론' (녹색평론 편집부 엮음)	김종철 (녹색평론 발행인)

라. 가족

1) 지속 사업

가) 궁궐의 우리 나무 알기

서울의 대표적 문화 요소인 궁궐에서 역사, 문화, 생태 교육을 진행함으로써 기존의 일회성 현장체험교육의 한계를 극복하고, 장거리 이동에 따른 단점을 보완하는 취지로 기획되었다. 아동반, 성인 초급반, 성인 중급반 3개 반으로 구분하여 교육을 진행하였다. 역사문화 공간의 대표성을 지니고 있는 궁궐에서 진행되는 생태교육이라는 점이 일반 시민과 가족들에게 호응을 불러일으키기도 하였으며, 앞으로의 사회 환경교육이 지향해야 하는 환경교육 프로그램의 좋은 모델이 된 교육 프로그램이라 할 수 있다.

[표 24] 궁궐의 우리 나무 알기 연도별 활동 개요

연도	주제	기간	장소	인원
2002	제1기 궁궐의 우리 나무 알기	2002.3.23/4.13/4.20/5.4/5.18/6.1 (6회 매회 3시간 총 18시간)	경복궁, 창덕궁, 창경궁, 덕수궁, 종묘	517명
	제2기 궁궐의 우리 나무 알기	2002.9.7/9.14/9.28/10.12/10.26 (5회 매회 3시간 총 15시간)	경복궁, 창덕궁, 창경궁, 종묘	455명
2003	제3기 궁궐의 우리 나무 알기	2003.3～5	경복궁, 창덕궁, 창경궁, 종묘	68명
	제4기 궁궐의 우리 나무 알기	2003.9～11(5강)	사직공원, 경복궁, 창경궁, 종묘	60명
2004	제5기 궁궐의 우리 나무 알기	2004.3.27.～5.22(5강)	경복궁, 창경궁, 종묘	131명
	제6기 궁궐의 우리 나무 알기	2004.9.11.～10.23(5강)		79명
2006	궁궐 나무와 함께하는 600년 과거여행	2006.4.22/5.13/6.10/6.24/7.1(총 6강)	사직공원, 황학정, 경복궁, 창경궁, 종묘	30명
2009	다시 찾은 우리 궁궐	2009.4.18～6.27		5명

나) 초동지기 외 자원봉사+환경교육 프로그램

[표 25] 가족 자원봉사 연도별 활동 개요

연도	사업명	기간	장소	비고
2012	도심 속 생태계 오아시스 백사실 계곡을 가다	8.7	백사실계곡	
	겨울을 준비하는 환경 나눔 자원봉사	11.3	경기도 이천	
2013	교보생명 자원봉사–도심 속 새집달기와 우리 꽃 가꾸기	4.3	판교생태 학습원 화랑공원	

2013	초록동네지킴이 기획자원봉사 1차-게릴라가드닝, 재활용화분제작	5.11	영등포구 문래동 일대	16가족 56명
	초록동네지킴이 기획자원봉사 2차-벽화봉사	8.31	영등포구 문래동 일대	15가족 60명
	도심 속 겨울철새를 보호하자	11.23	판교생태 학습원 화랑공원	
	그린(Green)크리스마스-이웃에게 친환경 제품을 선물해요	12.14	인천 남구 구월동	

2) 단기 사업

가) 생태기행

[표 26] 생태기행 연도별 활동 개요

연도	사업명	기간	장소	비고
2001	하루 숲 체험-북한산의 봄을 느껴보자 북한산의 봄을 느껴보자 -북한산 숲 체험 -북한산에 살고 있는 나무 이야기 북한산에서의 작은 여행 숲을 위해 우리가 할 수 있는 일은?	2001.4.14 13:50~17:30	북한산 국립공원 중 우이동 소귀천 계곡	성인 16명/ 어린이 40명
	봄 들꽃과 함께하는 푸름이 숲 체험 캠프 -월악산 숲 체험로 탐방 -숲에는 무엇이 살까	2001.5.19~20 (1박2일)	월악산	초등생 17명
	우리들의 첫 만남 -봄 체험-유기농 생산지 탐방 -닭장 체험, 밭 체험, 생태교육 '야마기즘의 생활과 자연농법에 대해'	2001.6.17	화성 야마기시 사회경향실현지 (산안마을)	어린이 19명/ 성인 18명
	생명이 숨 쉬는 국토, 새만금 갯벌 체험 -매향제의 의미, 해창 및 계화도 갯벌 체험	2001.6.24	전북 부안 해창 갯벌과 계화도 갯벌	34명
	갯벌에 뭐가 사나 볼래요 -영서중학교 갯벌생태교육	2001.9.28	화성 제부도 갯벌	60명
	풍성함이 가득한 농촌 이야기 -뱀눈 탐사, 더듬이 탐사 -식물표본 만들기 -가족도감 만들기 -가족 밤 줍기 대회 -농사체험(손 벼 타작, 끝물고추 따기 등)	2001.10.14	경기도 안성 경기농장	16가족 41명
2002	푸름이와 함께하는 갯벌여행(3회)	2002.6.6/ 6.12/6.18	경기도 궁평리	100명/70명/200명
2012	지리산 생태소풍	2012.11.10~11	경남 함양	반박자, 사회적멘토 회원모임 12명

나) 자연소재 놀잇감 만들기 체험프로그램 – "자연이 만드는 내 장난감+맘대로 놀이터"

※ 프로그램 예시 – 자연소재 놀잇감 만들기 프로그램

[표 27] 프로그램 예시. 자연소재 놀잇감 만들기 개요

일시	2006.6.10 / 10.28 / 11.11 / 11.19(총 4회)
장소	환경교육센터 및 생태교육관, 도봉환경교실
대상	110명
내용	플라스틱 장난감의 유해성 알리고, 친환경적인 소재로 장난감 직접 만들기
후원	(재)서울문화재단
프로그램 개요	• 교육대상: 일반가족 3회 / 국립농학교 학생 및 부모님 1회 (유료 25명+무료 85명) • 소요시간: 총 4회(22시간) • 교육장소: 환경교육센터 및 생태교육관, 도봉환경교실 • 기자재: 빔프로젝트, 음향, 마이크, 의자 및 작업대 • 교보재 – 만들기: 인형 만들기(천, 바늘, 솜), 가구(골판지, 글루건, 칼, 자, 가위), 천연염색(염색재료, 천, 염색도구), 재활용(가위, 칼, 풀, 부속품, 재활용품) – 맘대로 놀이터: 인형, 골판지 가구, 천, 책, 종이, 색연필, 크레파스, 색종이, 재활용 장난감, 종이 조립장난감

세부 프로그램

구분	교육일시	주제 및 내용(강사명)				비고(장소)
1회	6.10 (10:00~16:00)	자연이 만드는 내 장난감+맘대로 놀이터				환경교육 센터
		시간	내용		강사명	
		1	재미있는 이야기	왜 자연소재 놀잇감이죠?	이현숙	
		4	직접 만들기 참가자 택2	골판지로 만드는 가구	임양혁	
				말랑말랑 인형 만들기	이현숙	
				자연으로 물들이기	남희정	
				재활용장난감 만들기	이미애	
		1	이랬어요. – 이야기해볼까요?		진행자	
		종일	아이들을 위한 자연 놀이터 '맘대로 놀이터'			
2회	10.28 (10:00~16:00)	시간	내용		강사명	환경교육 센터
		1.5	직접 만들기	자연으로 물들이기	남희정	
		3.5	재미있는 이야기	왜 자연소재 놀잇감이죠?	이현숙	
			직접 만들기 참가자 택2	말랑말랑 인형 만들기	이현숙	
				재활용장난감 만들기	이미애	
				골판지로 만드는 가구	임양혁	
		1	이랬어요. – 이야기해볼까요?		진행자	

구분	회차	일시	시간	내용		강사명	장소
세부 프로그램	3회	11.11 (9:30~13:30)	시간	내용		강사면	도봉환경 교실
			1	재미있는 이야기	왜 자연소재 놀잇감이죠?	이현숙	
			3.5	직접 만들기	말랑말랑 인형 만들기	이현숙	
					자연으로 물들이기	남희정	
					재활용장난감 만들기	이미애	
			0.5	이랬어요.－이야기해볼까요?		진행자	
			종일	아이들을 위한 자연 놀이터 '맘대로 놀이터'			
	4회	11.19 (13:00~18:00)	시간	내용		강사명	환경교육 센터
			1	재미있는 이야기	왜 자연소재 놀잇감이죠?	이현숙	
			3.5	직접 만들기	말랑말랑 인형 만들기	이현숙	
					자연으로 물들이기	남희정	
					재활용장난감 만들기	이미애	
			0.5	이랬어요.－이야기해볼까요?		진행자	
			종일	아이들을 위한 자연 놀이터 '맘대로 놀이터'			

마. 시민지도자·활동가·교사

1) 지속 사업

가) 유아교사 환경교육 워크숍

환경교육의 중요성이 인식되고 유아기에서부터의 체계적인 환경교육의 필요성이 제기됨에 따라 '푸름이 환경교육지정원' 제도를 마련하여 유아환경교육 프로그램 개발과 교사교육 및 학부모 교육을 연계하는 교육 사업을 기획·진행하게 되었다. 이는 유아환경교육에 있어서의 교사의 역할을 인식하고 교사 스스로가 환경문제에 대한 인식을 새롭게 함과 동시에 환경교육 현장에서 적용하고 스스로 프로그램을 기획할 수 있도록 구성하였다. 이 워크숍은 '푸름이 환경교육지정원(시범운영원)'을 신청하는 원에 대하여는 의무교육으로 진행하였다.

[표 28] 유아교사 환경교육 워크숍 연도별 활동 개요

<table>
<tr><th>연도</th><th>주요 내용</th><th>일정</th><th>장소</th><th>인원</th></tr>
<tr><td rowspan="3">2002</td><td>제1기
-유아환경교육의 실제, 어린이 환경 및 환경교육의 중요성, 교사들의 환경문제에 대한 의식 및 상황판단, 지정원 유아환경교육프로그램 소개 및 모듈 개발, 숲 탐사의 이론과 실제</td><td>3.9/3.16</td><td>중앙선거관리
위원회 선거연수원
강당</td><td>47</td></tr>
<tr><td>제2기
-유아환경교육의 실제, 현장체험 프로그램의 실제, 우리 마을 생태지도 그리기, 프로그램의 기획과 운영 방법 소개</td><td>4.20</td><td>환경센터/한국
사회과학도서관</td><td>40</td></tr>
<tr><td>제3기
-곤충슬라이드 강의, 보기, 원에서 활용할 수 있는 자연놀이, 유아환경교육의 실제, 재활용 설치 예술품 견학 및 함께 만들기 등</td><td>10.11~12</td><td>남이섬일대</td><td>40</td></tr>
<tr><td rowspan="2">2003</td><td>제4기 유아환경교육의 실제-'자연놀이'
-유아환경교육의 실제, 「삽살개」와 함께하는 환경노래 배우기, 숲 산책, 숲의 식물과 곤충이야기</td><td>3.8</td><td>중앙선거관리
위원회 선거연수원/
북한산</td><td>35</td></tr>
<tr><td>제5기
-환경호르몬과 어린이 건강, 생각지기가 함께하는 유아환경교육 프로그램의 실제, 삽살개와 함께하는 환경노래 배우기, 소래산 숲 산책, 생태체험교육, 자연놀이</td><td>4.19</td><td>신천교회 교육관,
소래산
(계란마을)</td><td>40</td></tr>
<tr><td>2004</td><td>제6기 '바다로 떠나는 교실'
-이론강의, 갯벌체험, 바다와 함께하는 활동시연</td><td>6.5</td><td>시흥시 오이도</td><td>51</td></tr>
<tr><td>2005</td><td>제7기 "꼬불꼬불 산속에 와글와글 숲 놀이"
-오리엔테이션, 숲 이야기, 산책, 얘들아, 숲이랑 놀자!</td><td>8.20</td><td>삼청공원</td><td>28</td></tr>
<tr><td>2006</td><td>제8기 "자연이 만드는 장남감(Handmaking for Nature)"
-왜 자연소재 놀잇감이죠, 골판지로 만드는 가구, 말랑말랑 인형 만들기, 자연으로 물들이기, 재활용장난감 만들기, 아이들을 위한 자연놀이터 등</td><td>6.10/
10.28/
11.11 /11.19</td><td>환경교육센터,
도봉환경교실</td><td>25/
30/
30/
25
(총 110명)</td></tr>
<tr><td>2008</td><td>제9기
-미래세대에 떳떳한 희망 만들기 특강, 푸름이 유아환경교육지정원 100% 활용하기, '환경아 놀자' 동화교재 및 신문 활용하기, 자연놀이</td><td>3.22</td><td>도봉환경교실</td><td>41</td></tr>
<tr><td>2010</td><td>제10기
-오픈특강, '환경아 놀자' 동화교재 및 환경놀이책 활용 및 유아환경교육 이해, 자연놀이</td><td>10.5(1차)
10.7(2차)</td><td>환경센터 회화나무홀</td><td>30</td></tr>
<tr><td>2011</td><td>제11기 '깨끗한 물이 되어줘
-유아들을 위한 물교육의 이론과 실제'</td><td>1월</td><td></td><td>31</td></tr>
<tr><td>2012</td><td>[유아환경교육 10주년 기념 연속 기획워크숍]
제12~15기 "자연을 닮아가는 아이들"
-느끼고, 체험하고, 실천하는 환경교육
<table><tr><th></th><th>주제/주요 내용</th></tr><tr><td rowspan="2">12기</td><td>놀면서 배우는 유아환경교육 "환경아, 놀자!"
-유아환경교육의 이론과 실제
-어린이환경놀이학교 운영하기</td></tr><tr><td>녹색공간과 유아환경교육 "초록을 심고 느끼고 사랑하기"
-도시에서 생태적 공간 만들기
-녹색공간을 활용한 환경교육의 실제</td></tr></table></td><td><1회>
3.31

<2회>
4.28</td><td>환경재단 레이첼
카슨,
가톨릭청년회관
다리,
판교생태학습원</td><td>회당
30~70</td></tr>
</table>

2012	13기	사계절 유아환경교육 "사계절 생태놀이" -세계의 사연놀이 -사계절 생태놀이의 실제	<3회> 5.26		
		생태미술과 유아환경교육 "나는야 자연예술가" -생태미술 이해하기 -생태미술을 활용한 유아교육의 실제	<4회> 6.23		
	14기	스토리텔링과 유아환경교육 "푸름이와 떠나는 환경여행" -동화, 영상, 매체를 활용한 유아환경교육 -스토리텔링을 활용한 기획과 운영	<5회> 8.25		
		현장체험 유아환경교육 "하얀마을, 파란마을, 초록마을" -환경체험시설에서 환경교육지도법 -환경체험시설 견학하기	<6회> 9.22		
	15기	먹을거리와 유아환경교육 "얘들아, 밥 묵자!" -지구야, 오늘은 무얼 먹을까? -친환경식생활 체험 프로그램	<7회> 10.27		
		세계의 유아환경교육 "지구촌 환경지킴이" -세계의 유아환경교육 사례로 배우기 -지구촌 환경체험 프로그램	<8회> 11.24		
2013		**[녹색서울시민실천사업 선정]** **제16기 창의적 교구개발과정을 통한 유아환경교육 환경교사 양성 과정** -유아환경교육의 이해와 교수매체 활용, 스토리텔링과 유아환경교육, 놀이와 미술로 배우는 유아환경교육 등	10/19 ~12.14 (매주 토) 총 15회	스페이스노아 환경교육센터 남이섬	회당 10~15

※ 프로그램 예시-유아환경교육 10주년기념 연속 기획워크숍(12~15기)

[표 29] 프로그램 예시. 유아환경교육 워크숍 활동 개요

자연을 닮아가는 아이들
-느끼고, 체험하고, 실천하는 환경교육

○ 교육일시: 2012년 3~6월, 8~12월 4주차 토요일(월 1회) 13:00~17:00
○ 모집일시: 수시접수, 선착순 마감
○ 장소: (사)환경교육센터 내 강마을환경배움터(당산역 4번 출구 한강시민공원 방향, 도보 2분 거리)
○ 대상: 영유아교육기관의 원장, 교사, 학부모; 유아환경교육에 관심 있는 분
○ 인원: 선착순 30명
○ 참가비: [회당] 지정원교사/학부모 2만 원, 회원 3만 원, 일반 4만 원(교재비 포함)
※ 전 과정 이수 시, 보수교육과정을 거쳐 환경교육센터의 유아생태환경교육 강사로 활동할 수 있음.

○ 2012년 연속기획 프로그램 개요

	일시	주제	주요 내용
12기*	<1회> 3.31	놀면서 배우는 유아환경교육 -"환경아, 놀자!"	-유아환경교육의 이론과 실제 -어린이환경놀이학교 운영하기
	<2회> 4.28	녹색공간과 유아환경교육 -"초록을 심고 느끼고 사랑하기"	-도시에서 생태적 공간 만들기 -녹색공간을 활용한 환경교육의 실제
13기	<3회> 5.26	사계절 유아환경교육 -"사계절 생태놀이"	-세계의 자연놀이 -사계절 생태놀이의 실제
	<4회> 6.23	생태미술과 유아환경교육 -"나는야 자연예술가"	-생태미술 이해하기 -생태미술을 활용한 유아교육의 실제
14기	<5회> 8.25	스토리텔링과 유아환경교육 -"푸름이와 떠나는 환경여행"	-동화, 영상, 매체를 활용한 유아환경교육 -스토리텔링을 활용한 기획과 운영
	<6회> 9.22	현장체험 유아환경교육 -"하얀마을, 파란마을, 초록마을"	-환경체험시설에서 환경교육지도법 -환경체험시설 견학하기
15기	<7회> 10.27	먹을거리와 유아환경교육 -"얘들아, 밥 묵자!"	-지구야, 오늘은 무얼 먹을까? -친환경식생활 체험 프로그램
	<8회> 11.24	세계의 유아환경교육 -"지구촌 환경지킴이"	-세계의 유아환경교육 사례로 배우기 -지구촌 환경체험 프로그램

나) 시민환경지도자 양성

환경교육센터의 시민환경지도자 양성과정을 통해 배출된 강사들을 중심으로 생태강사모임 '초록뜰'을 조직·운영함, 정기적인 모임을 통해 수업안과 프로그램을 개발, 외부 강의 요청 시 학교, 교육현장에 파견·활동함.

[표 30] 시민환경지도자 양성 연도별 활동 개요

연도	주요 내용	일정	장소	인원
2003	2003 환경생태 강사 양성과정 "생태학습 도우미 되기" -환경교육과 환경윤리 -현장교육의 실제; 종묘, 양재천, 인왕산, 여의도밤섬 등	10~11월 (매주 화요일 6회 3시간 총 18시간)	센터, 생태교육관, 궁궐 등	22
2005	생태안내자 양성과정 -1차 교육: 숲의 천이, 자생화 체험, 천연염색 등 -2차 교육: 체험환경교육개론, 인왕산, 선정릉, 경복궁 현장학습 등	10~11월 (10강)	생태교육관 등	10
2007	2007년 시민환경지도자 양성과정 -환경운동과 환경교육 및 시민지도자의 역할과 자세, 대기, 자원순환, 국토생태, 물, 먹거리, 국제이해, 체험학습의 실제, 자연놀이, 생태미술, 현장교육을 위한 안전교육, 강의안 기획과 운영, 강의를 여는 기법, 강의를 풍요롭게 하는 기법, 강의 마무리 및 평가 기법	4.10~7.31 (11강, 특강 2회, 체험 3회)	생태교육관 외	23

2007	시민환경지도자양성 프로그램 및 소모임 운영 공모사업+심포지엄 -환경교육한마당 프로그램 중 하나로 진행 -우수 프로그램 2개, 우수 운영 소모임 2개 선정, 시상함	7.16~8.22	-	-
	수돗물 시민안내자 양성 -물의 순환, 현장교육, 체험교육 프로그램, 강의지도안 짜기, 국내 상수도 현황과 문제점 등	8.30~10.16 (8강)	생태교육관 외	7
2008	하천 시민환경지도자 양성 -환경교육 기초이론, 하천 기초이론, 하천생태 기초이론, 교육의 운영방안	5.6.~6.24 (이론14강, 체험7강, 워크숍1강)	서울시청 내 교육장 또는 사랑의 열매회관 소강당	40
2009	기후변화·에너지 지도자 양성(세이브 에너지 디자이너 양성과정)	5.21.~7.9 (매주 목, 2시간, 8주)	경복궁역 근처 한국건강연대 빌딩 3층 대강당	32
	자원순환 지도자 양성과정	5~7월 (18강)	남이섬 환경학교 등	196 (연인원)
	찾아가는 생태환경캠프 교실 -생태환경캠프 기획부터 준비·신행·평가 단계에 대한 교육 -부천 고강동 천주교회 교사대상 -한우리독서문화운동본부	6.16 /9.1	부천 고강동 천주교회 한우리독서문화운동본부	
2011	마포구청 제1기 녹색환경리더 양성교육	3.15~4.7	마포구청 강당	약 30명
	마포구청 제1기 유아환경교육 양성교육	9.27~10.12	마포구청 강당	약 15명
	서대문구청 제1기 그린리더 양성교육	10.21~11.16	홍은2동 주민센터	약 25명
	강서구청 제1기 환경교육지도자 양성교육	11.21~12.09	강서구청 별관	약 15명
2012	서대문구청 제2기 그린리더 양성교육	2.14~3.16	홍은2동 주민센터	약 25명
	마포구청 제2기 녹색환경리더 양성교육	2.14~3.8	마포구청 강당	약 40명
	마포구청 그린리더 심화과정	2012.8	마포구청	약 10명
	물환경지도자 프로젝트 WET	2012.5.10.	강마을환경배움터	약 30명
	물환경지도자 프로젝트 WET	2012.8.21.~23 2012.9.5.	민주화운동기념사업회 교육장	약 40명
	물환경지도자 프로젝트 WET	2012.3~4	천안YMCA	약 20명
	서대문구청 3기 그린리더 양성교육	11~12월	서대문구청	약 40명
	강서구청 제2기 환경교육지도자 양성교육	11~12월	강서구청	약 20명
2013	그린리더 환경교육지도자 양성	2~3월	마포구청 강당	약 30명
	물 교육 지도자 양성과정	2.19~20	풀무원 로하스 아카데미	약 20명
	서대문구 환경강사 심화과정 -유아환경교육 과정	2.25~27	서대문구 환경개방대학	약 30명
	물 교육 지도자 심화 과정	4.3	강마을환경배움터	약 12명
	충남녹색환경지원센터 유아환경교육 지도자 양성과정	4.16~26	천안YWCA강의실	약 20명
	제1기 초록을 만드는 청년학교	7.9~28	씽크카페 강마을도서관 광덕산환경교육센터	약 12명
	유아환경교육지도자 양성교육	7.15~16	국립환경인력개발원	약 30명
	부산지역 물 교육 지도자 양성과정	9.4~5	부산환경교육센터	약 15명
	유아환경교육지도자 양성교육	9.22~23	국립환경인력개발원	약 30명
	제주지역 물 교육 지도자 양성과정	10.13	제주환경교육센터	약 15명
	창의적 교재개발과정 유아환경교육워크숍	9~12월	강마을환경배움터	약 10명

※ 프로그램 예시 – 시민환경지도자 양성과정

[표31] 프로그램 예시. 시민환경지도자 양성과정 개요

사업명	[2009년 기후변화·에너지 지도자 양성(세이브 에너지 디자이너 양성과정)]
일시	2009.5.21(목)~7.9(목) 매주 목요일 오전 2시간(8주 과정 진행)
장소	경복궁역 근처 한국건강연대 빌딩 3층 대강당
대상	성인 32명
내용	환경교육의 이론과 실재, 기후변화문제와 에너지 절약, 주거공간에서 가능한 세이브 에너지 디자인 등에 대한 교육과정 진행, 현장수업 등
후원	에너지관리공단

세부 프로그램

일정	주제 및 개요	강사진	비고
5.21 (1주차)	○ 강의명: 교육의 눈으로 기후변화 바라보기 ○ 교육분야: 환경교육개론 ○ 교육주제: 환경교육의 눈으로 기후변화 이해하기 ○ 교육내용 – 환경교육의 목적과 지향: 환경과학 교육? 환경주의 교육? 환경운동? 환경교육 낯설게 보기 – 환경교육가 역할과 자세: 코디네이터? 디자이너? 강사? 환경교육가! 되기	민여경	이론 강의 (90분) 그룹토의 및 발표 (30분)
5.28 (2주차)	○ 강의명: 저탄소 녹색성장의 윤리적 의미 ○ 교육분야: 환경정의, 녹색경제학 ○ 교육주제: 저탄소 녹색성장의 윤리적 의미 ○ 교육내용 – 환경문제로 인해 발생하는 불평등 문제 고찰 – 기후변화협약에서의 탄소배출권의 의미와 문제점 – 기후변화문제 해결을 위한 지구적 협력방안 고찰 등	안준관	이론 강의 (90분) 그룹토의 및 발표 (30분)
6.4 (3주차)	○ 강의명: 미디어 광고를 통해 보는 에너지 소비문화 ○ 교육분야: 에너지 소비, 소비주의, 미디어매체 ○ 교육주제: 에너지 낭비와 소비문화를 조장하는 미디어 광고에 대한 고찰 ○ 교육내용 – 현대 에너지 다소비문화의 특성 – 주요 사례로 살펴보는 미디어 광고의 특징 – 에너지 일꾼? 에너지 노예? – 소비사회 극복을 위한 윤리적 자세(검소, 소박, 절약 등)	전영우	이론강의 (90분) 그룹토의 및 발표 (30분)
6.11 (4주차)	○ 강의명: Save energy, Save earth ○ 교육분야: 기후변화문제, 에너지 절약 ○ 교육주제: 기후변화문제와 생활 속 에너지 절약 운동 ○ 교육내용 – 기후변화문제 해결 과정에서 에너지 절약 운동이 갖는 위상과 역할(경제체제의 문제, 사회의 구조적 문제점 지적) – 원자력 발전소의 문제점 등	안준관	이론 강의 (90분) 그룹토의 및 발표 (30분)

세부 프로그램	6.18 (5주차)	○ 강의명: 사례로 배워보는 기후변화교육 ○ 교육분야: 교수학습방법론 ○ 교육주제: 기후변화시대의 효과적인 환경교육방법 ○ 교육내용 -기후변화시대의 효과적인 환경교육 교수학습 방법 -구체적인 사례로 배우는 환경교육 교수학습법	오윤정	이론 강의 (90분) 그룹토의 및 발표 (30분)
	6.25 (6주차)	○ 강의명: 에너지 보드게임을 활용한 기후변화교육 ○ 교육분야: 재생가능에너지, 에너지 절약 교육 ○ 교육주제: 보드게임 ○ 교육내용 -기후변화문제 해결 과정에서 재생가능에너지가 차지하는 위상과 역할 -재생가능에너지의 개념, 종류, 보급상황 등 -에너지 보드게임(지구촌 힘씨)을 활용한 에너지 절약 교육	민여경	이론강의 (60분) 실습 및 체험 (60분)
	7.2 (7주차)	○ 강의명: 더워진 지구에서 살아남기 ○ 교육분야: 교재분석 및 활용 ○ 교육주 제: 교재교구 100% 활용하기 ○ 교육내용 -더워진 지구에서 살아남기 -각종 에너지 절약 실천 매뉴얼 교재 분석 원칙, 기법 등 -교재를 토대로 자가 진단 리스트 작성하기	장미정	이론 강의 (60분) 그룹도의 및 발표 (60분)
	7.9 (8주차)	○ 강의명: 시연수업 및 마무리 ○ 교육분야: 시연수업 ○ 교육주제: 학습지도안 발표, 시연수업 진행 및 평가 ○ 교육내용 -모둠별 학습지도안 발표 및 시연수업 진행	장미정	실습 (120분)

다) 환경교육 활동가 교육

사회 환경교육의 현황 파악을 통해 바람직한 방향성 제시, 질적 성장을 위한 연대의 틀을 구성, 환경교육담당자의 실무능력 증진을 목표로 추진하였다. 실제로 대다수의 시민단체가 고민하는 활동가의 역량강화라는 부분에서 기본적인 요구를 충족시켜 줄 수 있는 프로그램이 많지 않기 때문에 사회 환경교육 영역에서는 중요하게 다뤄져야 하는 교육 프로그램이다. 문제는 실무에 집중하는 활동가들이 시간과 비용을 할애하는 것인데, 장기적이고 지속적인 활동가 역량강화를 위해서는 안정적인 재정이 필수적인 요소라고 할 수 있다.

[표 32] 환경교육 활동가 교육 연도별 활동 개요

연도	주제	일정	장소	인원
2002	환경교육활동가 및 전문가 워크숍 "바람직한 사회환경교육의 모색을 위해" –사회교육현황 사례발표 –프로그램 기획의 실제, 프로그램 발표 및 평가, 프로그램의 저작권 문제	11.15~16 (1박2일)	우이동 봉도청소년 수련원	18명
2003	제2기 환경교육 활동가 워크숍 –대안학교 교육 현황과 전망 –학교와 사회환경교육의 연계 모색 –프로그램 기획	5.23~24 (1박2일)	우이동 봉도청소년 수련원	23명
2005	"내 지역에 꼭~!! 맞는 환경교육코디네이터되기" –센터 프로그램 기획 및 운영을 위한 시민지도자 양성 프로그램 –생태건축, 생태공간, 국외 환경센터 사례, 환경인증제 및 환경교육지원법, 프로그램 기획 및 운영의 실제, 지역에 기반한 인력활용과 주민조직화, 환경교육센터 추진계획 관련 워크숍 등	10.25~28 (3박4일)	인천 강화갯벌센터 및 인근수련원	18명
2005	셀프(Self)·캠프(Camp)·점프(Jump) –지속 가능한 생태환경캠프를 위한 기획 및 진행 전문가(planner and facilitator) 양성과정 –"지속 가능한 생태환경캠프를 위하여" 심포지엄 –"셀프캠프점프 지도자양성과정" –"셀프가족캠프"	9.28~30 (2박3일)	경기도 양평군 산음 자연휴양림	23명
2006	제2기 환경센터 코디네이터 양성과정 –모더레이터(진행전문가) 양성 프로그램을 통한 "내 지역에 꼭~ 맞는 시민지도자 코디네이터 되기" 워크숍	4.27~29 (2박3일)	우이동 봉도청소년 수련원	35명
2007	환경학습도시 니시노미야시의 성과와 과제–교육센터 활동가 재교육 프로그램으로 진행됨(사무국 직원 6인)	4.30~5.4 (4박5일)	일본 오사카, 니시노미아	19명
	아시아 시민환경교육 국제워크숍 "만남과 연대" –아시아지역 환경교육단체 활동가 간 교류	12.4~6 (2박3일)	한국기독교 100주년기념관, 남이섬환경학교	약 100명
2009	환경교육센터 활동가 재교육 –환경교육센터 활동가의 '환경교육센터' 만들기	11.24	환경교육센터	7명
2010	"환경교육활동가 되기" 워크숍 –센터 신입활동가 교육	5.25~27	환경교육센터 회화나무홀	18명
2011	환경교육활동가 기타큐슈 연수 프로그램	1.18~1.21	기타 큐슈	21명
	환경교육운동가 워크숍 –모이고 떠들고 꿈꾸는 환경교육운동 이야기 워크숍	10.26~28	경상북도 군위	15명
2012	사회운동가 역량강화 워크숍 –'사회운동가, 사회적 멘토를 꿈꾸다!'	10.9~12	춘천 남이섬	20명
2013	제1기 지구의 벗 환경연합 간사워크숍 –"청년환경운동가! 나의 삶, 우리의 꿈!"	5.2~4	경기 양평 "오늘"	20명
	환경NGO 인턴 양성 프로그램 –제1기 초록을 만드는 청년학교	7.19~28	씽크카페 광덕산환경교육 센터	15명

※ 프로그램 예시 – 환경교육활동가 교육

[표 33] 프로그램 예시. 환경교육활동가 교육 활동 개요

<table>
<tr><th>연도</th><th>내용</th></tr>
<tr><td>2005</td><td>
"셀프(Self)·캠프(Camp)·점프(Jump)" – 지속 가능한 생태환경캠프를 위한 기획·진행 전문가(Planner and Facilitator) 양성과정
·일시: 2005.9.28(수)~9.30(금) (2박3일)
·장소: 경기도 양평군 산음 자연휴양림
·대상: 환경교육 및 생태환경캠프에 관심 있는 활동가 및 시민(선착순 30명)
·주요 프로그램
–캠프 기획단계 점프하기: 주제 선정, 답사, 구체 프로그램 기획, 자원교사 교육, 홍보활동 펀드 만들기, 참가자 소통 등 기획단계에 대한 교육 및 워크숍
–캠프 진행단계 점프하기: 생태·문화·공동체 체험, 기록, 안전, 레크리에이션, 진행팀 소통, 참가자 소통 등 진행단계에 필요한 교육 및 워크숍
–캠프 평가단계 점프하기: 진행팀 자체평가, 참가자 피드백, 활동평가 기록(영상, 사진, 보고서) 등 평가단계에 필요한 교육 및 워크숍
–스스로 기획한 생태환경캠프: "셀프·캠프·점프" 가족캠프 진행
·프로그램의 특성
–3단계 교육과정: 체험·지식·흥미의 균형감, 기획·진행·평가 단계에 있어서의 명확한 역할 이해를 돕기 위한 기능교육, 이론교육 및 현장 적용으로 구성
–참가자들이 자신의 가족들이 참여하는 가족 환경캠프를 스스로 기획 및 진행
–지속적인 활동 지원: 참가자들은 일정기간 자원교사 및 보조교사 활동을 통해 추후 환경지도자로서 지속적인 활동을 할 수 있음.
·세부 프로그램
<table>
<tr><th>시간</th><th>주제</th><th>비고</th></tr>
<tr><td colspan="3">[첫째 날]</td></tr>
<tr><td rowspan="2">13:00~18:00</td><td>[워크숍1] 오리엔테이션, 도입–기대와 희망 나누기, 생태환경캠프의 의미 공유</td><td>장미정(환경교육센터)</td></tr>
<tr><td>환경·커뮤니케이션 그리고 캠프–대안캠프로서의 생태환경캠프의 의미, 자세</td><td>강혁(YMCA 청소년 사업부)</td></tr>
<tr><td>19:00~21:30</td><td>마음 열기, 공동체놀이, 레크리에이션</td><td>조혜영(강북청소년수련원)</td></tr>
<tr><td>21:30~22:00</td><td>하루 나누기</td><td>참가자(장미정, 최진희 진행)</td></tr>
<tr><td colspan="3">[둘째 날]</td></tr>
<tr><td rowspan="2">9:00~11:00</td><td>[워크숍2] 지속 가능한 생태환경캠프란? 지속 가능한 발전교육이란? –벌집토론</td><td>장미정(환경교육센터)</td></tr>
<tr><td>생태환경캠프 기획·진행·평가단계 업그레이드하기</td><td>권양희(햇살학교)</td></tr>
<tr><td>11:00~12:30</td><td>안전 및 보건교육</td><td>이종석(적십자사)</td></tr>
<tr><td>14:00~16:00</td><td>자연에서 놀기(1)–자연놀이</td><td>이현숙(숲연구소)</td></tr>
<tr><td>16:00~18:00</td><td>자연에서 놀기(2)–자연미술</td><td>반정윤(도봉환경교실)</td></tr>
<tr><td>20:00~21:30</td><td>[워크숍3] 캠프 기획–준비–진행–평가 단계 정리, 경험 나누기</td><td>장미정(환경교육센터)</td></tr>
<tr><td>21:30~23:30</td><td>[워크숍4] 셀프가족캠프 기획하기, 발표하기</td><td>장미정(환경교육센터)</td></tr>
<tr><td colspan="3">[셋째 날]</td></tr>
<tr><td>9:00~11:00</td><td>아동심리와 청소년 상담</td><td>김선옥(꿈틀학교)</td></tr>
<tr><td>11:00~12:00</td><td>워크숍 평가활동–평가지 작성, 시계평가 수료식</td><td>장미정(환경교육센터)</td></tr>
</table>
</td></tr>
</table>

2010

[2010년 **환경교육활동가워크숍**] "**환경교육활동가 되기**(Becoming)"

- 사업목적
  - 환경교육센터 신입활동가 교육
  - 환경교육 활동가의 환경교육 비전공유, 환경교육 및 환경교육가에 대한 이해, 기획력 및 진행력 향상
  - 신입·중견 활동가 간의 친목, 소통, 이해를 통해 선험적 경험 및 롤 모델, 지속적 협력관계, 연대감 형성
- 사업내용
  - "환경교육활동가 되기(Becoming): <비전>, <기획>, <진행>"의 환경교육활동가의 역량강화 워크숍
  - 환경교육 활동가(Coordinator) 되기, 환경교육 기획자(Planner) 되기, 환경교육 진행자(Facilitator) 되기
  - 참가자들의 선택의 폭을 넓히기 위해 '당일형+시리즈형+테마형'으로 구성
- 사업개요
  - 일시: 2010.5.25~27(목)
  - 장소: 환경센터 회화나무홀
  - 대상: 환경교육에 관심 있는 전국의 활동가 및 일반인 18명 참여
  - 강사: 차수철, 오창길, 장미정, 김동현, 민여경

일정	1부. [비전] 워크숍(5.25) 환경교육 활동가 (Coordinator) 되기	2부. [기획] 워크숍(5.26) 환경교육 기획자 (Planner) 되기	3부. [진행] 워크숍(5.27) 환경교육 진행자 (Facilitator) 되기
~9:20	등록, 서로 인사	등록, 서로 인사	등록, 서로 인사
9:20~10:00	아이스 브레이킹, 기대 나누기 **[퍼실리테이션 기법①]**	아이스 브레이킹, 기대 나누기 **[퍼실리테이션 기법②]**	아이스 브레이킹, 기대 나누기 **[퍼실리테이션 기법③]**
10:00~12:00	**[강의, 토론]** 환경교육의 이해, 환경교육운동의 쟁점들	**[강의, 토론]** 환경교육 프로그램의 기획과 운영	**[참여식 강의]** 환경교육 프로그램을 풍성하게 하는 진행방법
12:00~13:00	행복한 밥상	행복한 밥상	행복한 밥상
13:00~14:00	놀면서 배우는 환경 "환경아, 놀자" **[놀이로 배우기①]**	**[사례]** 지역기반, 이슈기반 환경교육 "작은 학교, 작은 교실" "서해바다야, 다시 태어나자"	**[강의, 체험]** 환경교육 교육자원 (교재, 교구, 매체) 활용법
14:00~16:00	**[워크숍]** 환경교육활동가 되기의 의미, 비전 만들기	**[워크숍]** BEST/WORST 프로그램 분석 및 평가: 나의/우리 단체의 프로그램 업그레이드하기	놀면서 배우는 환경 "지구촌 힘씨" **[놀이로 배우기②]**
16:00~17:30	**[강의, 사례]** 환경교육과 지역운동 "지역에서 교육으로 세상을 바꾼다."	**[특강]** 일본의 환경교육 "일본습지와 습지교육을 생각한다."	**[워크숍]** 교육자원(교재, 교구, 매체)을 활용한 프로그램 업그레이드하기 성찰, 하루 나누기
	성찰, 하루 나누기	성찰, 하루 나누기	수료식

2011

모이고 떠들고 꿈꾸는 환경교육운동 이야기워크숍 "과거를 통해 미래를 본다!"

- 사업목적
  - 환경교육운동가들의 교육과 운동, 삶의 이야기를 통해, 과거로부터 배우고 미래를 준비한다.
  - 선배들의 이야기, 후배들의 이야기, 소통과 성찰, 쉼과 나눔의 과정 속에서 자기성찰과 운동성찰을 경험한다.
  - 또한 이 과정에서 모이고 떠들고 꿈꾸는 새로운 방법들—Living Library, Open Space Technology 등에 대해서 배운다.
- 사업개요
  - 일시: 2011.10.26(수)~28(금)
  - 장소: 간디문화센터(경북 군위) (26일 13:00 동대구역 집결, 간디문화센터로 이동 교통편 제공)
  - 대상: 행복한 환경교육가, 환경운동가, 환경교육운동가를 꿈꾸는 분
  - 인원: 30명(선착순, 전일 참가자 우선순위)
  - 참가비: 회원 및 단체 활동가 5만 원, 비회원 7만 원

2011

• 주요 프로그램
–환경교육운동의 선배 이야기; 갈등과 극복, 성공과 좌절
–환경교육운동의 후배 이야기; 우리 세대 환경교육의 성공과 좌절, 희망 찾기
–환경운동과 환경교육, 환경운동가의 환경교육운동가 되기의 의미
–환경교육운동의 역사 읽기; 과거로부터 배우는 워크숍, 다시 쓰는 환경교육운동사
–환경교육운동의 길 찾기; 열린 토론, 소통하는 워크숍 진행
–환경교육 사례공유; 프로그램과 교재교구 나누기

시간	첫째 날(10.26)	둘째 날(10.27)	셋째 날(10.28)
~10:00	모이기	산책, 식사	산책, 식사
10:00~12:00		**[리빙 라이브러리②] 후배책** (진행–이창림)	**[사례공유] 프로그램과 교재교구 PT쇼** (진행–정경일) 성찰, 워크숍 평가, 수료식
12:00~13:00		행복한 밥상	행복한 밥상
13:00~15:00	간디문화센터로 이동	**[픽셔너리] 자기 보기, 삶과 운동**(진행–이지숙)	*** 기획진행팀, 강사진** –문창식(간디문화센터), 이창림 (풀뿌리자치연구소 이음), 장미정, 정경일, 이지숙 (이상 (사)환경교육센터)
15:00~18:00	**[오리엔테이션] 워크숍 안내** (진행–장미정)	**간디문화센터 둘러보기** (진행–문창식)	
		자유시간	
	[강의] 모이고, 떠들고, 꿈꾸는 새로운 방법들 (강의, 진행–이창림)	**[열린 토론, OST] 통~하라!** (진행–이창림)	
18:00~19:00	행복한 밥상	행복한 밥상	
19:00~21:00	**[리빙 라이브러리①] 선배책** (진행–이창림)	**[발제] 환경운동가의 환경교육운동가 되기의 의미** (발제–장미정)	
		[역사워크숍] 다시 쓰는 환경교육운동사 (진행–장미정)	
	성찰, 하루 나누기	성찰, 하루 나누기	

제1기 지구의 벗 환경연합 간사워크숍 "청년환경운동가! 나의 삶, 우리의 꿈"
• 일시: 2013.5.2~4
• 장소: 경기도 양평 <오늘>
• 대상: 전국 환경연합 저년차 활동가(1~3년차) / 4년 차는 선택
• 인원: 20명
• 주요 프로그램
–멘토와의 만남; 1) 사회운동과 삶에 대한 철학, 소양 돌아보기
2) 나와 우리를 위한 셀프리더십 코
3) 환경운동가로서의 나의 삶 설계하기
–환경운동 선배이야기: 운동과 삶의 갈등과 극복, 경험적 지혜 나누기
–환경운동 동료이야기: 새로운 환경운동의 희망읽기, 상호이해와 연대감 형성
–운동기획: 환경운동 기획 이론과 실제, 실천적 운동기획
–민주적 의사소통; 민주적 회의진행법과 자기표현, 조직과 선배 설득하기, 나와 대면하기
–실천: 나·너·우리 프로젝트 기획하기, 개인과 조직의 긍정적 변화를 이끌어 낼 수 있는 연간 프로젝트 기획과 과제 수행, 공유
–새로운 환경운동의 길 찾기: 상담판, 열린 토론

2013

－쉼, 비움: 몸으로 만나는 평화, 산책, 나와 마주하는 자기 돌봄 시간 갖기
－우리들의 꿈: 드로잉 워크숍을 통해 공동의 꿈을 구체적 결과물로 완성, 공유

· 운영 방식
배움(2박 3일, 참여형 워크숍) + **실천**(프로젝트 수행/연간, 운동참여과정에서 실천 가능한 주제, 워크숍 기간 중 기획) + **공유**(발표/연말 활동내용 보고서 제축과 시상, 시민환경학술대회 발표(권장))
· 주최: 환경운동연합
· 주관: (사)환경교육센터
· 세부 프로그램

시간		첫째 날(5/2)	둘째 날(5/3)	셋째 날(5/4)
		철학, 소통	경험과 지혜	나눔, 회고와 성찰
~9:00		바람과물연구소 가는 길	『자연』 자연과의 대화 －숲속 놀이 & 명상, 식사 (임윤정, 환경교육센터)	자유산책, 식사
9:00~10:00	만남			
10:00~12:00	만남		『삶과 운동』 살아있는 선배책 읽기 (최예용/염형철/김춘이/신재은/장미정)	『우리의 꿈』 공동 드로잉 워크숍 (최민주, 일러스터/상상날개 대표)
12:00~13:00		행복한 밥상	행복한 밥상	행복한 밥상
13:00~14:00	배움	『만남』 오리엔테이션, 짐 정리	『셀프 리더십』 행복한 운동가 되기 (구도완, 환경사회연구소 소장/환경연합 정책위원)	『다짐』 세상을 바꾸는 시간2. 발표회 『비움과 채움』 회고와 성찰
14:00~16:00	배움	『희망』 청년 환경운동가에게 전하는 사회적 멘토의 이야기 (유정길, 에코붓다 전 공동대표)	『기획』 환경운동 기획론 (최예용)	*2:30PM 종료
16:00~18:00	배움	『소통』 민주적 의사소통 조직과 나의 내면 마주하기 (이권명희, 평화를여는여성회)	『선물』 나와 마주하는 시간	나의 삶, 우리의 꿈이 있는 현장으로
18:00~19:00		행복한 밥상	행복한 밥상	
19:00~21:00	소통	『평화』 몸으로 만나는 평화 (이권명희, 평화를여는여성회)	『실천』 세상을 바꾸는 시간1. 우리가 만드는 변화 팀별 프로젝트 기획 W/S (장미정, 환경교육센터)	* 운동철학, 자기리더십 * 소통 * 운동기획
	소통	성찰, 하루나누기(PMI)	성찰, 하루나누기(PMI)	

라) 사회 환경교육 아카데미

사회 환경교육 아카데미는 숲 해설가 양성과정 또는 생태안내자 양성과정과는 달리 사회 환경교육 영역에서 진행되고 있는 다양한 이슈들을 소재로 해서 토론과 학습의 장

을 마련하기 위해 진행된 프로그램이다. 1회 때는 일본의 환경교육 흐름과 방향, 사례들을 주제로 진행되었으며, 2회는 도시생태와 생태교육, 3회는 환경교육센터의 개념, 기능과 역할 등을 주제로 진행되었다. 특히 "환경교육센터링(center+～ing)"를 주제로 한 3회 아카데미의 경우 이론적 배경과 실제 사례를 적절하게 녹여냄으로써 커다란 호응을 얻기도 하였다.

[표 34] 사회 환경교육 아카데미 연도별 활동 개요

연도	주제	일정	장소	인원
2010	제1회 사회환경교육 아카데미 –"일본 환경교육의 지혜를 얻다"	11～12월 <4주>	한국건강연대 3층 지금여기	36명
2011	제2회 사회환경교육 아카데미 –"도심 속 생태교육"	5～6월	환경센터 회화나무홀	약 10명
2011	제3회 사회환경교육 아카데미 –"환경교육센터링"	9～11월		30명

※ 프로그램 예시 – 사회환경교육 아카데미

[표 35] 프로그램 예시. 사회환경교육 아카데미 개요

연도	내용	
2010 (제1회)	사업명	제1회 사회 환경교육 아카데미–"일본 환경교육의 지혜를 얻다"
	사업 목적	· 교육센터의 대외적 위상과 역할 강화–사회 환경교육 분야에서 진행되고 있는 환경교육(기후변화, 에너지, 먹을거리, 숲, 하천, 생활환경 등)과는 차별화된 교육 콘텐츠를 확보함으로써 사회 환경교육 전문기관으로서의 교육센터 위상과 역할을 공고히 하는 기반을 마련한다. · 건강한 담론 생산의 장 구축–사회 환경교육 영역에서 일어나고 있는 다양한 변화(환경교육진흥법에 따른 사회 환경교육지도사 양성, 환경교육프로그램 인증제, 환경교육센터 건립, 저탄소녹색성장 교육 등)를 현장의 눈으로 바라보고 각 이슈에 대한 건강한 담론을 생산할 수 있는 토론과 학습의 장을 구축한다. · 정보공유 및 교류의 장 구축–사회 환경교육 영역에서 활동하고 있는 전문가(숲 해설가, 생태안내자, 하천지도자, 다양한 환경주제를 교육할 수 있는 전문가 그룹 등)들이 서로의 활동을 공유하고 친목을 도모하며, 환경교육과 관련된 정보를 교류할 수 있는 자리를 마련하도록 한다.
	사업 목적	· 교육센터의 전문인력 확보–현재 교육센터에서 활동하고 있는 생태안내자 모임 '초록뜰'의 인원 충원과 함께 사회 환경교육 영역에서 활동하고 있는 전문가들과의 네트워킹을 통해 교육센터의 외연을 확대하는 계기를 마련한다. · 사회 환경교육 활동가 양성–환경교육을 전공하지 않은 환경교육센터 및 환경운동연합 활동가와 시민단체 활동가들이 환경 교육적 소양을 키울 수 있는 계기를 제공하고 환경교육과 관련된 비전을 정립할 수 있도록 도와준다.
	일시	2010.11.30(화)～매주 화요일 19:00～21:00(4주)
	장소	한국건강연대 3층 지금여기(지하철 3호선 경복궁역 부근)
	대상	새로운 환경교육을 꿈꾸는 환경교육활동가 또는 교사
	참가인원	36명
	참가비	(사)환경교육센터 회원 6만 원, 환경운동연합 회원 7만원, 일반 8만 원

<table>
<tr><td>2010
(제1회)</td><td>세부
프로그램</td><td>11.30(화) IDEA & VISION
제1강 저탄소사회 일본에서 우리는 무엇을 배울 것인가?
－저탄소사회를 향한 일본형 환경교육의 아이디어와 비전에 대해서 전체적으로 알아보는 시간을 갖는다.

11.7(화) PASSION
제2강 도시전체가 환경교육현장 니시노미야시
－환경교육모델도시를 세계최초로 선언한 니시노미야시의 열정을 통해서 우리 사회의 환경도시, 환경교육모델도시를 꿈꿔본다.

12.14(화) PROGRESS
제3강 그 들판에 두루미는 아이들과 속삭인다
－50년간 두루미 모니터링을 한 이즈미시의 시골 중학교 실천을 통하여 지속적이고 꾸준한 환경교육의 중요성을 다시금 새겨본다.

12.21(화) DREAM
제4강 비오톱과 그린커텐으로 도시의 기온을 낮춰라
－지구온난화 대책을 향한 작은 꿈과 노력들이 도시의 기온을 낮추고, 놀라운 기적들을 일으켰다. 일본의 비오톱운동과 그린커텐운동을 알아본다.</td></tr>
<tr><td rowspan="8">2011
(제3회)</td><td>사업명</td><td>제3회 사회 환경교육 아카데미－“환경교육센터링(center＋～ing)”</td></tr>
<tr><td>사업
목적</td><td>· 한국환경교육센터의 건립과 추진현황, 환경교육센터 추진전략 공유
· 환경교육센터 주체 간의 네트워크 통해 역량강화
· 환경교육센터의 소프트웨어, 하드웨어 탐색, 국내외센터의 현황과 운영실태 파악
· 새로운 환경교육기관을 설립하고자 할 때 모델링, 새로운 방향제시</td></tr>
<tr><td>일시</td><td>2011.10.20～11.25</td></tr>
<tr><td>장소</td><td>동국대 강의실, 정동 프란치스코 교육회관</td></tr>
<tr><td>대상</td><td>환경교육활동가, 연구자, 회원 등</td></tr>
<tr><td>참가인원</td><td>30여 명</td></tr>
<tr><td>참가비</td><td>회원(80,000원) / 비회원(100,000원)</td></tr>
<tr><td>세부
프로그램</td><td>
<table>
<tr><th>차시</th><th>일정</th><th>강사</th></tr>
<tr><td>1주차</td><td>1. 환경교육센터 꿈꾸기: 센터는 환경교육의 성지다
－센터의 성격, 비전, 추진방향 설정하기</td><td>이재영 교수</td></tr>
<tr><td>2주차</td><td>2. 환경교육센터 프로그램 계획하기: 프로그램은 센터의 앙코다
－센터의 프로그램 주제와 세부구조 만들기 (사례 포함)</td><td>정수정 박사
정원영 박사</td></tr>
<tr><td>3주차</td><td>3. 환경교육센터 공간 계획하기: 친환경, 에너지절감은 당근이다</td><td>이명주 교수</td></tr>
<tr><td>4주차</td><td>4. 환경교육센터 전시 계획하기: 좋은 전시는 운영을 고려한다</td><td>더 원 C&C 이사</td></tr>
<tr><td>5주차</td><td>5. 환경교육센터 운영하기: 운영을 통해 센터는 완성된다
－조직구성, 인적 자원 양성하기, 재원확보, 운영관리하기
－운영을 통해 센터는 완성된다.</td><td>김인호 교수</td></tr>
<tr><td>6주차</td><td>6. 좋은 환경교육센터 만들기 귀감 워크숍
－기존 운영진들의 애환을 들어본다.
－청주 두꺼비, 부산 에코센터, 광덕산, (사)환경교육센터 등 5～6곳 센터 운영진이 양식에 의거하여 발표를 준비하고 제언을 유도</td><td>오창길 소장
정경일 국장</td></tr>
</table>
</td></tr>
</table>

2) 단기 사업

가) 일반교사 직무연수, 환경교사 연수

[표 36] 일반교사 직무연수, 환경교사 연수 연도별 활동 개요

연도	주제	일정	장소	인원
2002	초·중등 교사를 위한 환경생태 전문가 과정			회당 40~50명
2003	교사 직무 연수 -유니텔원격교육연수원과 함께 온라인상의 직무교육 -총 31차시의 온라인 강의	3~5월		
2006	녹색구매 환경교사교육 및 환경퀴즈대회 -유치원, 초중등 교사	11.4~11.5 (1박2일)	남이섬 환경학교	36명
2008	지구온난화·에너지교육 교사 워크숍	11.7	한국건강연대	50명
2009~2012	서울특별시 교육청 지정 교사연수 프로그램 -"숲 생태의 이해와 숲 체험 지도" 외(도봉환경교실 지원)	매년 8월	도봉환경교실	매회 20~60명

※ 프로그램 예시-유초중등교사 연수 프로그램

[표 37] 프로그램 예시. 유초중등교사 연수 프로그램 개요

사업명	사회적 웰빙, "로하스; LOHAS" 따라잡기 LOHAS: Lifestyles of Health and Sustainability: 건강하고 지속 가능한 생활방식
일시	2006.11.4(토)~5(일) (1박2일)
장소	환경교육센터 남이섬환경학교 및 남이섬 곳곳
대상	유, 초, 중등교사
주최	(사)환경교육센터, 에코생협, 한국녹색구매네트워크
후원	친환경상품진흥원
주요 프로그램	·로하스 따라잡기! 새롭게 인식하고 이해하고 풀어내기, 학교교육 사례 엿보기 ·로하스 교실활동! 방법론 배우기-녹색소비, 유해물질, 먹을거리 등 주제 ·로하스 특별체험! <남이섬 환경학교>의 특별활동-에코라이프 체험 프로그램 ·로하스 상상여행! 남이섬 생태벨트탐방 ·로하스 식탁여행! 유기농밥상, 유기농카페 체험 ※ 전 일정 동안 친환경상품 체험전을 함께 진행

세부 프로그램

시간	주제 및 담당	
첫째 날-11월 4일(토)		
13:30~16:30	서로 인사 (차내 활동)	최진희(환경교육센터)
16:30~18:30	오리엔테이션-로하스 상상여행! 로하스 특별체험(1)-남이섬 생태벨트탐방	민여경(남이섬 환경학교)
18:00~19:00	로하스 식탁여행! 유기농 밥상, 유기농카페 체험	김경애(에코밥상)
19:00~20:30	로하스 따라잡기1-새롭게 인식하고 이해하고 풀어내기	최재숙(에코생협)
20:30~21:30	로하스 따라잡기2-학교에서 녹색소비교육 사례발표	김광철(환생교)
21:30~22:00	하루 나누기	참가자

세부 프로그램	둘째 날 - 11월 5일(일)		
	~08:00	아침 자유산책	참가자
	08:00~09:00	아침식사	아뜰리에
	09:00~10:30	로하스 교실활동! 방법론 배우기 -녹색소비 교육방법론 및 활동사례 -생활 속 유해물질, 음식물 속 유해물질 관련 실험	양지안 (녹색구매 네트워크)
	10:30~12:00	로하스 특별체험(2) -천연허브 비누 만들기, 나무받침대체험, 대안생리대 만들기	김선미(여성환경연대) 이선효, 민여경, 곽태성 (남이섬 환경학교)
	12:00~12:30	느낌 나누기, 평가회	장미정(환경교육센터)
	전 일정	친환경상품 체험전	최재숙(에코생협)
	12:30~	점심식사 후 남이섬 자유롭게 즐기기, 집으로……	참가자

2. 연구 · 개발

(사)환경교육센터는 현장에서 축적한 환경교육의 경험을 체계화하기 위해 연구조사와 정책개발 활동, 교재교구 개발과 보급 활동을 지속적으로 해오고 있다.

가. 연구 · 조사

1) 환경교육 현황 조사

[표 38] 환경교육 현황 조사 연도별 활동 개요

연도	제목	주요 내용	비고
2005	2004 · 2005 전국 환경운동연합 환경교육 현황조사 연구	전국적 환경교육 활동 현황, 프로그램의 경향성 파악	
2006	2005 · 2006 전국 환경운동연합 환경교육 현황조사 연구	전국적 환경교육 활동 현황, 프로그램의 경향성 파악	
2007	한국 환경교육단체 현황조사	전국 환경교육단체 현황 파악	
2011	아시아태평양지역 NGO연구 및 지속가능발전교육 연구	아시아태평양지역 NGO의 환경교육 현황 파악	
2012	시민단체 활동가 재교육 프로그램 현황과 요구 조사	시민사회단체들의 재교육 프로그램 현황과 활동가들의 재교육 프로그램에 대한 요구 조사	특임장관실 프로젝트
2013	'지속가능발전교육 10년(DESD) 국가보고서 작성을 위한 연구' 참여	NGO의 지속가능발전10년 현황과 사례 연구	유네스코한국위원회

2) 민관 환경교육 파트너십 연구

[표 39] 민관 환경교육파트너십 구축 연구 현황

연도	제목	주요 내용	비고
2000	환경친화적인 도농 공동체 활성화 및 네트워크 구축을 위한 교육사업	–지원대상: 서울환경연합, 여주・이천환경운동연합, 인천환경운동연합, 청주환경운동연합, 대구환경운동연합, 부산환경운동연합 –협력단체: 팔당유기농운동본부, 여주농민회, 강화환경농업농민회, 푸른누리, 가야산해인골프장반대의성농민회 –환경농업 체험 및 일손돕기, 참가자 직거래 사업, 어린이환경농업캠프, 귀농학교 운영 등	농림부 프로젝트
2001	농촌의 환경 살리기를 통한 도・농교류 활성화 방안	–지원대상: 초등학교 학생, 중고등학교 학생, 회원 및 기타 관련 단체 –환경조사, 조사 및 활동팀 구성, 네트워크 구성, 지도자 및 활동가를 위한 약식 체험교실 운영, 사업확대를 위한 토론회 조직, 전체 지역 총 평가를 위한 자료수집 등	농림부 프로젝트
2005 ~ 2007	지역사회에 기반을 둔 환경교육 인프라 및 민관 환경교육 파트너십 구축 (1~3차 연도)	–지역별 환경교육센터(통칭) 건립 추진 사례 및 현황파악 –전국 환경교육단체와 인력 데이터베이스 구축 –전국 환경교육센터 담당자 및 활동가 재교육 등 이러한 활동을 통해 지역사회 환경교육 내용적 인프라 구축, 환경교육 인적 인프라 구축, 적극적 시민참여 활성화, 조직 내 환경교육 정보교류, 전문성 확보 등 –센터형 환경교육교재 공동개발 –센터형 환경교육지도자 양성교육 등 –지역 맞춤형(대상별) 환경교육 e-learning 콘텐츠 개발 외	행정자치부 프로젝트 (*참여단체: 천안아산환경연합, 충북환경연합, 여수환경연합, 제주환경연합, 속초고성양양환경연합)
2006 ~ 2007	'지역과 학교가 하나 되는 환경교육' –일본 환경교육 사례연구를 통한 지역 내 환경교육 파트너십 모델 개발	・사업명: '지역과 학교가 하나 되는 환경교육'–일본환경교육 사례연구를 통한 지역 내 환경교육 파트너십 모델개발 ・목적: 한일 간의 공통적인 문화적 경험 속에서 한국보다 먼저 지역사회 속에 뿌리내리고 있는 환경교육의 현장을 살펴봄으로써 우리나라의 지역사회에서 환경교육이 활성화되고 뿌리내릴 수 있는 방법을 찾아봄. NGO와 지방자치단체, 학교 기관이 균형감 있는 파트너십을 유지하며 모범적으로 시행되고 있는 모델을 찾아 과정과 프로그램, 각자의 역할 관계에 대하여 배움. ・사업기간: 2006년 5월~2007년 2월 ・조사대상 –지방자치단체와 함께하는 환경교육모델: 환경학습도시 선언한 니시노미아시의 도전 –NPO와 함께하는 환경교육모델: '일본야조회'와 함께 지킨 야츠갯벌 10년 –흥미 있는 소재와 특성화, 참여를 바탕으로 한 학교환경교육모델: 운동장과 교실이 녹색으로 바뀌는 '동경 이즈미소학교', 전교생이 마을의 제비조사를 하는 '타키아이소학교', NGO, 학부모, 학생이 비오톱 함께 만드는 '하마다야마소학교'	환경 재단
2009	NGO・지자체・지역민 협력 사례연구 –도봉환경교실	・도봉환경교실의 사례연구 ・NGO・지자체・지역민 협력을 중심으로 관련자 면담과 자료분석을 통한 평가연구 ・2004~2008년 5년간의 활동평가를 위한 자체 연구 ・회원 주도로 진행 ・연구결과를 학회지 발표(* 김희경・장미정, 2009, "NGO・지자체・지역민 협력을 통한 사회환경교육 프로그램 평가: '도봉환경교실'을 사례로", 한국교과서연구학회지 Vol.3, No.1, pp.27~39)	-

3) 환경교육 시설 & 교육장 관련 연구

최근 환경교육진흥법 시행에 따라 지역별, 광역별 환경교육시설과 교육장들의 건립이 활발해지면서 관련 연구의 필요성도 증대되고 있다. 건물 중심보다는 지역사회와 지역주민, 시민 중심의 시설이나 교육장이 될 수 있도록 생명력을 불어넣는 연구가 필요하다.

[표 40] 환경교육 시설 & 교육장 관련 연구 현황

연도	제목	주요 내용	비고
2008	에너지생태관광 프로그램 개발	· 연구목적: 연구의 1차 목적은, 한국에너지기술연구원에서 연구하고 있는 "월드컵공원 일대에 신재생에너지 랜드마크 기본계획 수립"에 있어 어린이부터 일반 시민에 이르기까지 참여·체험할 수 있는 에너지·생태 통합 교육프로그램을 개발하고 한강 르네상스 마스터플랜을 연계한 관광 프로그램을 개발하는 데 있다. 또한 서울 친환경 선언에서 설정한 '2020년까지 신재생에너지 이용률 10% 확대' 정책 목표를 달성하고, 추진 전후 과정에서 신재생에너지에 대한 '시민의 인식과 참여'를 높이며, 나아가 월드컵 공원 및 시설물이 관광상품이 될 수 있는 신재생에너지·생태 교육 프로그램 기본 계획을 수립하는 것을 2차 목적으로 한다. · 연구개요 －과제명: 에너지·생태 통합교육 프로그램 및 관광 프로그램 개발 －용역기간: 2008.3～6월 －발주처: 한국 에너지기술연구원 · 과업의 범위 －공간범위: 월드컵공원 일대 신재생에너지 랜드마크 조성지 －내용범위: 월드컵 공원 일대 신재생에너지 랜드마크 조성 기본계획 아이템 분류 및 적용방안, 에너지·생태 통합 교육프로그램 개발, 한강 르네상스 마스터플랜과 연계한 관광 프로그램 개발, 프로그램 운영 및 관리를 통한 활용 가능성 분석	한국에너지기술연구원
2011	화성그린 환경센터 에코센터동 운영계획 수립 연구 용역	· 연구목적: 국내외 환경교육센터에 대한 연구 작업을 통해 지역적·환경적 특성에 부합하는 화성그린환경센터 내 에코센터(환경교육센터)의 시설운영 및 프로그램개발 등 향후 운영계획을 수립할 수 있도록 한다. 또한 이 과정을 통해 화성시 지역주민과 공무원, GS건설 등이 화성그린환경센터 에코센터동의 비전을 공유할 수 있도록 하고, 에코센터의 필요성과 방향에 대한 공감대를 확산할 수 있도록 한다. · 연구개요 －과업명: 화성그린환경센터 운영계획 수립을 위한 연구용역 －용역기간: 2011년 8～11월 －발주처: GS건설 · 과업의 범위 －공간범위: 화성그린환경센터 내 에코센터의 시설 운영 및 프로그램 개발 －내용범위: 국내외 환경교육센터 운영사례 분석, 환경교육 분야별 전문가 자문분석, 환경교육 프로그램 개발 및 제시, 주변영향권 내 주민의견 조사, 화성그린환경센터 에코센터 운영계획(안) 제시 등	화성시

2013	두물지구 생태학습장 관리운영 및 프로그램 개발	· 연구개요: 양평 두물지구의 생태학습장 프로그램 개발 연구. 4대강 국토개발과정에서 발생한 갈등해결과정에서 사회적 합의로 생명가치를 중심으로 한 생태학습장을 개발하게 됨. 생명가치 구현과 지역공동체 활성화를 목표로 농업, 생태, 생태관광을 연계한 프로그램 개발과 운영관리 전략 연구. 자립형 센터의 실현이 향후 과제임. · 주 연구내용 - 주민조사(갈등/차이언어에서 화해/공통언어찾기)와 시민조사를 통한 사회적 요구파악 - 생태기반 프로그램, 농업기반 프로그램, 지역 공동체 기반프로그램 3가지 대주제로 두물지구 생태학습장 프로그램 개발 - 자연과 역사를 보전하면서 지역 활성화에 기여할 수 있는 지역공동체기반(커뮤니티 센터, 생태관광, 커뮤니티 비즈니스, 주민교육) 프로그램 개발 - 관리운영 기본방향과 단계별 운영 전략, 단계별 프로그램 운영 전략 개발 · 양적 성과 - 생태기반 프로그램 40개(24절기 프로그램 24개, 습지 및 강 프로그램 6개, 산책과 소풍 프로그램 7개, 자연에너지 프로그램 3개) 개발 - 농업기반 프로그램 24개(퍼머컬쳐 프로그램 12개, 텃밭 및 모종프로그램 6개, 적정기술 프로그램 4개, 지구시장 프로그램2개) 개발 - 지역공동체 기반 프로그램(생태관광 프로그램 6개 주제 17개 프로그램, 커뮤니티비즈니스 7개 주제 8개 프로그램 , 주민교육 9개 주제 22개 프로그램) 제안	양평군

4) 기록연구

기록연구는 환경교육운동의 과거와 미래를 연결하는 중요한 매개가 될 수 있다. 최근 아카이브의 중요성에 대한 인식이 확산되어가는 추세이긴 하지만 시민사회의 경우 상대적으로 기록물이 부족하며 특히 운동적 성격을 갖는 시민사회 환경교육 분야의 기록물은 찾아보기 어렵다. 1~3차연도에 걸친 기록사업을 통해, 환경교육운동의 소중한 기록을 대중과 시민사회, 환경교육 학계와 현장에 어떻게 유용한 정보로써 만들고, 공유하고, 확산할 것인가에 대한 실질적 필요를 보다 절감할 수 있었다.

[표 41] 한국 환경교육운동의 역사적 재구성과 공익 아카이브 구축 연구 개요(연도별)

한국 환경교육운동의 역사적 재구성 및 공익 아카이브 구축

1차 연도	공익아카이브 구축(1-1) - 문헌자료수집	공익아카이브 구축(2-1) - 기억과 구술기록	*기타 활동 (프로젝트 사업 외)
(성과)	- 1993~2009: 월간 '함께 사는 길'에 소개된 환경교육 관련 자료수집 - 1990~현재: '환경교육, 생태교육, 환경교육운동, 환경캠프, 환경학교, 생태기행, 사회 환경교육 등'의 키워드 **신문기사 모음** - 한국시민사회운동사, 한국교육운동사 등에 나타난 환경교육, 환경운동과 관련한 주요 사건 조사, 자료모음 - 환경운동사, 환경교육사와 관련한 논문 등 **연구자료 수집** - 기타 구술자 및 구술자가 속한 단체에 관련된 **현지자료 수집**	- **환경교육운동가, 관련 학자, 기업인 대상 최종 29명 대상, 36회 구술면담 진행**, 총 녹취기록 A4 분량 888쪽 - 녹취기록 분류 및 정리	- 회원소식지, 홈페이지 통해 환경교육운동가 생애 이야기 공유 - 환경교육운동가 워크숍(자체진행)에서 연구내용 공유

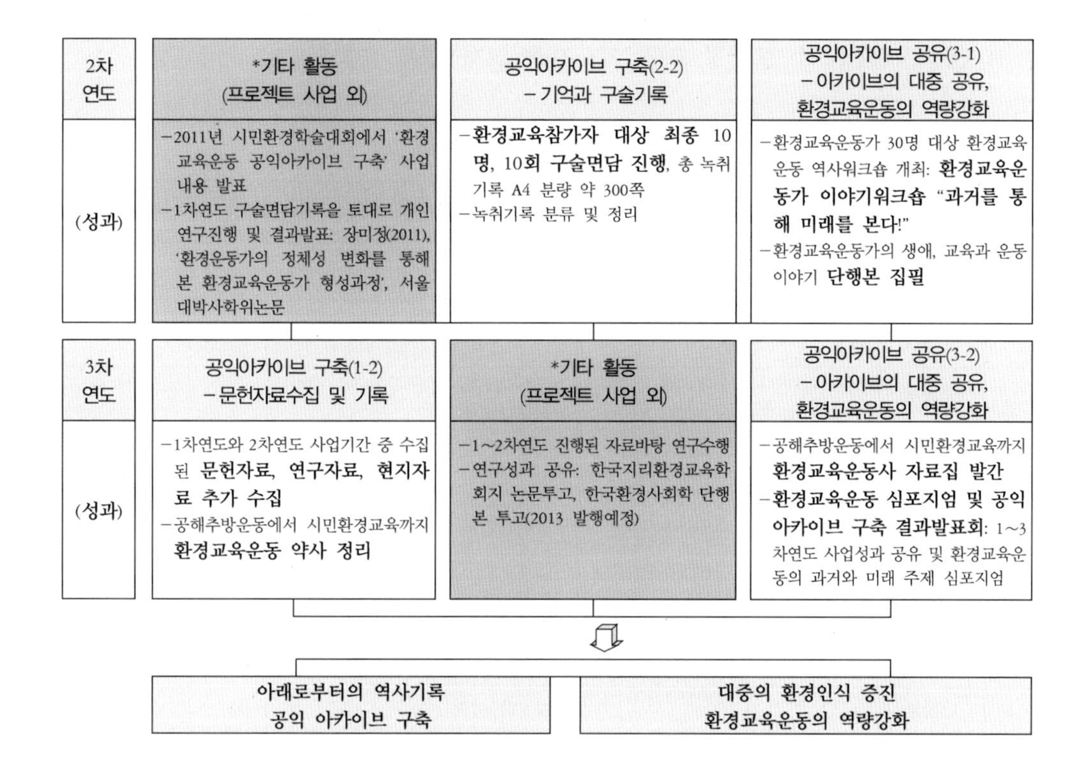

나. 교재교구개발

(사)환경교육센터는 지난 10년 동안 운영해온 대상별·주제별 환경교육 프로그램을 통해 축적된 노하우를 바탕으로 환경교육 현장에서 필요한 환경교육 교재교구 개발보급에 힘써오고 있다. 지금까지 다양한 주제별(기후변화, 에너지, 재활용, 숲과 생태, 물과 하천, 공기, 환경일반, 생태문화, 녹색소비, 환경교육지도자용 교재 등) 환경교육 교재를 발행해왔다. 유아와 초등학생을 대상으로 동화+플레이북+체험활동으로 구성된 『환경아 놀자』[49]와 어린이 청소년들에게 기후변화와 에너지 교육을 보다 쉽고 재밌게 할 수 있도록 개발된 에너지보드게임 『지구촌 힘씨』(2008) 등은 사회 환경교육과 학교 환경교육 현장에서 활용할 수 있는 교재와 교구의 우수 사례로 평가받고 있다. 이 밖에도 어린이, 청소년들을 위한 환경생활지킴서 『지구사용설명서』(2011)는 현재 후속권 작업이 진행 중이며, 격월간으로 발행되고 있는 『어린이환경놀이책』은 2014년 5월 현재 49호까지 발행되었으며 1,500~2,000명의 구독회원이 있다.

---

49) 환경교육동화교재 『환경아 놀자』(2007) 도서발행(현재 10쇄 발행, 어린이문화진흥회 좋은 어린이 책 선정, 교육과학기술부 인증 우수과학도서 선정), 후속권으로 플레이북 『깨끗한 물이 되어 줘』(2010), 『맑은 공기가 필요해』(2010) 도서발행.

1) 단행본(출간도서, 보급형 교구, 지도자용 교재 등)

[표 42] 단행본(출간도서, 보급형 교구, 지도자용 교재) 발행목록

	구분	교재명	개요	발행 연도	발행처
1	단행본	"에코투어가이드북"(4권) ① 인천편 ② 경주편 ③ 광주편 ④ 제주편	지역 생태문화환경 가이드북	2001	행정자치부
2	단행본	"환경가계부"(역서)	혼마 미야코 저. 생활실천습관	2004	시금치
3	단행본	푸름이와 떠나는 환경여행 "환경아, 놀자"	동화+워크북+실천 활동으로 구성된 환경동화교재	2007	도서출판 한울림
4	단행본	환경아 놀자 플레이북 1 "깨끗한 물이 되어줘"	"환경아, 놀자" 후속 플레이북 시리즈	2010	도서출판 한울림
5	단행본	환경아 놀자 플레이북 2 "맑은 공기를 지켜줘"	"환경아, 놀자" 후속 플레이북 시리즈	2010	도서출판 한울림
6	단행본	"지구사용설명서-외계인 막쓸레옹 쓰레기별에서 탈출하다"	어린이 청소년을 위한 환경실천방법	2011	한솔수북
7	단행본	"환경교육운동가를 만나다-외계인 막쓸레옹 쓰레기별에서 탈출하다"	환경교육운동가들의 기억과 구술	2012	도서출판 이담
8	단행본	"북극곰 윈스턴, 지구온난화에 맞서다" 역	환경동화 번역	2012	한울림
9	단행본	"쓰레기아줌마와 샌디의 생태발자국" 역	환경동화 번역	2012	한울림
10	단행본	"지구사용설명서2-막쓸레옹 가족의 지구생존 세계일주"	어린이 청소년을 위한 세계환경과 국제이해, 실천지침서	2014	한솔수북
11	교재	학교로 찾아가는 환경교실 프로젝트 WET	어린이 물 교육 교재	2013	풀무원샘물
12	교재	HSBC 미래세대 물 환경교실	유아용 물 교육 교재	2013	HSBC
13	교구 (보급형)	"철새놀이교구"	철새의 특성과 서식지 놀이교구	2001	자체
14	교구 (보급형)	"힘씨 모둠상자"	에너지교육용 보드게임 교구상자, 가이드북	2006	에너지 관리공단
15	교구 (보급형)	"지구촌 힘씨"	에너지교육용 보드게임 (1,000set)	2008	에너지 관리공단
16	교구 (보급형)	물 교육용 교구상자	물 교육용 교구상자, 수돗물안정성	2012	서울시 상수도 사업본부
17	교구 (보급형)	물 교육용 교구상자	유아용 물 교육 교구상자 물의 순환, 물 사용처	2013	HSBC
18	지도자용	생태문화지도자(Eco-guide) 교재	지도자 교재	2000	행정자치부
19	지도자용	"생각지기가 함께하는 푸름이 유아환경교육"책자발행	유아환경교육 교사용 교안	2003	교보생명교육 문화재단
20	지도자용	생태환경캠프 가이드북, "셀프, 캠프, 점프"	생태환경캠프 지도자 가이드북	2005	교보재단
21	지도자용	센터형 환경교육 지도 교재	환경교육지도자용 자료	2006	행정자치부
22	지도자용	"지역과 학교가 하나 되는 환경교육"	시민환경지도자 양성과정 및 찾아가는 환경교실 자료집	2007	서울시

23	지도자용	지구를 병들게 하는 에너지, 지구를 살리는 에너지	학교와 사회 환경교육 현장에서 활용할 수 있는 에너지, 기후변화 지도 교재	2007	교보생명교육 문화재단
24	지도자용	재활용 상자를 열어라	자원순환교육 프로그램 교재	2008	자원순환 사회연대
25	지도자용	"하천아 놀자" 하천지도자 교재	가이드북	2008	서울시
26	지도자용	우리 지역 하천과 함께하는 환경교육	찾아가는 환경교실 교육 자료집	2008	서울시
27	지도자용	에너지교육용 보드게임 <지구촌 힘씨> 활용 교재	에너지교육 교재 500부	2008	에너지 관리공단
28	지도자용	자원순환 시민강사교육 교재	자원순환 시민강사교육 교재	2009	자원순환사회 연대
29	지도자용	"셀프 캠프 점프" 개정 증보판	캠프진행에 대한 가이드북	2009	자체
30	지도자용	"태양군 바람돌이 함께 노올자" (교사용)	동우화인켐 위탁캠프 교사용 자료집	2010	(주)동우 화인켐
31	지도자용	20기 e파란 어린이 그린리더 프로그램 진행을 위한 교사용 교재	20기 e파란 어린이 그린리더 프로그램 진행을 위한 교사용 교재	2011	홈플러스
32	지도자용	2011 동우가족 어린이 여름캠프 교사 워크북	(주)동우화인켐 임직원 자녀 대상 위탁캠프 교사용 자료집	2011	(주)동우 화인켐
33	지도자용	21기 e파란 어린이 그린리더 프로그램 진행을 위한 교사용 교재	21기 e파란 어린이 그린리더 프로그램 진행을 위한 교사용 교재	2011	홈플러스
34	지도자용	2012 동우가족 어린이 여름캠프 교사 워크북	(주)동우화인켐 임직원 자녀 대상 위탁캠프 교사용 자료집	2012	(주)동우 화인켐
35	지도자용	22기 e파란 어린이 그린리더 프로그램 진행을 위한 교사용 교재	21기 e파란 어린이 그린리더 프로그램 진행을 위한 교사용 교재	2012	홈플러스
36	지도자용	23기 e파란 어린이 그린리더 프로그램 진행을 위한 교사용 교재	21기 e파란 어린이 그린리더 프로그램 진행을 위한 교사용 교재	2012	홈플러스
37	지도자용	충남기후변화 지도자용 교재1	유아용/성인용 지역형 기후변화 지도자용 교재	2012	광덕산환경교육센터
38	지도자용	전북 푸름이 이동환경교실 프로그램 교재	전북지역의 특성을 살린 이동차량형 환경교실 프로그램 교사용 교재	2013	전북자연환경 연수원
39	지도자용	충남기후변화 지도자용 교재2	초등 저학년/ 초등 고학년 기후변화 주제 지도자용 교재	2013	광덕산환경교육센터

2) 자료집(교육용, 홍보용, 연구보고서 등)

[표 43] 자료집(교육용, 홍보용, 연구보고서) 발행목록

	구분	교재명	개요	발행 연도	발행처
1	자료집	도·농 공동체 활성화를 위한 환경교육 자료집	연구개발 자료집	2000	농림부
2	자료집	제1회 환경교육 지도자 연수	연수 자료집	2000	자체
3	자료집	제4차 환경교육 국제 심포지엄 "사회환경교육 현황과 전망"	심포지엄 자료집	2001	자체

4	자료집	"국내외 사회환경교육 사례와 체험 환경교육 프로그램 개발"	연구 보고용	2002	민주화운동기념사업회
5	자료집	유아환경교육 토론회 "유아환경교육의 현재와 발전방향"	토론회 자료집	2002	자체
6	자료집	2002 유아교사 환경교육 워크숍 종합자료집	워크숍 자료집	2002	자체
7	자료집	제8기 환경전문강좌 "환경운동, 그 현장 속으로"	강좌 자료집	2002	콘라드아데나워재단
8	자료집	제1기 환경교실	환경교실 자료집	2002	자체
9	자료집	제2기 환경교실	환경교실 자료집	2002	자체
10	자료집	제3기 환경교실	환경교실 자료집	2002	자체
11	자료집	제6기 푸름이 국토환경대탐사 "체험 제주도! 걸어서 한라까지!"	탐사 자료집	2002	자체
12	자료집	제1기 궁궐의 우리 나무 알기	체험교육 자료집	2002	자체
13	자료집	제2기 궁궐의 우리 나무 알기	체험교육 자료집	2002	자체
14	자료집	환경교육센터 창립총회 및 창립기념식	창립총회 자료집	2002	자체
15	자료집	2002 푸름이 환경교육 지정원 프로그램	환경교육 프로그램 및 교육안	2003	자체
16	자료집	유아교사 환경교육 종합자료집	유아교사 환경교육 프로그램 및 학부모 정보지 종합본	2003	자체
17	자료집	환경교육 교사 직무연수 자료집	교사, 직무연수, 보충교재	2003	자체
18	자료집	제34기 푸름이 겨울환경캠프 "푸름이의 도시탈출, 생태마을 체험기"	캠프 자료집	2003	자체
19	자료집	겨레사랑 환경탐방 가이드북	대학생 캠프 자료집	2003	겨레사랑 탐방단
20	자료집	제36기 푸름이 겨울환경캠프, "생명의 땅, 부안에서 여는 에너지 생태학교"	캠프 자료집	2003	자체
21	자료집	18기 환경교실, 가족과 함께 떠나는 들꽃여행	환경교실 자료집	2003	㈜태평양
22	자료집	제7기 푸름이 국토환경대탐사 "생명이 살아 숨 쉬는 섬, 남해대탐사!"	탐사 자료집	2003	자체
23	자료집	"바람의 제주, 겨울에서 봄으로!"	캠프 자료집	2003	자체
24	자료집	제3기 궁궐의 우리 나무 알기	체험교육 자료집	2003	자체
25	자료집	제4기 궁궐의 우리 나무 알기	체험교육 자료집	2003	자체
26	자료집	푸른 모자 열린교육	캠프 자료집	2003	자체
27	자료집	우리 들꽃사랑 캠프	캠프 자료집	2003	㈜태평양
28	자료집	제7기 유아교사환경교육 워크숍 "꼬불꼬불 산속에 와글와글 숲 놀이"	교사워크숍 자료집	2003	자체
29	자료집	제37기 푸름이 봄환경캠프 "백창우와 함께하는 환경동요캠프"	캠프 자료집	2004	자체
30	자료집	제5기 궁궐의 우리 나무 알기	체험교육 자료집	2004	자체
31	자료집	제6기 궁궐의 우리 나무 알기	체험교육 자료집	2004	자체
32	자료집	21기 환경교실–생태공원	환경교실 자료집	2004	서울의제21

33	자료집	22기 환경교실－궁궐	환경교실 자료집	2004	서울의제 21
34	자료집	23기 환경교실－자연사박물관	환경교실 자료집	2004	서울의제 21
35	자료집	24기 환경교실－가을 숲	환경교실 자료집	2004	서울의제 21
36	자료집	25기 환경교실－겨울철새	환경교실 자료집	2004	서울의제 21
37	자료집	2004년 우리 들꽃사랑 가족교실1 －충남 금산	가족교실 자료집	2004	㈜태평양
38	자료집	2004년 우리 들꽃사랑 가족교실2 －경기도 축령산	가족교실 자료집	2004	㈜태평양
39	자료집	2004년 우리 들꽃사랑 가족교실3 －태안 신두리	가족교실 자료집	2004	㈜태평양
40	자료집	2004년 우리 들꽃사랑 가족교실4 －강원도 오대산	가족교실 자료집	2004	㈜태평양
41	자료집	2004년 우리 들꽃사랑 가족교실5	가족교실 자료집	2004	㈜태평양
42	자료집	38기 푸름이 환경캠프 "물절약 캠프"	캠프 자료집	2004	서울의제 21
43	자료집	39기 푸름이 환경캠프 "물절약 캠프"	캠프 자료집	2004	서울의제 21
44	자료집	제8기 푸름이 국토환경대탐사 "지리산 850리 생태문화대탐사"	탐사 자료집	2004	자체
45	자료집	"우리 동네 인왕산, 인왕산에 놀러 가요!"	체험교육 자료집	2004	생명의숲
46	자료집	제1기 롯데어린이환경학교 환경교실1 "강화도 환경캠프"	환경교실 자료집	2004	롯데백화점
47	자료집	제1기 롯데어린이환경학교 환경교실2 "유기농 먹거리 체험"	환경교실 자료집	2004	롯데백화점
48	자료집	제1기 롯데어린이환경학교 환경교실3 "천수만 철새탐조"	환경교실 자료집	2004	롯데백화점
49	자료집	바이엘 한강하구 철새캠프	캠프 자료집	2004	㈜바이엘
50	자료집	손소리 환경사랑캠프	청각장애우 대상 환경캠프 자료집	2004	민간환경 단체진흥회
51	자료집	2004 [푸름이 환경교육 지정원] 학부모 정보지 및 현장 체험활동	연간 지정원 환경교육정보지 모음	2004	자체
52	자료집	바이엘 Eco-Camp "한강하구 철새 캠프"	캠프 자료집	2004	㈜바이엘
53	자료집	환경센터 코디네이터 양성과정 "내 지역에 꼭 맞는 환경교육 코디네이터 되기"	코디네이터 양성과정 종합자료집	2005	행정자치부
54	자료집	환경연합환경교육네트워크출범 심포지엄 "지역별 환경교육센터 건립의 의미와 과제"	심포지엄 자료집	2005	행정자치부
55	자료집	환경연합환경교육네트워크출범 심포지엄 "환경운동연합 환경교육의 사명과 비전"	심포지엄 자료집	2005	자체

56	자료집	2005 "그린서울청소년 대기프로그램"	환경교실 자료집	2005	서울시
57	자료집	제2기 롯데어린이환경학교 1 "강화도 캠프"	환경교실 자료집	2005	롯데백화점
58	자료집	제2기 롯데어린이환경학교 2 "홍성 유기농마을 체험"	환경교실 자료집	2005	롯데백화점
59	자료집	제2기 롯데어린이환경학교 3 "자연과 친구들과 하나 되기"	환경교실 자료집	2005	롯데백화점
60	자료집	제41기 푸름이 봄 환경캠프 "노래와 만나보는 초록세상"	환경캠프 자료집	2005	자체
61	자료집	제42기 푸름이 환경캠프 "도시에서의 물 그리고 자연에서의 물"	환경캠프 자료집	2005	서울의제 21
62	자료집	제3기 롯데어린이환경학교 환경교실 1	환경교실 자료집	2005	롯데백화점
63	자료집	제3기 롯데어린이환경학교 환경교실 2	환경교실 자료집	2005	롯데백화점
64	자료집	제3기 롯데어린이환경학교 환경교실 3	환경교실 자료집	2005	롯데백화점
65	자료집	제28기 환경교실 "푸른 하늘 은하수는 어디 갔을까?"	환경교실 자료집	2005	자체
66	자료집	제9기 푸름이 국토 환경대탐사 "강원도 구비구비, 다시 자연의 시대로"	국토환경대탐사 자료집	2005	자체
67	자료집	넷토 월 체험마당 "어깨동무야 모여라"	프로그램 자료집	2005	자체
68	자료집	"교과서를 살펴보자!"	초등 사회교과서 중의 환경내용 모니터링 보고서	2006	환경재단
69	자료집	제44기 푸름이 겨울환경캠프 "발바닥아, 똥아, 깃털아!"	환경캠프 자료집	2006	자체
70	자료집	제2기 내 지역에 꼭 맞는 환경교육 코디네이터 되기	코디네이터 양성과정 종합 자료집	2006	행정자치부
71	자료집	사회적 웰빙, "로하스; LOHAS" 따라잡기	교사교육 자료집	2006	녹색구매 네트워크
72	자료집	제10기 푸름이 국토환경대탐사 "한반도 생태축을 따라 금강산까지"	국토환경대탐사 자료집	2006	자체
73	자료집	"지역과 학교가 하나 되는 환경교육"	일본의 환경교육 사이트 조사연구 보고 자료집	2006	환경재단
74	자료집	2006 푸름이 환경교육 지정원 학부모정보지 모음집	연간 지정원 환경교육정보지 모음	2006	자체
75	자료집	"도시인의 문화환경백서"	도심 속 역사, 문화, 생태 속 환경 읽기. 기행 내용 및 도심 속 체험장 소개	2007	서울시
76	자료집	"아시아 시민환경교육 국제워크숍" 자료집 1권	아시아 시민환경교육의 각국 사례 및 토론 내용, 발표자료 자료집	2007	행정자치부
77	자료집	"아시아 시민환경교육 국제워크숍" 자료집 2권	아시아 시민환경교육의 각국 사례 및 토론 내용, 발표자료 자료집	2007	행정자치부
78	자료집	"민관협력 환경교육 활성화 방안" 자료집	민관협력 환경교육 활성화 방안 워크숍 및 지역사례, 토론내용 자료집	2007	행정자치부
79	자료집	45기 환경캠프, 재활용상상캠프	남이섬환경학교 재활용캠프	2007	자원순환 사회연대
80	자료집	환경학습도시 니시노미아의 성과와 과제	일본연수 자료집	2007	자체

81	자료집	남이섬환경학교 "1.5다운 기후캠프"	기후캠프 자료집	2007	환경연합
82	자료집	사막화 방지를 위한 초원보전생태투어 "초원에 살어리랏다"	생태투어 자료집	2007	자체
83	자료집	제11기 푸름이 국토환경대탐사, "생명의 물결 따라, 낙동가람 대탐사"	탐사 자료집	2007	자체
84	자료집	한국 환경교육단체 현황집	환경교육단체 현황 및 연락처	2007	환경부
85	자료집	웅진과 함께하는 남이섬 여름환경캠프	캠프 자료집	2007	웅진그룹
86	자료집	태안 어린이 환경체험 한마당 "바다야, 바다야!"	최종보고용	2008	한국환경 민간단체 진흥회
87	자료집	우리는 에코레인저입니다!	최종보고용	2008	서울시
88	자료집	에너지・생태 통합교육 프로그램 및 관광 프로그램 개발	최종보고용	2008	한국에너지기술연구원
89	자료집	놀이와 게임으로 배우는 에너지	에너지교구교재 개발 최종보고 자료집	2008	에너지관리공단
90	자료집	제3회 청소년 습지연구 공모전 보고서	최종보고용	2009	해양환경 관리공단
91	자료집	세이브 에너지스쿨(함께 실천하는 생활법31)	생활 속에서 실천할 수 있는 친환경 생활법 수록집	2009	에너지 관리공단
92	자료집	세이브에너지디자이너양성과정 교육자료집	기후변화 및 에너지에 대한 강의자료집	2009	에너지 관리공단
93	자료집	자원순환사회연대최종결과보고서	최종보고용	2010	자원순환 사회연대
94	자료집	"환경교육운동의 역사적 재구성과 공익아카이브 구축" 결과보고서	최종보고용	2010	아름다운재단
95	자료집	"GS파워와 함께하는 어린이 녹색교실 자료집"	부천 GS파워 어린이 환경교육 자료집	2010	부천 GS파워
96	자료집	"지구를 위한 한 걸음 지리산 둘레길 탐사"	13회 푸름이 국토환경대탐사 자료집	2010	자체
97	자료집	"태양군 바람돌이 함께 노올자"(어린이용)	동우화인켐 위탁캠프 어린이 교육 자료집	2010	㈜동우화 인켐
98	자료집	초록지구를 위한 녹색블로거 되기 "그린 핑거를 찾아라"	청소년 활동자료집	2010	한국 소비자원
99	자료집	"일본 환경교육의 지혜를 얻다"	1회 사회 환경교육 아카데미 교육 자료집	2010	자체
100	자료집	해양과 기후변화	학부생 대상용 해양기후변화 적응 교재	2010	해양환경 관리공단
101	자료집	화성그린환경센터에코센터동 운영계획 수립 결과보고서	최종보고용	2011	화성시
102	자료집	제1기 녹색환경리더 지도자 양성교육	마포구청 환경교육지도자 양성과정 자료집	2011	마포구청
103	자료집	환경부-UN글로벌콤팩트와 함께하는 제20기 e파란 어리이 그린리더 프로그램	20기 홈플러스 e파란 어린이 그린리더 프로그램 교육 자료집	2011	홈플러스
104	자료집	녹색생활선도 쿨시티즌리더	강동구청 쿨시티즌리더 양성 교육 자료집	2011	강동구청

105	자료집	2011 동우가족 어린이 여름캠프: 타임머신 타고 뚝딱!	(주)동우화인켐 임직원 자녀 대상 위탁캠프 자료집	2011	(주)동우화인켐
106	자료집	느영나영 놀멍쉬멍 제주도 오름탐사	14회 푸름이 국토환경대탐사 자료집	2011	자체
107	자료집	환경교육센터링	3회 사회환경교육 아카데미 자료집	2011	자체
108	자료집	제1기 녹색환경리더 유아환경교육지도자 양성교육	마포구청 환경교육지도자 양성과정 자료집	2011	마포구청
109	자료집	환경부-UN글로벌콤팩트와 함께하는 제21기 e파란 어리이 그린리더 프로그램	21기 홈플러스 e파란 어린이 그린리더 프로그램 교육 자료집	2011	홈플러스
110	자료집	제1기 그린리더 지도자 양성교육	서대문구청 환경교육지도자 양성과정 자료집	2011	서대문구청
111	자료집	강서그린스타트 그린리더 양성교육	강서구청 환경교육지도자 양성과정 자료집	2011	강서구청
112	자료집	꿈을 담는 그린 시네마: 지역아동센터에 찾아가다	지역아동센터 어린이 환경교육 자료집	2011	서울시 녹색서울 시민위원회
113	자료집	환경교육운동가 이야기워크숍 "과거를 통해 미래를 본다"	환경교육활동가 워크숍 자료집	2011	아름다운 재단
114	자료집	2012 동우가족 어린이 여름캠프: 뗏목 타고 맴맴 반딧불 보고 맴맴	(주)동우화인켐 임직원 자녀 대상 위탁캠프 자료집	2012	(주)동우 화인켐
115	자료집	49기 푸름이 겨울환경캠프	겨울환경캠프 자료집	2012	자체
116	자료집	제2기 녹색환경리더 지도자 양성교육	마포구청 환경교육지도자 양성과정 자료집	2012	마포구청
117	자료집	제2기 그린리더 지도자 양성교육	서대문구청 환경교육지도자 양성과정 자료집	2012	서대문구청
118	자료집	그린디자인 프로젝트 간담회 자료집	그린디자인 프로젝트 간담회 자료집	2012	서대문구청
119	자료집	물교육 지도자 양성과정 자료집	물교육 지도자 양성과정 자료집	2012	자체/풀무원 샘물
120	자료집	"활동가, 사회적 멘토를 꿈꾸다"	사회적 멘토양성과정 자료집	2012	특임장관실
121	자료집	"환경교육운동사"	환경교육운동의 역사적 재구성	2012	아름다운 재단
122	자료집	버듀페스티벌, 까막딱따구리	탐조교육워크숍 자료집	2012	자체
123	자료집	제1회 환경탐구대회 발표자료집	환경탐구대회 활동발표자료집	2012	삼성 엔지니어링
124	자료집	제1기 초록을 만드는 청년학교 교육자료집	청년NGO인턴 교육 자료집	2013	기브투아시아
125	자료집	서대문구 유아교사 워크숍	환경교육지도자 양성과정 자료집	2013	서대문구
126	자료집	충남녹색환경지원센터 유아환경교육 지도자 양성과정	환경교육지도자 양성과정 자료집	2013	충남녹색환경 지원센터
127	자료집	Project Wet 찾아가는 물 환경교실 예비시민환경지도자 양성과정	환경교육지도자 양성과정 자료집	2013	풀무원홀딩스
128	자료집	그린리더 대상 환경교육지도자 심화과정	환경교육지도자 양성과정 자료집	2013	마포구
129	자료집	2013 서대문구 환경강사 심화교육 -유아환경교육 과정-	환경교육지도자 양성과정 자료집	2013	서대문구

130	자료집	2013 제1기 지구의벗 환경연합 간사 워크숍 "청년환경운동가! 나의 삶, 우리의 꿈"	환경활동가 워크숍 자료집	2013	환경운동연합
131	자료집	제3회 남이섬버듀페스티벌 "새와 인간의 아름다운 공존을 모색하다"	탐조교육워크숍 자료집	2013	자체
132	자료집	제 2회 전국환경탐구대회 발표 자료집	환경탐구대회 발표 자료집	2013	삼성엔지니어링
133	자료집	"그린디자인 프로젝트2 – 지역아동센터에 가다" 1차 워크숍	그린디자인 프로젝트 간담회 자료집	2013	생명보험 사회공헌위원회
134	자료집	"그린디자인프로젝트2 – 초록힐링" 워크숍 자료집	그린디자인프로젝트 실무자 워크숍 자료집	2013	생명보험 사회공헌위원회
135	자료집	두물지구 생태학습장 관리운영 및 프로그램 개발	두물지구 생태학습장 연구용역사업 최종 보고서	2013	양평군청
136	기타/홍보물	도심 속 생태체험공간 "생태교육관"	생태교육관 홍보자료	2002	자체
137	기타/홍보물	남이섬 환경학교 오픈스쿨	남이섬환경학교 소개와 홍보자료	2006	자체
138	기타/홍보물	환경교육센터 소개 소책자	환경교육센터 주요활동 소개	2007	자체
139	기타/홍보물	남이섬환경학교 프로그램 리플릿	남이섬환경학교 프로그램 소개	2012	자체
140	기타/홍보물	환경교육센터 소개 리플릿	환경교육센터 주요활동 소개	2012	자체
141	기타/활동지	교보다솜이 가족자원봉사 초록동네지킴이 자원봉사 활동지	가족자원봉사 활동지	2013	교보생명교육 문화재단
142	기타/홍보물	어린이 환경놀이책 샘플북	배포용 어린이 환경놀이책	2013	자체
143	기타/홍보물	남이섬의 나무들 손수건 2종	남이섬 기념품	2013	자체
144	기타/홍보물	그린디자인 프로젝트 리플릿	2012~2013 그린디자인 프로젝트 소개 리플릿	2013	생명보험사회 공헌위원회

3) 정기발행물(신문, 놀이책, 소식지 등)

[표 44] 정기 발행물(신문, 놀이책, 소식지) 발행목록

	구분	교재명	개요	발행연도	발행처
1	정기발행물	유아환경신문 "환경아, 놀자" 창간호	물, 초록휴가 주제(8월호)	2007	자체
2	정기발행물	유아환경신문 "환경아, 놀자" 준비호	먹을거리 주제(10월호)	2007	자체

3	정기발행물	유아환경신문 "환경아, 놀자" 2호	땅 주제(11월호)	2007	자체
4	정기발행물	유아환경신문 "환경아, 놀자" 3호	에너지 주제(12~1월호)	2007	자체
5	정기발행물	유아환경신문 "환경아, 놀자" 4호	서해바다 살리기 특별호, 물 주제(2월호)	2007	자체
6	정기발행물	유아환경신문 "환경아, 놀자" 5호	입학식, 우리 집 주제(3월호)	2008	자체
7	정기발행물	유아환경신문 "환경아, 놀자" 6호	식물 주제(4월호)	2008	자체
8	정기발행물	유아환경신문 "환경아, 놀자" 7호	재활용, 쓰레기 주제(5월호)	2008	자체
9	정기발행물	유아환경신문 "환경아, 놀자" 8호	동물 주제(6월호)	2008	자체
10	정기발행물	유아환경신문 "환경아, 놀자" 9호	특별호, 먹을거리 주제(7~8월호)	2008	자체
11	징기발행물	유아환경신문 "환경아, 놀자" 10호	공기 주제(9월호)	2008	사체
12	정기발행물	유아환경신문 "환경아, 놀자" 11호	람사르기념 특별호, 습지 주제(10월호)	2008	자체
13	정기발행물	유아환경신문 "환경아, 놀자" 12호	땅 주제(11월호)	2008	자체
14	정기발행물	유아환경신문 "환경아, 놀자" 13호	특별호, 에너지 주제 (12~1월호)	2008	자체
15	정기발행물	유아환경신문 "환경아, 놀자" 14호	지구 주제(2월호)	2009	자체
16	정기발행물	유아환경신문 "환경아, 놀자" 15호	봄, 입학식 주제(3월호)	2009	자체
17	정기발행물	유아환경신문 "환경아, 놀자" 16호	황사 주제(4월호)	2009	자체
18	정기발행물	유아환경신문 "환경아, 놀자" 17호	물 주제(5월호)	2009	자체
19	정기발행물	유아환경신문 "환경아, 놀자" 18호	땅 주제(6월호)	2009	자체
20	정기발행물	유아환경신문 "환경아, 놀자" 19호	기후변화 주제(7~8월호)	2009	자체
21	정기발행물	유아환경신문 "환경아, 놀자" 20호	숲 주제(9월호)	2009	자체
22	정기발행물	유아환경신문 "환경아, 놀자" 21호	우리 농산물 주제(10월호)	2009	자체
23	정기발행물	유아환경신문 "환경아, 놀자" 22호	철새 주제(11월호)	2009	자체
24	정기발행물	유아환경신문 "환경아, 놀자" 23호	강 주제(12~1월호)	2009	자체
25	정기발행물	유아환경신문 "환경아, 놀자" 24호	에너지 주제(3~4월호)	2010	자체
26	정기발행물	어린이환경놀이책 "환경아 놀자" 25호	식물과 땅 주제(5~6월호)	2010	자체

27	정기발행물	어린이환경놀이책 "환경아 놀자" 26호	물(7~8월호)	2010	자체
28	정기발행물	어린이환경놀이책 "환경아 놀자" 27호	지구를 위한 한가위 (9~10월호)	2010	자체
29	정기발행물	어린이환경놀이책 "환경아 놀자" 28호	지구별 동물들(11~12월호)	2010	자체
30	정기발행물	어린이환경놀이책 "환경아 놀자" 29호	환경지킴이(1~2월호)	2011	자체
31	정기발행물	어린이환경놀이책 "환경아 놀자" 30호	공기(3~4월호)	2011	자체
32	정기발행물	어린이환경놀이책 "환경아 놀자" 31호	지구(5~6월호)	2011	자체
33	정기발행물	어린이환경놀이책 "환경아 놀자" 32호	기후(7~8월호)	2011	자체
34	정기발행물	어린이환경놀이책 "환경아 놀자" 33호	쓰레기(9~10월호)	2011	자체
35	정기발행물	어린이환경놀이책 "환경아 놀자" 34호	에너지(11~12월호)	2012	자체
36	정기발행물	어린이환경놀이책 "환경아 놀자" 35호	동물(1~2월호)	2012	자체
37	정기발행물	어린이환경놀이책 "환경아 놀자" 36호	입학식, 숲(3~4월호)	2012	자체
38	정기발행물	어린이환경놀이책 "환경아 놀자" 37호	초록공간(5~6월호)	2012	자체
39	정기발행물	어린이환경놀이책 "환경아 놀자" 38호	바다(7~8월호)	2012	자체
40	정기발행물	어린이환경놀이책 "환경아 놀자" 39호	밥상(9~10월호)	2012	자체
41	정기발행물	어린이환경놀이책 "환경아 놀자" 40호	기후변화(11~12월호)	2012	자체
42	정기발행물	어린이 환경놀이책 "환경아 놀자" 41호	우리집(1~2월호)	2013	자체
43	정기발행물	어린이 환경놀이책 "환경아 놀자" 42호	시작(3~4월호)	2013	자체
44	정기발행물	어린이 환경놀이책 "환경아 놀자" 43호	자연에너지－태양, 바람 (5~6월 호)	2013	자체
45	정기발행물	어린이 환경놀이책 "환경아 놀자" 44호	자연에너지－물, 땅, 바이오(7~8월호)	2013	자체
46	정기발행물	어린이 환경놀이책 "환경아 놀자" 45호	먹는 물(9~10월호)	2013	자체
47	정기발행물	어린이 환경놀이책 "환경아 놀자" 46호	녹색소비(11~12월호)	2013	자체
48	정기발행물	웹 소식지 "초록지" 정기발행 1~22호	메일소식지, 격주간	2002	자체
49	정기발행물	웹 소식지 "초록지" 정기발행 23~35호	메일소식지, 격주간	2003	자체
50	정기발행물	웹 소식지 "초록지" 정기발행 36~45호	메일소식지, 월간	2004	자체

51	정기발행물	웹 소식지 "초록지" 정기발행 47~56호	메일소식지, 월간	2005	자체
52	정기발행물	웹 소식지 "초록지" 정기발행 57~65호	메일소식지, 월간	2006	자체
53	정기발행물	웹 소식지 "초록지" 정기발행 66~75호	메일소식지, 월간	2007	자체
54	정기발행물	웹 소식지 "초록지" 76~79호	메일소식지, 부정기	2008	자체
55	정기발행물	웹 소식지 "초록지" 80~84호	메일소식지, 부정기	2009	자체
56	정기발행물	웹 소식지 "초록지" (호수 확인필요)	메일소식지, 부정기	2010	자체
57	정기발행물	웹 소식지 "초록지" (호수 확인필요)	메일소식지, 부정기	2011	자체
58	정기발행물	웹 소식지 "초록지" (호수 확인필요)	메일소식지, 부정기	2012	자체
59	정기발행물	회원소식지 "초록지" 창간호	월간 회원소식지	2010	자체
60	정기발행물	회원소식지 "초록지" 2호	월간 회원소식지	2010	자체
61	정기발행물	회원소식지 "초록지" 3호	월간 회원소식지(1월호)	2011	자체
62	정기발행물	회원소식지 "초록지" 4호	월간 회원소식지(2월호)	2011	자체
63	정기발행물	회원소식지 "초록지" 5호	월간 회원소식지(3월호)	2011	자체
64	정기발행물	회원소식지 "초록지" 6호	월간 회원소식지(4월호)	2011	자체
65	정기발행물	회원소식지 "초록지" 7호	월간 회원소식지(5월호)	2011	자체
66	정기발행물	회원소식지 "초록지" 8호	월간 회원소식지(6월호)	2011	자체
67	정기발행물	회원소식지 "초록지" 9호	월간 회원소식지(7월호)	2011	자체
68	정기발행물	회원소식지 "초록지" 10호	월간 회원소식지(8월호)	2011	자체
69	정기발행물	회원소식지 "초록지" 11호	월간 회원소식지(9월호)	2011	자체
70	정기발행물	회원소식지 "초록지" 12호	월간 회원소식지(10월호)	2011	자체
71	정기발행물	회원소식지 "초록지" 13호	월간 회원소식지(11월호)	2011	자체
72	정기발행물	회원소식지 "초록지" 14호	월간 회원소식지(12월호)	2011	자체
73	정기발행물	회원소식지 "초록지" 15호	월간 회원소식지(1월호)	2012	자체
74	정기발행물	회원소식지 "초록지" 16호	월간 회원소식지(2월호)	2012	자체
75	정기발행물	회원소식지 "초록지" 17호	월간 회원소식지(3월호)	2012	자체
76	정기발행물	회원소식지 "초록지" 18호	월간 회원소식지(4월호)	2012	자체
77	정기발행물	회원소식지 "초록지" 19호	월간 회원소식지(5월호)	2012	자체
78	정기발행물	회원소식지 "초록지" 20호	월간 회원소식지(6월호)	2012	자체
79	정기발행물	회원소식지 "초록지" 21호	월간 회원소식지(7월호)	2012	자체
80	정기발행물	회원소식지 "초록지" 22호	월간 회원소식지(8월호)	2012	자체
81	정기발행물	회원소식지 "초록지" 23호	월간 회원소식지(9월호)	2012	자체
82	정기발행물	회원소식지 "초록지" 24호	월간 회원소식지(10월호)	2012	자체
83	정기발행물	회원소식지 "초록지" 25호	월간 회원소식지(11월호)	2012	자체
84	정기발행물	회원소식지 "초록지" 26호	월간 회원소식지(12월호)	2012	자체
85	정기발행물	회원소식지 "초록지" 27호	월간 회원소식지(2월호)	2013	자체
86	정기발행물	회원소식지 "초록지" 28호	월간 회원소식지(3월호)	2013	자체

87	정기발행물	회원소식지 "초록지" 29호	월간 회원소식지(4월호)	2013	자체
88	정기발행물	회원소식지 "초록지" 30호	월간 회원소식지(5월호)	2013	자체
89	정기발행물	회원소식지 "초록지" 31호	월간 회원소식지(6월호)	2013	자체
90	정기발행물	회원소식지 "초록지" 32호	월간 회원소식지(7월호)	2013	자체
91	정기발행물	회원소식지 "초록지" 33호	월간 회원소식지(8월호)	2013	자체
92	정기발행물	회원소식지 "초록지" 34호	월간 회원소식지(9월호)	2013	자체
93	정기발행물	회원소식지 "초록지" 35호	월간 회원소식지(10월호)	2013	자체
94	정기발행물	회원소식지 "초록지" 36호	월간 회원소식지(11월호)	2013	자체
95	정기발행물	회원소식지 "초록지" 37호	월간 회원소식지(12월호)	2013	자체

3. 연대 · 협력

(사)환경교육센터는 국내외 단체와 기관, 학교, 기업, 정부나 지자체에 이르기까지 다양한 파트너십 개발과 네트워크 구축, 교류협력을 통해 환경교육의 지평을 확대하고자 노력하고 있다.

가. 국내

1) 단체/기관

[표 45] 단체/기관과의 협력 사업 목록

연도	제목	주요 내용	협력단체
2002	초중등 교사를 위한 환경생태 전문가 과정	사회환경교육과 학교환경교육의 접목	환경과생명을지키는 교사모임 & 우리교육
	청소년 대기교육	대기 교육, 지역 현안	시흥환경연합
2003	유아교사환경교육워크숍	유아환경교육	시흥환경연합
	푸름이 국토환경대탐사-생명이 살아 숨 쉬는 섬, 남해 대탐사	국토순례, 생태탐사, 체험활동 등	남해환경운동 연합
2004	손소리 환경사랑캠프	청각장애청소년의 생태문화탐방, 환경보전 의식 고양	한국농아인협회

2005	"고래야, 돌아와 Comeback Whales!!!" 오픈보트행사	-환경운동연합 고래특위 연대사업 -환경운동연합 고래보호프로그램 소개, 희생된 고래 영혼을 위한 바라춤, 고래보호 활동의 성공을 기원하는 고사	환경운동연합
	저소득 자녀 방과 후 교실	지역 기반 프로그램 개발	지역 교회와 공동 추진
	셀프(Self)·캠프(Camp)·점프(Jump) -지속 가능한 생태환경캠프를 위한 기획 및 진행 전문가(planner and facilitator) 양성과정	-"지속 가능한 생태환경캠프를 위하여" 심포지엄 -"셀프캠프점프 지도자양성과정" -"셀프가족캠프" -2005.9.28~30(2박3일)	교보생명 교육문화재단
2005~2009	환경연합 환경교육네트워크 창립과 활동 -아시아 시민환경교육단체 네트워크 조직, 생태안내자 전국모임 조직 활동 포함	환경연합 환경교육네트워크 창립대회와 심포지엄(2005), 아시아 시민환경교육 네트워크 구축과 국제심포지엄(2007) 등 월례 모임(회의, 지역단체탐방, 포럼) 생태안내자 전국모임 조직(2007) 환경교육활동가워크숍(매년) 공동 해외연수(2006, 2008) 공동 교재개발(2006) 전국 환경연합 환경교육 프로그램 현황연구(2005~2008) 초등 사회 교과서의 환경건전성 모니터링(2006)	전국 환경연합 지역조직
2006	[2006 민간단체 에너지절약협력사업] "힘씨(에너지)모둠상자" 에너지 교육 교구개발 프로그램	-국내외 에너지 교육 프로그램, 교재·교구 등 정보 수집 -교구제작	에너지관리공단
	녹색구매 환경교사 워크숍	-학교환경교사 대상 친환경상품 교육, 워크숍 진행	녹색구매 네트워크
	녹색구매 퀴즈대회	-녹색소비 관련 행사 진행	녹색구매 네트워크
	자연이 만드는 내 장난감+내 맘대로 놀이터	-생태교육, 자연놀이, 유아 및 장애아동 대상 환경교육	서울문화재단
	제1기 생태도시 시민대학 지원	-생태도시 시민대학 프로그램 공동기획 및 진행 지원	생태도시센터
2007	"지구를 병들게 하는 에너지, 지구를 살리는 에너지"-학교 및 사회 환경교육 현장에서 활용 가능한 에너지·기후변화 지도교재 및 프로그램 개발	-교사용 교재, 학생용 활동지 포함	교보생명 교육문화재단
	시민환경지도자 프로그램 및 운영사례 공모	-시민환경지도자 프로그램 및 운영사례 공모	경남의제21
	수돗물 지도자 양성	-수돗물 지도자 양성 프로그램 운영	수돗물 시민회의
	물사랑 교육 캠페인	-물사랑 교육캠페인	환경보전협회
	재활용 환경캠프	-재활용 환경캠프	자원순환 사회연대

2008	Play with Energy! 놀이와 게임으로 배우는 에너지-에너지절약 및 재생가능 에너지교육 교구·교재 개발 보급	-에너지보드게임 상용화 개발 -에너지·환경캠프(1박2일) -에너지 교재 개발 -제작발표회 및 교사워크숍	에너지관리공단
	월드컵공원 일대 신·재생에너지 랜드마크 조성 기본계획수립	-에너지·생태 통합교육 프로그램 및 관광 프로그램 개발	한국에너지 기술연구원
	재활용 상자를 열어라	-자원순환교육 프로그램 개발 및 교재 개발	자원순환사회연대
	농촌유학을 통한 체험교육모델 개발 운영	-한드미 마을과 함께하는 농촌유학 교육모델 개발 시행	도농교류센터
	지구사용설명서	어린이 대상 환경교육도서 발간사업	한솔수북
2009	기후변화·에너지 지도자 양성(세이브 에너지 디자이너 양성과정)	-환경교육의 이론과 실재, 기후변화문제와 에너지 절약, 주거공간에서 가능한 세이브 에너지 디자인 등에 대한 교육과정 진행, 현장수업 등	에너지관리공단
	제3회 청소년 습지연구 공모전	-청소년 습지연구 공모전 / 해외습지 견학(홍콩 마이포습지, 홍콩습지공원센터 또는 중국 샤먼 구룡강, 샤먼 맹그로브 숲 보호지역) / 세계 습지의 날 포스터 전시	해양환경관리공단
	2009 아름다운 환경블로그 공모전	-인터넷을 활용한 환경블로그 구성과 환경실천 유도	한국인터넷진흥원
	찾아가는 재활용교실	자원순환 시민지도자 양성과정 및 활용백서 발간	자원순환사회연대
	12기 푸름이 국토환경대탐사	-통영지역 탐사, 연대도 섬 환경캠프	통영RCE
	기후변화체험전 부스운영	-기후변화체험전 부스운영	환경재단
2010	기억과 구술을 통한 한국환경교육운동의 역사적 재구성 및 공익아카이브 구축	기억과 구술을 통한 한국환경교육운동의 역사적 재구성 및 공익아카이브 구축	아름다운재단
	실버계층 대상 환경교육 지도자 양성과정 운영	-실버계층 대상 환경교육 지도자 양성과정 운영	김포시 노인종합복지관
	남이섬 환경동화캠프	환경아 놀자 동화책 활용 1박 2일 환경캠프	도서출판 한울림
	청소년 국제교류 프로그램 위탁운영	생활 속 에너지 절약 실천방법, 다양한 국가의 청소년이 다른 국가의 생활과 문화를 이해하고 지구적 환경문제를 해결하는 데 필요한 글로벌 마인드를 형성	한국유스호스텔연맹
	친환경체험존 운영	청소년 시설과의 연계 프로그램, 친환경 체험 프로그램 운영(천연비누 외)	중원청소년수련관
	4차 청소년 해외습지 견학	우리나라 서해안 연안습지와 연계된 저어새 이동벨트에 대한 탐방을 통해 연안습지의 중요성에 대해 탐사, 이즈미시의 농가 민박체험과 미나마타시의 역사와 문화체험	해양환경관리공단
	해양기후변화 적응 교재 개발	학부생 대상용 해양기후변화 적응 교재 개발	해양환경관리공단
	학교-사회 환경교육 연계 워크숍	학교 환경교육과 사회 환경교육 다리 놓기	환경과생명을지키는 전국교사모임
	녹색시민한마당 체험부스 운영	녹색시민한마당 체험부스 운영	바라기닷컴
	에너지의 날 체험부스 운영	에너지의 날 체험부스 운영	에너지시민연대
	해피무브 초지복원활동 봉사자 교육	해피무브 초지복원활동 봉사자 교육	에코피스아시아

2010	5개 환경교육단체 토론회–"국책개발과 하천생태계, 그리고 환경교육운동"	4대강 사업에 대한 환경교육 진영의 고민 공유, 우리 사회의 구조와 시스템 돌아보기	녹색교육센터, 초록교육연대, (사)환경교육센터, 환경과 생명을 지키는 전국교사모임, 한국환경교육연구소
	기후변화체험교육	기후변화체험교육, 태양열 조리기 시연	강화의제21
	화성시 주부대상 환경교육	화성시 주부대상 환경교육	화성시여성단체 협의회
	남이섬 녹색이야기 전시	"지구온난화와 평화" 주제의 포스터 남이섬 갤러리 스윙 전시전	국민대 그린디자인 전공
2011	기억과 구술을 통한 한국환경교육운동의 역사적 재구성 및 공익아카이브 구축	기억과 구술을 통한 한국환경교육운동의 역사적 재구성 및 공익아카이브 구축	아름다운 재단
	자원봉사자 교육	자원봉사자 교육	(사)에코피스아시아
	꿈을 담는 그린 시네마: 지역아동센터에 가다	서울시내 10개 지역아동센터 환경교육 지원	서울시녹색 서울시민위원회
	2011 만월종합사회복지관 환경캠프 "초록땅 꿈틀이"	환경에 대한 이해도를 증진하고 환경친화적인 삶의 방식을 습득	만월종합사회복지관
	초록 동그라미–생태예술을 통한 장애, 비장애 아동 통합 환경교육	생태예술교육, 장애아동과 비장애아동과의 또래관계를 증진	금천장애인 종합복지관
	환경교육 프로그램 기획 및 강사파견	환경교육 프로그램 기획 및 강사파견	중증장애인시설 가람
	2011 녹색성장박람회	환경체험교실 '그린스쿨' 기획 및 운영	한국환경산업기술원
2012	물 교육 지도자 양성 워크숍	양성과정 기획과 강사파견	충남녹색환경지원센터
	기아대책 푸른별 환경학교 환경캠프	기아대책 어린이 환경캠프 기획과 강사파견	기아대책
	세상을 보는 여섯 개의 시선	환경인문학 강좌 기획과 운영	서울시여성발전기금
	우리가정 에코맘에서 지역사회 에코리더로	여성모임 환경교육 지원과 동아리활동 지원	서울시여성발전기금
	그린스타트 심화과정 워크숍	전국그린스타트 사회환경교육지도자 심화과정 워크숍	전국그린스타트
	올리브 그린 퓨처 캠프 교육지원	환경교육 기획과 교육지원	올리브
	중등ESD 교사연수	중등ESD 에너지교육 강사파견	ESD사업단
	해피무브 초지복원활동 봉사자 교육	해피무브 초지복원활동 봉사자 교육	에코피스아시아
	충남도 기후변화 교재	유아, 성인용 기후변화교재 개발	광덕산환경교육센터
	환경교육 프로그램 기획 및 강사파견	환경교육 프로그램 기획 및 강사파견	만월종합사회복지관 외
2013	2014 대한민국 친환경대전	녹색소비생활 교육, 체험, 캠페인 기획과 운영	한국환경산업기술원
	유아환경교육지도자 양성	양성프로그램 기획과 강사파견	국립환경인력개발원
	유아환경교육지도자 양성	양성프로그램 기획과 강사파견	충남녹색환경지원센터
	해피무브 초지복원활동 봉사자 교육	해피무브 초지복원활동 봉사자 교육	에코피스아시아
	생기발랄 그린가족 만들기	주부대상 환경교육	국가환경교육센터
	중등ESD 교사연수	중등ESD 에너지교육 강사파견	ESD사업단
	꿈나무푸른교실 교사직무연수	강사파견	삼성엔지니어링
	전북 푸름이 이동환경차량 프로그램 개발	환경교육 프로그램 개발	전북자연환경연수원
	초동지기	초록 동네 지키기 기획 가족자원봉사	교보생명교육문화재단
	환경교육 프로그램 기획 및 강사파견	환경교육 프로그램 기획 및 강사파견	화원종합복지관 외

2) 학교

[표 46] 학교와의 협력 사업 목록

연도	제목	주요 내용	협력 학교
2002	중학교 환경탐사반 체험활동	생태교육관 체험교육, 곤충과 나무이야기, 하늘공원 생태탐방 및 난지도 교육, 우리 지역과 환경이야기, 지역사회 환경탐사	구정중학교(7차시), 옥정중학교(5차시)
2004	환경생태교육	에너지, 자연생태, 먹거리	씨앗학교(중·고등 대안학교)
2005	어린이 물절약 실천 프로젝트	물절약 프로그램, 관련 강의	방배초등학교
2007	지역과 학교가 하나 되는 환경교육 –찾아가는 환경교실	–시민환경지도자 양성 –학교환경교육 지원 프로그램 운영	
2008	우리 지역하천과 함께하는 환경교실	–6개 초등학교 대상 학교연계 하천교육 프로그램 운영	누원초, 두산초, 북가좌초, 신사초, 청계초, 초당초
	나는 에코레인저	–중학생 대상 환경동아리 활동 지원	
	태안 어린이 지원사업	–태안지역 초등학생 초청 치유 프로그램 지원	원북초 방갈분교생, 소원초 의향분교생
	Play with Energy! 에너지보드게임	–에너지 보드게임 개발 보급	혜화여고
2009	세이브 에너지 디자이너 학교에 가다	–초등학교 5개소 대상 에너지 절약교육 진행	재동초, 방산초, 신상도초, 동광초, 경희초
	찾아가는 기후변화교실	–통영지역 초등학교 기후변화교육, 교사워크숍	용남초, 남포초
2010	청소년 대상 녹색블로그 활성화 사업 –그린찡거를 찾아라	–인터넷 윤리 교육, 그린 블로그 운영, 녹색소비교육 진행 등	양진초, 경희초, 탄천초, 보성중, 태랑중, 영본초
	남이섬환경하교 일회용품 줄이기	–초등학교 1회용품 사용량 모니터링, 환경교육 진행	가평 상색초
2011	창의력이 쑥쑥 숲에서 놀자	–숲체험 프로그램, 생태놀이, 공동체 활동 진행	한일초
	찾아가는 기후변화교육	–학교환경교육 지원	인천 동부초
2012	꿈을 꾸게하는 단비 프로젝트 WET	학교환경교육 지원	목동초 외 44개 학교
	물·별·숲 환경캠프 "동화나라로 떠나는 환경여행	숲 체험 프로그램, 환경동화캠프	미원초
	학교 환경동아리 활동을 통한 지속가능한 학교 만들기	학교–사회연계 환경교육 지원사업	숭문중
2013	학교로 찾아가는 환경교실 프로젝트 WET	학교환경교육 지원	대현초 외 84개 학교

3) 기업

[표 47] 기업과의 협력 사업 목록

연도	제목	주요 내용	협력 기업
2001	여름환경캠프/한화환경캠프	환경보전의식, 친환경, 숲	한화 그룹
2003	교사 직무 연수-유니텔원격교육연수원과 함께	환경교육 과목 신설, 실용 가능한 내용 구성	유니텔원격교육연수원과 함께
2003	우리 들꽃사랑 캠프-김태정 박사와 함께하는 보고, 듣고, 느끼는 우리 꽃 캠프	기업 임직원 가족 교육, 야생화 교육	(주)태평양, 한국야생화연구소
2004	2004 우리들꽃사랑 가족교실	충남 금산, 경기 축령산, 강원도 오대산, 강원도 대관령 들꽃기행	(주)태평양, 한국야생화연구소
2004	BYEE(Bayer Young Environmental Envoy) Eco-Camp "한강하구 철새 캠프"	한강하구 생태계의 중요성, 오두산전망대 탐조, 곡릉천, 장항벌, 분오리 돈대, 선두리 갯벌 탐조	한국 바이엘
2004	제1기 롯데 어린이 환경학교 중 환경교실	-환경교실 1: 천혜의 자연과 문화유적의 보물창고, "강화도 캠프" -환경교실 2: 우리 몸과 환경, 건강한 먹거리를 우리 손으로 -환경교실 3: 새와 사람의 아름다운 만남 "서산 천수만 기행"	롯데백화점
2005	제2기 롯데 어린이 환경학교	-환경교실1: 천혜의 자연과 문화유적의 보물창고 강화도 캠프 -환경교실2: 몸을 살리는 건강한 먹을거리, 홍성 유기농마을 체험 -환경교실3: 자연숲과 하천생태체험, 자연과 친구들과 하나 되기 -환경교실4: '제1기' 롯데 어린이 환경학교 재교육. 시화갈대습지공원, 수원 생태·문화·역사탐방	롯데백화점
	제3기 롯데 어린이 환경학교	-환경교실1: 천혜의 자연과 문화유적의 보물창고 "강화도 생태역사문화 탐방" -환경교실2: 몸을 살리는 건강한 먹을거리 "홍성 유기농마을 체험" -환경교실3: 우리 것을 찾아 떠나는 생태체험마당 "철원꺽지문화마당"	롯데백화점
2008	태안어린이 지원 환경교육사업	지역 현안과 연계한 환경교육 ① 동화나라로 떠나는 환경여행 "환경튼튼, 나도튼튼!"-놀이와 명상, 환경체험을 통한 통합치유 프로그램(5.7~9, 2박3일) ② 태안어린이 환경체험마당 "바다야, 바다야!"(7.11)	웅진, 한국환경민간단체진흥회
2009	시각장애아동 교육	천연비누 만들기, 숲으로 떠나는 여행(숲 생태계 배워보기와 자연놀이 진행), 기후변화엽서 꾸미기 등	모토로라
	어린이 교육	기후변화와 재생가능에너지	현대오일뱅크 & 환경재단

2010	5회 파란마음 파란세상 글쓰기 그림그리기 공모전	파란마음 파란세상 글 그림 공모전	현대오일뱅크
	GS칼텍스와 함께하는 찾아가는 기후변화교실	여수지역아동센터 초등학생 대상 환경교육 운영, 직원교육→여수지역아동센터 어린이 교육의 형태로 진행	GS칼텍스
	GS파워와 함께하는 찾아가는 기후변화교실	어린이 녹색교실(태양광자동차 만들기 외) 운영, 태양광 발전과 수질오염 방지시설, 대기오염 방지시설 견학	GS파워
	동우화인켐 위탁캠프-"태양군, 바람돌이 함께 노올자!"	환경아 놀자 동화책을 활용한 프로그램 운영을 통해 지구, 물, 땅, 숲, 공기, 에너지, 어린이 등의 환경주제에 대하여 공부	동우화인켐
	두산 인프라 코어 환경캠프 위탁 운영	두산 인프라 코어 환경캠프 위탁 운영	두산인프라코어
	꿈나무푸른교실 환경기자단 워크숍	ECO 리더를 위한 환경캠프	삼성엔지니어링
	산들애와 아토피 협회가 함께하는 "아토피 안심캠프"	CJ산들애와 아토피 협회 초청 가족 남이섬 아토피 안심캠프	CJ산들애
	2010 두산인프라코어 어린이 환경캠프	두산인프라코어 남이섬 환경캠프 위탁 운영	두산인프라코어
	남이섬 어린이 환경동화캠프	소외계층 어린이 초청 남이섬 환경동화캠프	한울림어린이
2011	2011 동우가족 어린이 여름캠프-타임머신 타고 똑딱	농촌체험, 기후변화, 환경윤리	(주)동우화인켐
	어린이 경제교실 환경교육	어린이 경제교실 환경교육	삼성증권
	에너지 스쿨 환경교육	에너지 스쿨 환경교육	GS 칼텍스
	자원봉사자 1사1하천 교육	자원봉사자 1사1하천 교육	교보생명
	현대자동차 가족고객 대상 환경교육	그린 아카이브 영상자료를 활용, 태양광자동차 만들기, 친환경 기술과 교통수단, 생활 속 친환경 제품에 대한 인식증진	현대자동차
	홈플러스 e파란 어린이 그린리더 프로그램(20기, 21기)	기후변화교육, 자기주도학습 진행할 수 있는 교재 개발, 홈플러스 문화센터강사 대상 맞춤형 환경교육 지도자 양성 프로그램 개발 운영	홈플러스 e파란재단
	꿈나무 푸른교실 환경캠프	꿈나무푸른교실 ECO리더 환경캠프	삼성엔지니어링
	e파란 어린이 숲속 캠프	위탁가정 어린이 초청 남이섬 숲 캠프기획과 운영	홈플러스 e파란재단
2012	꿈나무 푸른교실과 함께하는 "제1회 전국환경탐구대회"	학교 환경동아리 지원사업 초등 15개, 중등 15개 환경동아리 활동지원과 발표대회	삼성엔지니어링
	2012 동우가족 어린이 여름환경캠프 "뗏목 타고 맴맴! 옥수수 먹고 맴맴!"	어린이 환경캠프 기획 및 운영	동우화인켐
	제5회 옥수수 가족환경캠프	가족환경캠프 기획과 운영	광동제약
	그린디자인프로젝트 1-공부방에 가다	지역아동센터 10개소 친환경 시설 개선과 환경교육 지원	생명보험사회공헌위원회 / 교보생명
	교보생명 그린 가족 다솜이 봉사단	"도심 속 생태계오아시스 백사실 계곡을 가다."와 "겨울을 준비하는 환경나눔" 가족 자원봉사 기획 및 운영 2회	교보생명
	홈플러스 e파란 어린이 그린리더 프로그램(22기, 23기)	기후변화교육 지도자 양성	홈플러스 e파란재단
	꿈을 꾸게 하는 단비 프로젝트 WET	물 전문 교육 지도자 양성과 학교로 찾아가는 교육 45회 진행	풀무원샘물

2013	학교로 찾아가는 환경교실 프로젝트 WET	물 교육 지도자 양성과정 3회, 학교로 찾아가는 교육 85회 진행	풀무원샘물
	그린디자인프로젝트 2-지역아동센터에 가다	지역아동센터 9개소 친환경시설 개선과 맞춤형 환경교육 지원	생명보험사회공헌위원회 / 교보생명
	제1기 초록을 만드는 청년학교	청년대상 NGO이해 교육과 환경NGO인턴 지원사업	Give to Asia / 스타벅스재단
	HSBC 미래세대 물 환경교실	유아대상 물 교육 프로그램과 교재교구 개발, 지도자 양성과정 운영	HSBC
	꿈나무 푸른교실과 함께하는 "제2회 전국환경탐구대회"	학교 환경동아리 지원사업 초등 15개, 중등 15개 환경동아리 활동지원과 발표대회	삼성엔지니어링
	교보생명 다솜이 자원봉사 "도심 속 새집달기와 우리 꽃 가꾸기"	교보 임직원 가족 대상 환경 자원봉사 프로그램 기획과 진행 2회	교보생명
	교보생명 자원봉사 리더 워크숍	자원봉사 리더 워크숍 기획과 운영	교보생명
	가족과 함께하는 환경 자원봉사 "도심 속 겨울 철새를 보호하자"	라이나생명 임직원 가족대상 환경 자원봉사 프로그램 기획과 운영	시그나사회공헌재단 / 라이나생명
	꿈나무 푸른교실 Wiki 콘텐츠 개발	어린이 청소년 대상 7개 환경 주제의 50 콘텐트 기획과 개발	삼성엔지니어링

4) 정부/지자체

[표 48] 정부/지자체와의 협력 사업 목록

연도	제목	주요 내용	정부/지자체
2002	2002 환경월드컵을 위한 경기장 주변 환경생태전통문화체험	월드컵경기, 에코도우미, 환경체험 프로그램	서울시
2002	경기장 주변 '환경도우미(Eco Guide)' 운영	월드컵경기, 에코도우미, 환경체험 프로그램	서울시 환경월드컵 추진위원회
2003	도봉환경교실	환경생태안내자 양성교육 3회 / 유아교사 자연놀이 교육 3회 / 자연체험교육 10회	도봉구
2005	서울 역사문화탐방 생태체험교육	생태교육관과 자연체험(선정릉, 사직공원, 사직단, 황학정, 인왕산) 어린이집 및 유치원, 초중고, 성인 37개 단체 1,141명 교육	서울시
2006	노란 물고기 캠페인	사진전 및 거리캠페인, 노란 물고기 그리기, 물순환과 비점오염 강의, 지구(물)를 살리는 특공대	환경부
2007	2007 도시인의 문화환경기행 제1탄 <역사 속 환경읽기>	규방공예, 경복궁/국립중앙박물관, 창덕궁, 비원, 옥류천/운형궁 다도체험, 한성 백제의 신비	서울시
2008	우리는 에코레인저입니다	중학생 환경동아리 대상 체험환경교육	서울시
	소외계층 대상 환경교육 지원 사업 "자연에서 치유하는 아이들!"	치유캠프, 숲 체험, 철새탐조, 갈등해결	서울시

2009	기후변화 극복을 위한 도시 속 생태 공동체 일구기	−CO_2 저감을 위한 대상별 환경 교육활동 −청소년 지도자 대상 환경캠프연수 / 청소년 대상 환경교육 / 성인 대상 환경교육	서울시 녹색 시민위원회
	종교시설과 가정 에너지절약 실태조사	종교시설 실태, 가정 에너지 사용 실태 조사 및 모니터링	서울시 녹색 시민위원회
	세종 CO_2 교실	기후변화, 에너지보드게임 교육	광진구
2010	센터 자원봉사자 교육	센터 자원봉사자 교육	노원구
	기후변화 및 에코마일리지 교육	관내 어린이집 및 초등학교 아이들 대상 에코마일리지 교육	마포구
	세종 CO_2 교실	광진구청 관내 초등학생 기후변화교육	광진구
2011	화성그린환경센터 에코센터동 운영계획수립 연구용역	화성그린환경센터 에코센터동 운영계획수립 연구용역	화성시
	강동구청 쿨시티즌리더 양성 자료집 제작	쿨시티즌리더 양성 교육과정 진행을 위한 자료집 제작 및 보급을 통해 기후변화 대응, 완화, 적응에 대한 이해를 높임	강동구
	강서 그린스타트 그린리더 양성교육	구청 관할 구역에 있는 교육기관(초등학교 등)을 방문해 기후변화 및 환경교육을 진행할 수 있도록 맞춤형 환경교육 지도자 양성 과정을 운영, 기후변화 등의 환경문제, 환경 윤리	강서구
	그린리더 환경지도자 양성과정	구청 관할 구역에 있는 교육기관(초등학교 등)을 방문해 기후변화 및 환경교육을 진행할 수 있도록 맞춤형 환경교육 지도자 양성 과정을 운영, 기후변화 등의 환경문제, 환경 윤리	서대문구
2011	그린서울! 그린성동! 환경강좌	대중의 친환경적 가치관 형성을 도모, 기후변화, 에너지, 친환경 먹을거리 등 실생활과 밀접한 친환경 교육	성동구
	세종대학교와 광진구청이 함께하는 청소년 기후변화교실	자라나는 어린이, 청소년이 기후변화의 심각성과 기후행동의 시급성을 이해, 놀이와 체험교육을 통해 기후변화에 관한 지식을 습득 / 기후변화 이론교육, 에너지 보드게임 <지구촌 험씨> 체험, 이산화탄소 계산기 배우기, 태양광 장난감 만들기, 태양열 조리기를 이용한 요리 시연	광진구/세종대학교
	제1기 녹색환경리더 양성과정 / 제1기 그린리더 유아환경교육 지도자 양성과정	구청 관할 구역에 있는 교육기관(초등학교 등)을 방문해 기후변화 및 환경교육을 진행할 수 있도록 맞춤형 환경교육 지도자 양성 과정을 운영, 기후변화 등의 환경문제, 환경 윤리	마포구
	꿈을 담는 그린시네마 지역아동센터에 가다	지역아동센터 5개소 대상 환경교육	서울시 녹색서울시민위원회
2012	강서구 그린스타트 지도자 양성과정	강서구 내 기후변화와 환경교육 시민 지도자 양성교육 기획과 운영	강서구
	마포구 그린리더 지도자 심화과정	마포구 내 그린리더 심화교육	마포구
	서대문구 환경교육 강사 양성과정	서대문구 내 학교와 유아교육기관에서 환경교육을 진행할 수 있는 시민 환경교육지도자 양성과정 기획과 운영	서대문구

2013	두물지구생태학습장 관리운영 및 프로그램 개발	생태학습장 프로그램 개발과 관리운영 방안 제안	양평군
	창의적 교재개발과정 유아환경교육워크숍	환경교육 교재와 교구 개발을 위한 유아교사 대상 환경교육 워크숍	서울시 녹색서울시민위원회
	그린리더 환경교육지도자 양성	맞춤형 환경교육 지도자 양성과정을 운영, 기후변화 등의 환경문제, 환경윤리	마포구
	유아환경교사 워크숍	환경교육 지도자 대상 심화교육 과정으로 유아환경교육 과정 기획과 운영	서대문구
	서대문구 어린이 환경교육교재와 프로그램 개발	서대문구 지역 특성을 반영하여 4개 주제(먹을거리, 물, 에너지, 자원순환)의 환경교육 프로그램과 교재개발	서대문구
	에너지수호 천사단 거점학교 그린리더 교육	마포구 내 환경교육 시범학교 대상 학교 환경교육지원	마포구
	지역 환경교육 시민지도자 양성과정	시민지도자 대상 강의 지원	광명의제 외

나. 국외

(사)환경교육센터는 아시아 환경교육단체와의 네트워크 구축 및 연대 사업 진행과 환경교육 활동가 해외 연수 프로그램 운영, 그리고 국제 이해 환경교육 프로그램 운영을 통해 한국 사회 환경교육의 지평을 확대하고자 노력하고 있다.

[표 49] 국제이해교육과 국제 협력사업 목록

연도	제목	주요 내용	비고
2001	사회 환경교육 국제 세미나	"사회 환경교육의 현황과 전망(Prospects and Status on Social Environmental Education)" / 7개국 참가	
2003	중국여름 워크캠프 (China Summer Workcamp)	제4기 중국워크캠프의 환경교육 한국팀 코디 / 사회 환경교육의 국제교류 및 지원 / 국내 환경교육프로그램의 국외 적용 / 타문화권 학생들에게 환경교육 및 한국의 문화 등 홍보	
2005	일본 지속가능발전교육추진협의회 교류	일본 지속가능발전교육추친협의회 교류	
	환경해설가 공동인증제도 도입과 구축을 위한 일본선진연수	(사)일본환경교육포럼, 자연체험활동추진협의회 등 관련단체, 센터 방문 / 한국환경교육네트워크 주최 / 2005.6.22~28(6박7일)	
	2005 일본 아이치 박람회-지구 시민촌 한·중·일 환경견문관 참가	한국(환경운동연합)-중국(녹색북경)-일본(동아시아 환경정보발전소) 3국 환경단체가 참가하여 지구시민촌 내에서 환경견문관 부스 운영(9월)	
	홍콩 습지교육센터 방문연수	홍콩 습지교육센터 방문연수	
	중국 여름 워크캠프	타문화권 학생들에게 환경교육 및 한국의 문화 등 홍보 -중국 중학생(1, 2, 3학년) 3반 총 56명 교육	
	2005 생태도시 해외탐방 -호주 Brisbane, Melbourne, Sydney	생태도시운동에 대한 종합적인 사고와 우리 실정에 맞게 접목시키는 운동 전략 모색	
	그린피스 오픈보트 행사 "고래야 돌아와" 참가	그린피스 오픈보트 행사 "고래야 돌아와" 참가	

2006	중국여름 워크캠프 (China Summer Workcamp)	타문화권 학생들에게 환경교육 및 한국의 문화 등 홍보	
	필리핀 아크에듀케이션 활동가 교류	필리핀 아크에듀케이션 활동가 교류	
	인도 태양에너지시설 활동가 탐방	인도 태양에너지시설 활동가 탐방	
2007	아시아시민환경교육 국제워크숍을 위한 사전워크숍	아시아 네트워크를 직접 운영하고 있는 로코아의 피데스 초청 강연 / 국제워크숍 준비	
	아시아시민환경교육 국제워크숍 "만남과 연대"	아시아지역의 환경교육단체 활동가들이 모여 각 국가 및 단체의 현황과 내용에 관해서 교류	
	환경학습도시 니시노미야시의 성과와 과제	지역에 기반 한 환경교육 지역사례 및 모델 연구	
	내몽고 초원보전 생태투어 – 초원에 살어리랏다	내몽고 초원보전 생태투어 프로그램을 통한 사막화 및 유목문화 이해 증진에 기여	
2008	아시아환경교육네트워크 활동교류 연수 / 말레이시아 탐방	환경재단 그린아시아 공모사업에 "말레이시아 환경교육에 매혹되다"로 제출 선정, 운하문제와 결부되어 말레이시아의 하천 환경교육프로그램, 환경교육진흥법과 관련되어 말레이시아 환경교육센터 운영에 관하여 탐방	
2009	말레이시아MNS환경교육교사 및 활동가 워크숍	말레이시아 자연학교(KPA, School Nature Club) 교사 워크숍 / 각국 환경교육 사례 공유 등	
	제3회 청소년습지연구 공모전 / 해외습지연수	중국 샤먼 악어숲 견학, 홍콩 마이포 습지, 홍콩습지공원 탐방 등	
	Training of Asian Grassroots Trainers in Climate Change 컨퍼런스 참가	Training of Asian Grassroots Trainers in Climate Change 컨퍼런스 참가	
2010	동절기 필리핀 아시아네트워크회의참가	설문조사 결과 발표 및 사례조사 설계	
	제4회 청소년습지연구 공모전 / 해외습지연수	일본 하카타만 탐방 및 철새 탐조, 와지로 갯벌을 지키는 시민모임 방문, 기타큐슈 인터프리테이션 연구회 미팅, 이무타 습지 견학, 가고시마 녹나무 자연관 견학, 킨코만 습지 저어새 탐조, 이즈미시 두루미 탐조, 미나마타병 역사고증관 견학 등	
	아시아 환경교육 네트워크 회의	아시아 지속가능발전교육 기후변화교육 네트워크 구축을 위한 회의	
	아시아 지속가능발전교육 기후변화교육 네트워크 공동연구 회의 참가	각국별 기후변화교육 현황 조사 설계	
	CLIMATE Asia Pacific 네트워크 (Climate Change Learning Initiative Mobilizing Action for Transforming Environments in Asia Pacific): 아태지역 환경 개선 행동 촉구를 위한 기후 변화 교육 네트워크	아시아 태평양지역의 다양한 주체와 네트워크를 구축, 아시아 태평양 지역에서 진행되고 있는 기후변화교육 및 지속가능발전교육의 현황(정책과 프로그램, 개인과 정부, 실제적 구조와 능력, 인적 자원, 기술 및 도구 등)을 조사 / 아시아태평양 지역 기후변화와 환경교육 컨퍼런스	
2011	환경교육활동가 일본 기타큐슈 연수	기타큐슈 시청, 물환경 박물관 견학, 기타큐슈 인터프리테이션 연구회 방문, 재활용 에코센터 견학 등	
	아시아 태평양 지역 기후변화교육 현황조사 공동연구와 회의참가	아시아태평양지역 NGO의 환경교육 현황 파악, 아시아 지역 NGO 연대 및 정보공유	
2012	지구촌 공정여행, 라오스편 진행	청소년과 대학생 멘토들이 참여하는 지구촌 공정여행, 라오스편 진행 / 에너지기후정책연구소와 공동 주최 / 메콩강 인근 댐건설현장, 고도 탐방, 싸이냐부리 필드웍, 홈스테이 등	

2013	MEP(Motehr Earth Progam) 개발	아시아환경운동과 환경운동가 전문역량강화라는 화두에 공감하는 (사)환경교육센터, 에코피스아시아, 환경운동연합, 기후변화행동연구소가 공동으로 사업발굴, 비전만들기 네트워크 운영 / 정기 모임을 통해 사업공감대 형성: 지역개발－네트워크－역량강화를 세 축으로 하는 MEP 프로그램 제안 / 사업실행과정에서 KCOC민간단체사업발굴지원사업(KOICA 지원)에 참여하게 됨.	
2013	아시아환경교육 사업발굴 캄보디아 현지조사	MEP의 일환으로서 캄보디아 현지조사활동 / 아시아 지역개발사업의 가능성과 한계, 발전적 도전과제를 만들 수 있는 계기가 됨. / 현지조사사업을 계기로 아시아환경교육콘텐츠개발과 기반지원사업이라는 사업방향수립과 '아시아환경교육공동체 형성과 실천'이라는 주제의 EPLC지원사업을 발굴함.	

※ 프로그램 예시1－2001년 사회 환경교육 국제 심포지엄

[표 50] 프로그램 예시. 사회 환경교육 국제 심포지엄 개요

사업명	사회 환경교육의 현황과 전망 Prospects and Status on Social Environmental Education
일시	2001.9.7(금) 09:00~17:00
장소	국회의원회관 소회의실
주관	환경운동연합 환경교육센터
후원	SK텔레콤, 한국일보사
국제협력기관	호한재단, 영국문화원, 미국대사관, 일본지구환경연구소
주요 발표문	· 미국의 사회환경교육: 최근 프로그램과 실례－로잔느 W. 포트너 · 한국 사회환경교육과 환경NGO－이시재 · 지속가능을 위한 환경교육: NGO활동가들의 훈련을 위한 길잡이－크리스 게이포드 · 생태적 관점의 환경교육－유정길 · 지속 가능한 사회를 위한 환경교육의 네트워크 한국보고서－유정길 · 환경교육에서의 중국 NGO의 역할－젱훙잉 · 중국의 환경교육현황－젱훙잉 · 전국 YMCA 어린이 갯벌생태캠프의 성과와 전망－이희출: 아이들의 감수성에 파장을 일으켜 미래의 생명지킴이로 · 호주의 사회환경교육 동향－로즈 리드 · 숲 체험교육의 사례－홍혜란 · 야생동물과 함께 사는 길－박그림 · 일본 환경교육활동 동향－오사무 아베 · 환경을 생각하는 전국교사모임의 조직과 활동－오창길 · 환경운동연합의 환경교육 활동－주선희

세부 프로그램

시간	내용
09:00~09:30	등록
09:30~09:50	개회 사회(김혜정, 환경연합 활동처장) 개회사(이상곤, 환경연합 국제협력위원장) 축사(김명자, 환경부 장관)
09:50~10:00	휴식

세부 프로그램	Session Ⅰ 평생교육차원의 관점에서 바라본 사회환경교육의 방향 / 사회: 최석진 박사	
	10:00~10:20	미국의 사회환경교육 (로잔느 W. 포트너, 미국 오하이오 대학교 교수)
	10:20~10:40	한국사회환경교육과 환경NGO (이시재, 가톨릭대학교 사회학과 교수)
	10:40~11:00	지속가능을 위한 환경교육: NGO 활동가들의 훈련을 위한 길잡이 (크리스 게이폿, 영국 리딩 대학 교수)
	11:00~11:20	생태적 관점의 환경교육 (유정길, 한국불교환경교육연구원 사무국장)
	11:20~11:40	휴식
	11:40~12:00	환경교육에서의 중국 NGO의 역할 (젱홍잉, 중국 환경청 환경교육센터 프로젝트 담당자)
	12:00~13:00	질의응답
	13:00~14:00	점심
	Session Ⅱ 환경교육사례 발표 / 사회: 이인식(경남환경연합의장 / 환경을 생각하는 교사모임)	
	14:00~14:20	전국YMCA 어린이 갯벌생태캠프의 성과와 전망: 아이들의 감수성
	14:20~14:40	호주의 사회 환경교육 동향 (로즈 리드, 호주를 깨끗하게 본부 매니저)
	14:40~14:50	숲 체험교육의 사례 (홍혜란, 생명의숲 가꾸기 국민운동 사무처장)
	14:50~15:10	야생동물과 함께 사는 길 (박그림, 산양의 동무 작은뿔 대표)
	15:10~15:20	휴식
	15:20~15:40	일본 환경교육활동 요약 (오사무 아베, 일본사이타마 대학 교수)
	15:40~16:00	종합토론 -오창길(인천성리초등학교 교사 / 환경을 생각하는 교사모임) -주선희(환경연합 환경교육센터 팀장)
	16:00~16:50	질의응답
	16:50~17:00	폐회

4. 교육장 운영

(사)환경교육센터는 환경교육의 지평을 넓히고자 다양한 유형의 교육장을 운영하고 있다.

[표 51] 교육장 운영 사례

[자체운영] 서울 종로구, 환경센터 내 <생태교육관> (2001~2008)
[자체운영/기업협력] 강원도 춘천시, 남이섬 내 <남이섬 환경학교> (2006~현재)
[자체운영] 서울 영등포구 <강마을환경배움터> (2012~현재)
[위탁운영/지자체협력] 서울 도봉구, 발바닥공원 내 <도봉환경교실> (2004~현재)
[위탁운영/지자체협력] 경기 판교 <판교생태학습원> (2012~현재)

가. 남이섬 환경학교(Nami-Ecoschool)

; 공평의 가치를 실현하는 생태예술 교육장, 소외계층을 위한 환경교육

1) 개요

－2006년 9월 개교한 남이섬환경학교는 (주)남이섬과 (사)환경교육센터가 힘을 모아 만든 환경교육장이다.

－남이섬환경학교는 '아이(兒)들을 자연(自然)으로', '나(我) 그리고 자연(自然)'을 모토로 삼아 자연에서 소외된 아이들을 자연으로 보내고, 물질문명에 길들어진 현대인들이 나와 자연과의 관계 속에서 "**상상력－다양성－공평－보살핌－치유－공생**"의 가치를 나누며 LOHAS의 진정한 의미를 추구하는 교육공간이다.

- 상상력(想像力・Imagination): 현대의 물질문명에 마비된 상상력을 자연 안에서 되찾기
- 다양성(多樣性・Diversity): 획일화・균일화를 넘어 다름과 차이를 인정하는 자연의 다양성의 세계로……
- 공평(公評・Equity): 빈부, 성별, 나이, 인종, 종교를 넘어……
- 보살핌(Hospitality): 자연, 나, 우리를 향한 따뜻한 시선과 배려
- 치유(治癒・Cure): 태초의 건강한 몸과 마음으로의 회귀, 그리고 자연 안에서의 치유
- 공생(共生・Conviviality): 함께 나누고, 함께 누리고, 함께 행복한 더불어 사는 삶을 위하여

－현재 '**환경교육**(Environmental Education)＋LOHAS(Lifestyles of Health and Sustainability)＋**생태예술**(Green Art)' 등 3가지가 통합된 개념을 근간으로 하여, 물・공기・흙・에너지・지구 등 5가지 주제교육과 남이섬의 자연과 재활용자원에 생태예술이 조화된 환경교육 프로그램을 운영하고 있다.

2) 주요 활동

가) 사회복지시설 및 소외계층이 참여할 수 있는 교육사업

－신체적 또는 정신적 장애를 겪는 장애인들이 참여할 수 있는 계절별・주제별 체험

환경교육프로그램을 계속적으로 운영

– 지난 6년간 장애인복지관을 비롯한 사회복지시설 92개소가 환경교육 프로그램에 참가
  · 저소득층 지역 공부방 초청 어린이 환경캠프 진행
  · 지역아동센터 초청 어린이 물 사랑 교육 캠페인
  · 환경재난지역(기름유출사고) 어린이 초청 환경캠프 진행
  · 공부방 어린이 초청 남이섬 어린이 동화캠프
  · 위탁가정 어린이를 대상으로 하는 숲 캠프 진행

나) 대상별 맞춤형 환경교육 프로그램 개발 운영

– 어린이집과 유치원 98개소를 포함하여, 학교와 기업, 기관, 단체 등에서 단체로 프로그램에 참가

– 대상에 따른 프로그램 개발과 운영

다) 기후변화와 재활용의 의미를 생각해보는 생태환경캠프 운영

– 미래세대 환경지킴이인 어린이들이 기후변화에 취약한 소외계층에게 관심을 갖고 친환경 생활습관을 길러나갈 수 있도록 생태환경캠프 운영

– 재활용캠프, 기후변화캠프, 환경동화캠프 등 특화된 주제별 캠프 프로그램 운영

[표 52] 연도별 프로그램 운영 현황 및 참가자 누적 현황(2006~2013년)

주제	프로그램명	참가자 수 (누적합계)
재활용	재활용 나무받침대 만들기	2,964명
	재활용 유리공예	
	재활용 타일 공예	
재생가능에너지	태양광 장난감 만들기	420명
	태양열 조리기 체험	
	에너지보드게임 체험	
생태체험	자연물 이용 나무액자 만들기	9,359명
	나무 목걸이 만들기	
	나무공예	
	남이섬생태벨트 탐방	
로하스 교육	천연 허브비누 만들기	11,516명
	천연 모기연고 만들기	
	모기퇴치 천연 스프레이 만들기	
	향초 만들기	
	친환경 에코백 꾸미기	
	에코 파우치 꾸미기	

먹을거리	유기농 먹을거리 체험	271명
환경일반	영상놀 활용 환경강의	197명
기타	문패 만들기	3,009명
	메모판 만들기	
	자연 손수건 만들기	
계		27,736명

[**표** 53] 연도별 체험 프로그램 참가 단체 현황

구분	2006년	2007년	2008년	2009년	2010년	2011년	2012년	2013년
어린이집, 유치원		19	21	11	14	19	16	14
초등학교	2	7	10	6	14	31	19	26
중학교		4	7	7	4	14	14	6
고등학교		5	3	4	1	4	3	4
대학교		9	4	2		6	4	3
기업	3	16	6	5	14	13	8	9
관공서		4	3	7	2		11	6
의료기관		1						
사회복지 시설	3	13	7	10	16	25	20	25
청소년 시설	2	2	5	1	3		2	3
시민단체	4	5	8	2	14	12	4	5
종교단체	1	4		2	1			2
학원	1	2	1	2	1			
기타			7	2	4	23	13	4
계(연도별)	16	91	82	61	88	147	114	107
누계	706**개 학교, 기관, 단체 참여**							

[**표** 54] 연도별 기타 교육사업 개요

구분	프로그램 명	참가인원
재활용 교육사업	2007 재활용 캠페인	총 80명
	2007 재활용 상상캠프	총 52명
	2007 아빠와 재활용 속닥속닥 캠프	총 14명
	2008 자연에서 치유하는 아이들, 남이섬환경학교 재활용 캠프	총 90명
기후변화 교육사업	2007 1.5℃ DOWN 기후캠프	총 63명
	2008 기후변화, 그리고 재생가능에너지 캠프	총 14명
	2008 지구의 온도를 낮춰라! 남이섬 기후캠프 3회 진행	총 114명
생태환경 교육사업	2011 창의력 쑥쑥 숲에서 놀자	총 95명
	2011 e파란 어린이 숲 속 캠프	총 30명

[표 55] 남이섬 환경학교 연도별 현황

연도	제목	비고
2006	9월 개교행사, 교장 취임 남이섬 체험환경교육 프로그램 기획 운영	
2007	·남이섬 생태가이드북 개발 사업 -시민환경연구소, 남이섬 환경학교 공동 추진 -생태가이드 코스 및 생태이야기(식생, 곤충, 새) 개발 ·1일 체험프로그램 운영 -유리공예, 유기농 차 체험, 천연허브비누 등 ·환경캠프장 운영 ·롯데어린이환경학교 ·환경교육장학생캠프 ·자원순환사회연대 프로젝트-재활용 상상캠프, 재활용 교육캠페인 ·물사랑 교육캠페인 ·아빠와 함께 재활용 속닥속닥 ·지구의 날 기념행사 ·1.5℃ DOWN 남이섬 기후캠프 ·웅진과 함께하는 남이섬 여름환경캠프	
2008	·남이섬 환경학교 1일 체험프로그램, 186회, 총 3,911명 ·과천시 위탁 '기후캠프' ·자원순환사회연대 프로젝트-재활용 상자를 열어라	
2009	·남이섬 환경학교 1일 체험프로그램, 176회, 총 3,042명 ·자원순환 시민강사양성과정 운영 18강, 연인원 196명	
2010	·남이섬 환경학교 1일 체험프로그램 ·두산인프라코어 어린이 환경캠프: Green Builder 숲지킴이 ·남이섬 녹색이야기 ·녹색성장박람회 "그린키즈스쿨" 위탁운영 ·환경뮤지컬 "100살 모기 소송사건" 공연 ·"금일 휴업" 북-아트 전시	
2011	·남이섬 환경학교 1일 체험프로그램 ·콩!콩!콩! 콩심기 행사 ·2011 남이섬 버듀페스티벌 ·환경캠프 -창의력이 쑥쑥! 숲에서 놀자; 한일초등학교 -2011 꿈나무 푸른교실 여름환경캠프; 삼성엔지니어링 -e파란 어린이 숲속 캠프; 삼성 홈플러스	

3) **의의**

-관광지로 찾은 불특정 다수의 관광객들에게 체험기회 제공

-자연에서 소외된 아이들(저소득층 공부방, 장애우 단체 등 사회복지시설의 어린이 청소년)을 위한 교육지원 공간으로 자리매김

-환경문제로 피해를 받는 어린이들이 자연에서 치유될 수 있도록 도와주는 교육프로그램 운영, 환경문제 발생 시 환경교육이 어떤 역할을 할 수 있는지 보여주는 사례제시

－자연환경과 환경교육의 여러 주제, 그리고 생태예술이 결합된 새로운 형태의 체험 환경교육 프로그램 운영 사례를 통해 사회 환경교육 활성화에 기여
－자연 속에서 미래를 꿈꾸는 다양한 환경교육워크숍이나 기획교육사업 진행

나. 도봉환경교실(Dobong-Ecoclass)

1) 개요

－도봉환경교실은 지역사회의 생태, 문화, 환경을 잘 보전하고 가꾸어나가고자 도봉구청이 발바닥공원 내에 있던 늦봄 갤러리를 리모델링하여 환경교육 장소로 만들면서 시작되었다.
－(사)환경교육센터는 2004년 8월에 도봉환경교실 위탁업체로 선정된 이후 2013년 현재 10년 동안 지역사회에 거주하는 다양한 연령층을 대상으로 환경의식을 고취하고 생활 속 실천으로 이끌어내기 위한 대상별·주제별 환경교육 프로그램을 개발하여 운영하고 있다.

▶ 개요
발바닥공원과 연계한 도봉환경교실 생태교육 실시로 유치원, 초·중학생 등 자라나는 세대들에게 환경보전 의식을 고취시키고, 자원봉사자 교육 운영 등으로 지역사회 발전 및 환경보전 홍보에 기여코자 함.
소재지: 도봉구 방학3동 270-1
면적: 238.01㎡(약 72평)
시설내역: 환경관련서적 2,000권, 교육비디오 100개, 기타 교육기자재

▶ 기본방향
자원봉사자 교육실시 후 자원봉사자 활용 운영
프로그램에 맞는 외부 전문 강사를 초빙하여 전문교육 실시
학교 등 단체 및 개인, 가족단위 프로그램을 사전접수 후 교육 운영

2) 주요 활동

가) 환경교육 프로그램의 양적 확산과 질적 도약

－지역주민을 대상으로 도봉환경교실 프로그램 홍보를 위해 매년 프로그램을 다양화

하고 새로운 프로그램을 도입하여 실행

－프로그램의 양적 확산을 위해 가족 프로그램의 증대와 어린이 프로그램 증설

－프로그램의 질적 도약을 위해 2009년부터 참가자 수를 조절하여 운영

나) 유아, 초등학생 대상 눈높이 환경교육 프로그램 개발 운영

－미래세대 가치관 형성을 좌우하는 유아 및 초등학생의 시기적 특성을 인식하고 대상의 특성에 맞는 환경교육 프로그램 개발 운영

다) 도봉구 지역주민 대상 생태, 문화, 환경 콘텐츠 제공

－다양한 센터 개방 프로그램 운영을 통해 지역주민의 환경, 문화 공간으로 정착

라) 계절별·주제별·대상별 환경교육 프로그램 운영을 통한 지역주민 환경의식 고취

－일상 프로그램, 정기 프로그램, 특별 프로그램, 방학 프로그램 등 다양한 환경교육 프로그램 운영을 통해 최근 5년간 64,115명을 대상으로 환경교육 실시

마) 자원봉사자 조직화 및 단계별 봉사자 교육을 통한 주민참여형 환경센터 정착

－자연해설단 교육(156회, 연인원 2,079명 참가)

－자원봉사자 교육(256회, 연인원 1,719명 참가)

바) 기타 운영 실적－언론보도사항 등

－지역에 기반을 둔 우수 환경교육장으로 언론 보도

－계절별·대상별·주제별 다양한 환경교육 프로그램 소개

[표 56] 연도별 프로그램 현황 및 참가자 현황

구분		2004년	2005년	2006년	2007년	2008년	2009년	2010년	2011년	2012년	2013년
① 유아·초등	프로그램 수	7개	12개	13개	15개	17개	18개	19개	21개	21개	21개
	연간 참여인원(명)	1,809	6,478	7,563	7,927	10,172	7,235	5912	5,759	6,162	7,498
② 청소년	프로그램 수	2개	3개	3개	4개	3개	3개	3개	4개	2개	6개
	연간 참여인원(명)	241	732	3,449	4,555	4,124	1,300	1,975	1,951	696	2,529
③ 일반인	프로그램 수	3개	2개	6개	4개	4개	5개	5개	5개	8개	12개
	연간 참여인원(명)	840	630	1,420	2,320	2,478	2,511	1,894	1,891	1,760	3,632

④ 가족	프로그램 수		2개		4개	7개	6개	7개	5개	6개	6개
	연간 참여인원(명)		630		①+③에 포함	①+③에 포함	①+③에 포함	①+③에 포함	①+③에 포함	①+③에 포함	①+③에 포함
계	**프로그램 수**	12개	20개	22개	27개	31개	32개	34개	35개	37개	45개
	연간 참여인원(명)	2,890	8,313	12,432	14,802	16,774	11,046	9,781	9,601	8,618	13,659

[표 57] 연도별 시설이용 현황

구분	2004년	2005년	2006년	2007년	2008년	2009년	2010년	2011년	2012년	2013년
연간 이용인원(명)	2,566	17,269	20,789	19,655	19,371	16,525	16,049	16,345	15,933	14,152

[표 58] 최근 10년간 환경교육 프로그램 운영 현황 및 참가자 누적 현황(2004~2013년)

구분	교육명	대상	실시횟수	참여인원 (누적 합계)
고정 프로그램	자연해설	유치원 및 초등학생	694	11,385
	시청각교육	가족	209	3,397
	천연염색	가족 및 단체	182	4,925
	소계		1,085	19,707
정기 프로그램	생태체험미술	초등학생1~3	238	3,856
	자연놀이터	초등학생	97	1,400
	청소년봉사동아리	청소년(중학생)	12	172
	청소년환경탐사대(주춧돌)	청소년(고등학생)	16	190
	친환경살림하기	성인	165	2,451
	생태과학교실	초등학생	142	1,944
	생태과학 및 천연염색	초등학생1~2	20	325
	그린섬	초등학생	87	1,268
	절기로만나는환경이야기	초등학생	82	1,385
	소계		859	12,991
특별 프로그램	유기농(농촌)체험	가족	6	153
	유기농 볍씨 키우기	가족 및 지역단체	5	210
	먹을거리교육	어린이 및 성인	8	201
	시민천문대	개인 및 가족	6	143
	밤으로의 기행	가족	37	939
	별 헤는 밤	가족	37	907
	환경탐사대	초등학생	3	54
	환경문화탐방	가족	11	215
	유아환경교육	가족 및 단체	8	114
	환경문제해결은 ***	성인 및 주부	10	181

특별 프로그램	재활용공작교실	초등학생	12	213
	나는 우리집 가드너	가족	138	105
	나무공작교실	초등학생	2	40
	체험교실	가족	12	298
	과학교실	초등학생	10	150
	자연물을 이용한 만들기	가족	1	24
	재생종이 만들기	초등학생 및 가족	10	175
	천연비누 만들기	가족	4	93
	겨울나무학교	초등학생 및 가족	3	69
	자연생태아카데미	성인	5	53
	체험한마당	초등학생/청소년/성인	27	4,913
	하천생태탐사	초등학생/청소년/성인	54	1,199
	에너지학교	초등학생/청소년	39	781
	천연염색	초등학생/청소년/성인	3	40
	느림의 미학	성인	12	79
	소계		463	11,349
지원 프로그램	지역단체 지원	지역단체	462	12,033
	지원사업(지역단체 등)	성인	59	1,030
	청소년CA 및 교육지원	청소년	214	1,305
	교사환경교육	초등·중등 교사	27	432
	해설단 교육	자연해설단	275	1,825
	재량수업 지원	초등학생	15	564
	자원봉사자 교육	숲 해설가, 청소년 자원봉사자	278	1,899
	놀이교사양성과정	성인	12	300
	찾아가는 환경교실	초등학생/청소년/성인	68	288
	소계		1,410	19,676
방학 중 프로그램	개울탐사	초등학생	9	287
	재생가능 에너지학교	초등학생	21	391
	청소년 환경탐사	중·고등학생	3	347
	갯벌탐사	초등학생	24	685
	철새교육	초등학생	73	1,791
	에너지학교	초등학생	49	832
	전통놀이교실	초등학생	37	669
	물돌이물순이	초등학생/청소년/성인	16	300
	야생동물학교	초등학생	19	364
방학 중 프로그램	자연사교실	초등학생	23	436
	공작교실	초등학생	7	130
	영화로 만나는 경이야기	초등학생/청소년/성인	6	131
	박물관탐사	초등학생/청소년/성인	2	56
	소계		289	6,419
총 계			4,106	70,142

[표 59] 최근 9년간 언론 보도내용

연도	언론 보도내용
2005년	-3.22 서울방송(SBS) '물은 생명이다' 방송 -5.27 큐릭스(지역방송) 뉴스 방송 -6.4 문화방송(MBC) '교육은 미래다' 방송
2007년	-3.20 서울신문 도봉환경교실 프로그램 소개 -10.26 문화일보 사회면 도봉환경교실 프로그램 소개
2008년	-4.10 서울방송(SBS) '물은 생명이다' 친환경살림 프로그램 방영 -11.20 서울신문 도봉환경교실 프로그램 소개
2009년	-1.9 큐릭스(지역방송) '철새탐조' 방영
2012년	-7.20 YTN 김병준의 판단을 도와주는 사이언스 방송 -8.25 MBC 경제매거진 친환경살림하기
2013년	-1.19 CBS웰빙 라디오 "생생에코현장" -3.14 KBS 1TV 시사교양 "무엇이든 물어보세요" -7.16 티브로이드 서울보도국 "피부가 먹는 천연 썬크림" -8.23 에코저널 도봉환경교실 프로그램 보도 -8.30 CBS웰빙 라디오 "생생에코현장" -9.26 SBS 꾸러기 탐구생활
기타	-2004~2006 문화일보, 서울신문, 연합뉴스, 시민일보, 지역신문 등에 도봉환경교실 프로그램 15회 이상 소개 -2007.7~2009.1.30 지역신문에 다수 프로그램 소개 -2012.7.1 경향신문

3) **의의**

-도심 속 아파트촌에 있는 환경자원과 도봉구의 인적 자원 그리고 NGO의 내용이 결합된 민관협력 환경교육 우수 사례로 전파

-10년간의 위탁운영 경험을 통해 지역에 기반을 둔 환경센터 운영 매뉴얼(환경교육 프로그램 기획, 운영, 평가, 자원봉사자 조직화 및 재교육 등)을 확립

-연간 프로그램 참여 인원이 1만 명이 넘을 정도로 도봉구 지역주민에게 인기 있는 프로그램으로 자리매김하였으며, 또한 이를 통해 지역주민의 환경의식 고취에 크게 기여

-환경도서 비치, 컴퓨터 비치, 자전거 발전기 체험, 전통문화 견학, 태양광 발전시설 설치 등을 통해 지역주민의 다양한 환경적·문화적 욕구를 충족시키며 지역밀착형 환경문화공간으로 정착

다. 판교생태학습원(Pangyo Eco-Center)

1) 개요

－판교생태학습원은 판교신도시 개발과정에서 발생한 이익금을 사회에 환원하고 시민들에게 환경의 중요성을 교육하기 위한 시설형 환경교육센터로 설립되었다.
－2011년 준공 후 시설의 민간위탁이 바람직하다는 용역 결과에 의해서 민간위탁하게 되었으며 (사)환경교육센터가 2012년 3월부터 위탁 운영하고 있다.
－시설은 지하 1층, 지상 2층으로 3개의 전시실과 열대, 난대온실로 구성되어 있다.

2) 주요 활동

가) 생태환경 정보 전달 및 휴식처로서의 전시관 운영
－생태체험, 교류의 장으로 발전시킬 수 있는 프로그램 구성
－생태를 이해하고 즐길 수 있는 전시 프로그램 운영
－다양한 볼거리와 스토리를 가진 전시관 운영
나) 다양한 계층의 지속적 참여가 가능한 교육프로그램 구성
－시민의 요구에 맞는 다양한 생태환경 체험프로그램을 개발, 운영
－일회성이 아닌 지속적 참여 유도를 위한 심화과정 및 전문교육 프로그램 운영
－다양한 계층의 자발적인 참여 프로그램 기획, 운영
－교육의 기본목적과 시대 흐름에 맞는 창의적 체험활동 계발 프로그램 기획, 운영
다) 자발성과 자기계발을 도모하는 자원봉사프로그램 진행
－시민 참여 유도 및 생태환경 공동체문화를 조성
－다양한 연령이 참여 가능한 자원봉사 프로그램 마련－어린이, 청소년, 성인, 단체
－생태학습원 옥상 녹화시설, 인근공원, 하천변을 세심히 관리하여 최적의 상태유지
－자원활동가 역량 증진 및 관리시스템 구축

[표 60] 전시관 방문자 현황(2013년, 단위: 명)

2013년	1주	2주	3주	4주	5주	월계
1월	486	874	1,554	1,205	242	4,361
2월	657	136	1,103	1,117	358	3,371
3월	865	679	1,147	1,250	1,935	5,876
4월	1,548	1,912	2,302	2,187	356	8,305
5월	1,949	1,664	2,320	2,194	1,183	9,310
6월	992	2,093	2,721	2,280	1,845	9,931
7월	1,439	1,592	2,169	1,292	909	7,401
8월	1,604	2,083	1,936	2,655	2,179	10,457
9월	281	1,776	2,023	621	1,965	6,666
10월	2,042	1,682	2,173	2,003	748	8,648
11월	721	2,470	2,446	1,882	1,391	8,910
12월	1,604	901	1,126	871	593	5,095
누계(연간, 12월 말 현재)						88,331

[표 61] 전시 프로그램 개요

전시 프로그램명	운영실적
기획전시－토이정크	기간: 2013년 1월 9일~3월 17일 내용: TOY JUNK(토이정크)장난감 예술되다 방문객 관람 특별프로그램 작가 워크숍 운영 종이컵 또는 폐플라스틱 컵을 이용하여 LED조명 만들기 교육 프로그램 운영
특별전시 －PEC OPEN STUDIO	기간: 2013년 2월 19일~3월31일 내용: 2012년도 판교생태학습원 활동내용 전시 방문객 관람
기획전시－Animal Jam	기간: 2013년 7월 31일~9월 8일 내용: 동물을 주제로 하는 현대미술 작가 전시회 참여작가: 맹일선, 박미례, 박현지, 점점 방문객 관람 헌 옷을 이용하여 작가들과 함께 동물꼬리 만드는 교육 프로그램 운영
특별전시－쇼킹 사파리	기간: 2013년 12월 22일~2014년 2월 16일 내용: 환경오염, 후쿠시마 원전의 방사능 누출, 유전자 변형에 대한 사회적 관심이 높아지고 있는 가운데 심각성을 알리고 생태계를 위해 일상생활에서 우리가 할 수 있는 방법 모색 방문객 관람
전시교육－친절한 도슨트 + 텐텐체험	전시 관람과 생태미술체험 프로그램 15회 교육, 235명 참가
전시교육－민화 속으로 풍덩	민화를 경험해 보고, 나만의 민화를 직접 그려보는 프로그램 17회 교육, 190명 참가
전시교육－에코나눔 마켓	나눔을 실천하고 교환하면서 물건에 대한 소중함을 가져보는 프로그램 36회 운영, 900명 참가

전시교육－어린이에코도슨트 2기	생태・환경 전시해설사 어린이전문과정 11회 교육, 교육대상: 초5~6학년 24명, 도슨트 활동
전시교육－E-큐레이터(교양)	생태・환경 전시기획자 어린이전문과정 17회 교육, 교육대상: 초6~중1학년 9명, 도슨트 활동
전시교육－청소년 에코아티스트	천소년자원봉사자들이 판교생태학습원을 찾는 시민들을 위해 예술창작을 하는 프로그램 15회 교육, 청소년 자원봉사 활동 383명
전시교육 공모지원사업－“토토즐 GREEN ACADEMY”	자연을 기반으로 한 예술창작 공동 프로그램 32회 교육, 교육대상: 초등학생 20명, 총 682명 참가
전시교육 공모지원사업－“생태망치상상망치”	어린이자연미술학교 16회 교육, 교육대상: 초등학생 12명, 총 156명 참가
전시교육 기업협력사업－위메이드 GIVE프로그램	8월 4일 11시~16시 위메이드 청소년 서포터즈들과 함께 에코나눔 마켓 운영 20대 청년 30명
전시교육 기업협력사업－판교생태학습원고 위메이드와 함께하는 패밀리 러너	8월 24일 13시~16시 위메이드와 함께 하는 가족 나들이 230명 참여

[표 62] 교육 프로그램 개요(2013년 기준)

유아 대상	초등학생 대상	청소년 대상	성인, 가족 대상
*숲놀이학교 봄이 오는 소리 꽃들의 잔치 숲속 친구 찾기 나비야 놀자 도꼬마리와 도토리 신나는 여름 열매세상 가을이 와요 겨울 숲은 어떨까 *온실해설 *에코키즈카페(수/금) *탄천 인형극 *빛그림 콩콩 *동네방네 자식사랑 *꿈꾸는 숲마실	*학교 단체방문 특별프로그램 *자연아 놀자! *어린이 기후학교 *어린이 에너지학교 *환경리더 달력만들기 *지구를 지켜라 *어린이 자연관찰학교 *어린이 기후학교 *어린이 에너지학교 *환경리더 달력만들기	*풍생고 생태지도만들기 -모니터링자원봉사 *청소년 생태극 아카데미 -어린이생태극제작 자원봉사 *고등어 선생 -교육진행자원봉사	*생태교사 양성과정 2기 *탐조강사 양성과정 1기 *아우라프로젝트 교육 *직장인 힐링타임 *마음숲산책 *에코런닝맨 *에코패밀리 *가족생태학교 재활용화분 리스만들기 -걱정인형만들기 -무의 무한변신 *가족먹거리학교 -식품첨가물 *가족과 함께 숲놀이 *파랑새 탐조교실 *꽃빛 바느질 *환경예술학교

[표 63] 자원봉사 프로그램 운영실적(2013년 기준)

<table>
<tr><th rowspan="2">구분</th><th rowspan="2">자원봉사자수
(명)</th><th rowspan="2">봉사시간
(시간)</th><th colspan="3">주요 활동</th></tr>
<tr><th>어린이</th><th>청소년</th><th>성인</th></tr>
<tr><td>1월</td><td>181</td><td>723</td><td rowspan="12">생태모니터링,
에코도슨트,
E큐레이터,
어린이정원사</td><td rowspan="12">청소년
에코아티스트,
화단·온실 업무
지원, 환경 미화,
행사보조,
교육프로그램보조</td><td rowspan="12">생태교사,
아우라봉사(안전관리),
전시장지킴이, 서류정리,
교육프로그램 진행 및
보조, 행사보조</td></tr>
<tr><td>2월</td><td>301</td><td>1,107</td></tr>
<tr><td>3월</td><td>569</td><td>1,945</td></tr>
<tr><td>4월</td><td>780</td><td>2,655</td></tr>
<tr><td>5월</td><td>1,051</td><td>3,679</td></tr>
<tr><td>6월</td><td>1,440</td><td>4,907</td></tr>
<tr><td>7월</td><td>1,674</td><td>5,626</td></tr>
<tr><td>8월</td><td>2,013</td><td>6,962</td></tr>
<tr><td>9월</td><td>2,149</td><td>7,430</td></tr>
<tr><td>10월</td><td>2,433</td><td>8,536</td></tr>
<tr><td>11월</td><td>2,649</td><td>9,254</td></tr>
<tr><td>12월</td><td>2,847</td><td>9,942</td></tr>
<tr><td>누계총계</td><td>2,847</td><td>9,942</td><td></td><td></td><td></td></tr>
</table>

3) 의의

- 신도시의 개인주의를 극복하고 체험과 정보 교류의 장을 마련
- 생태환경에 대한 정확한 지식 전달과 자발적 참여가 전제된 체험학습을 통해 생태, 환경에 대한 인식 전환의 중심으로 자리매김
- 행동 개선이 수반될 수 있는 생태환경체험프로그램 운영으로 어린이에서 성인에 이르기까지 개인의 긍정적 행동변화를 유도
- 학습원 내부뿐 아니라 화랑공원, 근처 하천 등 지역사회의 다양한 공간을 활용한 프로그램 운영을 통해 지역 환경의 활용도를 높이고 시민의 거주 지역에 대한 친밀도를 높이는 데 기여
- 다양한 자원봉사자 참여 프로그램과 교육과정 마련을 통해 시민의 역량제고